GIS 应用与开发丛书

ENVI 遥感数字图像处理方法与实践

蔡玉林 杨丽 刘正军 孙林 牟乃夏　编著

测绘出版社

·北京·

内容简介

本书介绍了 ENVI 5.5.1 软件遥感数字图像处理的主要技术方法和软件操作。全书内容共分 3 篇 30 章,内容由浅入深包含 ENVI 基础操作篇、遥感图像预处理篇及遥感图像信息提取篇。基础操作篇包括 ENVI 快速入门、标注图像、矢量编辑、可视域分析、三维曲面浏览;遥感图像预处理篇包括图像定标、大气校正、几何校正、几何配准和正射校正、图像镶嵌、图像融合;遥感图像信息提取篇包括变化检测、异常检测、遥感图像分类、激光点云处理、精准农业以及无人机图像处理与信息提取。

本书注重实际操作,以案例为基础,各个章节相互独立,读者可以选择性阅读。本书既可以作为高等学校遥感科学与技术、地理信息科学、地理科学、测绘工程等专业的本科生、研究生的教材和实验指导书,也可供相关方向的研究人员、技术工作人员参考。

图书在版编目(CIP)数据

ENVI 遥感图像处理方法与实践 / 蔡玉林等编著. —
北京 : 测绘出版社,2020.12
(GIS 应用与开发丛书)
普通高等教育"十三五"规划教材
ISBN 978-7-5030-4359-8

Ⅰ. ①E… Ⅱ. ①蔡… Ⅲ. ①遥感图像－图像处理－
高等学校－教材 Ⅳ. ①TP751

中国版本图书馆 CIP 数据核字(2020)第 265456 号

责任编辑	李 莹	封面设计 李 伟	责任印制	吴 芸

出版发行	**测绘出版社**	电　话	010－68580735(发行部)
			010－68531363(编辑部)
社　址	北京市西城区三里河路 50 号		
邮政编码	100045	网　址	www.sinomaps.com
电子信箱	smp@sinomaps.com	经　销	新华书店
成品规格	184mm×260mm	印　刷	北京建筑工业印刷厂
印　张	17.5　彩插 8 面	字　数	427 千字
版　次	2020 年 12 月第 1 版	印　次	2020 年 12 月第 1 次印刷
印　数	0001－1500	定　价	39.00 元

书　号　ISBN 978-7-5030-4359-8

本书如有印装质量问题,请与我社发行部联系调换。

前　言

ENVI 是遥感领域应用最广的商业软件之一,界面简单明了,比较友好,尤其是对于初学者,容易上手,所以常被选作遥感入门时的必学软件。

随着航空和航天技术的发展,遥感科学与技术应用越来越广,测绘、地学、资源、环境、空间科学等相关学科的学生、教师、科研人员及行业从业人员急需遥感图像处理实践方面易学、易懂的指导教材。这种需求催生了一批与 ENVI 相关的优秀书籍,各有特色,有系统介绍软件使用的,有以本科教育实验设计为主题的。本书是在借鉴诸多遥感图像处理书籍内容的基础上,以案例应用为主线编写的,可以进一步丰富市场品种,让读者有更多的选择。

全书共分三篇,分别是 ENVI 基础操作篇、遥感图像预处理篇和遥感图像信息提取篇,内容由浅入深。ENVI 基础操作篇包含 5 章,内容主要是介绍利用 ENVI 打开图像、编辑矢量数据、空间分析、数据三维显示;遥感图像预处理篇包含 9 章,内容包括图像定标、辐射校正、几何校正和配准、正射校正等;遥感图像信息提取篇包含 16 章,是本书的重点,内容除了介绍图像分类、变化检测、DEM 提取、面向对象的特征提取等常规技术外,还包括近几年较新的遥感技术应用,包括 ENVI LiDAR 数据处理和信息提取、精准农业遥感、无人机图像处理。其中,ENVI 基础操作篇、遥感图像预处理篇的内容以及小部分信息提取的内容可以作为设计相关专业实验教学的参考,对于想进一步在遥感专业方向深造的读者,建议熟练操作遥感图像信息提取篇所有章节的内容,这些案例的实践将会加深读者对于遥感的理解。本书也可兼做遥感科研工作者或者行业从业人员的案头参考书。

本书由高校和科研单位的教师和学者参加编写。书稿架构由山东科技大学的蔡玉林、杨丽、孙林、牟乃夏和中国测绘科学研究院的刘正军等多次讨论确定,后期每位老师各负责一部分内容的编写。感谢山东科技大学测绘学院的各位同事和兰州交通大学的杨树文教授,在编撰过程中提出的宝贵建议。感谢历届研究生对文稿的整理、试用并提出勘误意见。

本书实验数据可从测绘出版社网站(www.chinasmp.com)的下载中心下载。本书各章节实验中用到的未提到指定路径的数据文件,包含在供下载的实验数据对应章节文件夹中。

本书出版得到以下项目资助,特此感谢:国家自然基金重点项目"滨海开发带生态用地演变过程与网格化监管方法研究"(41330750);山东省教改项目"新时代下创新驱动、竞赛导引、学生参与、知识内化的 GIS 专业教材体系研究与实践"(Z2018S033)。

虽然本书篇幅较长,但依然不能全面阐明 ENVI 的所有内容,还需配合遥感理论学习才能达到理想的效果。本书软件操作的文字描述中提到的色彩对应具体的软件界面,由于本书正文黑白印刷,黑白图片仅作为示意,书的最后以插页展示部分彩色图片。本书提到文件的扩展名字母大小写形式以具体原文件为准。由于水平所限,错误与不妥之处在所难免,敬请批评指正。读者的批评和建议请致信:caiyl@sdust.edu.cn,不胜感激!

蔡玉林

2020 年 7 月 16 日

目　录

遥感图像信息提取篇

ENVI基础操作篇

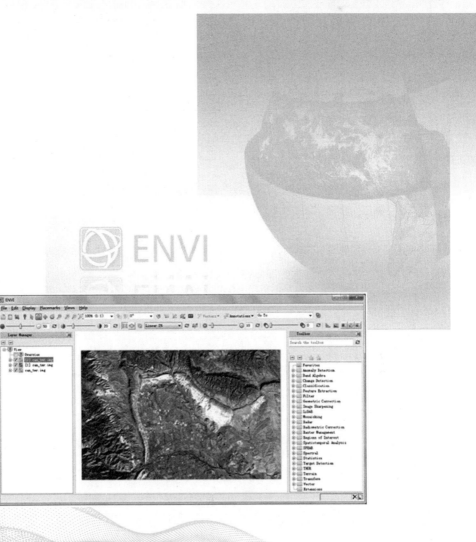

第1章　ENVI快速入门

快速入门指南的目的是为ENVI初学者提供简要介绍，使其了解图形用户界面和ENVI的基本功能。注意：以下步骤以ENVI 5.5.1为例。

1.1　快速打开软件

当打开ENVI时，图形用户界面包含各种功能窗口，如图1.1所示。ENVI主菜单包括File（文件）、Edit（编辑）、Display（显示）、Placemarks（地标）、Views（视图）、Help（帮助）。图表栏包含打开影像并进行显示的选项，包括Zoom（放大），Image Stretch（影像拉伸）、Transparency（透明度）、Brightness（亮度）、Contrast（对比度）等选项，此区域还包括Vectors（矢量创建和编辑）。三个大的窗格从左至右依次为【Layer Manager】（图层管理器），【Display】（显示窗口）和【Toolbox】（工具箱）。当显示一幅影像时，它将以图层的形式排列在【图层管理器】中，影像本身会在显示窗口中显示。【工具箱】中可以访问ENVI分析工具，在【工具箱】中可以通过窗格顶部的白色搜索栏搜索工具。

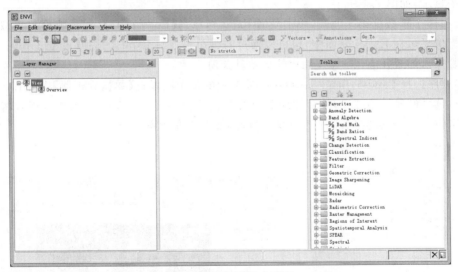

图1.1　ENVI用户界面

1.2　打开影像并进行对比度拉伸

打开数据文件的操作步骤如下：

（1）在主菜单中，选择【File】→【Open】（文件→打开）。

（2）浏览文件目录，选择can_tmr.img，然后单击【打开】。默认情况下，文件打开显示为真彩色，没有进行对比度拉伸；要应用拉伸，单击"No Stretch"（不拉伸）下拉菜单，并选择"Linear 1%"（线性拉伸1%），如图1.2所示。影像加载结果显示如图1.3所示。

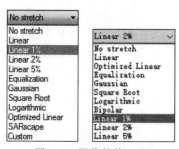

图 1.2　影像拉伸工具

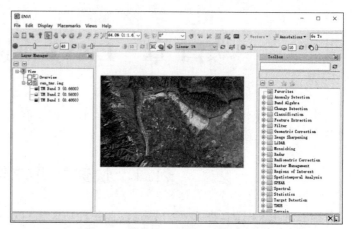

图 1.3　影像 can_tmr.img 加载效果

1.3　加载一幅影像到显示窗口

（1）在主菜单中，选择【File】→【Data Manager】（文件→数据管理器），也可以通过图表栏上的图标进行操作。ENVI 当前的会话窗口包含文件的所有波段，只是它们没有被加载到显示窗口中显示，如图 1.4 所示。

（2）选择 TM 数据第 4 波段，单击 TM Band 4，单击【Load Data】（加载数据），该波段将会以灰阶影像显示在 ENVI 界面中，也可以通过右键单击 TM Band 4 选择【Load Grayscale】（加载灰阶影像），加载并应用 1%线性拉伸显示其灰阶影像。

（3）顺序选择 Band 4、Band 3、Band 2，被选中的每个波段在【数据管理器】中都有一个颜色立方体。选择要显示的波段，按照顺序对应的颜色依次为红、绿、蓝。这个波段组合将显示彩色红外影像，单击加载数据，进行 1%线性拉伸，如图 1.5 所示。

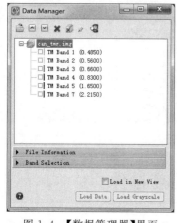

图 1.4　【数据管理器】界面

图 1.5　彩色合成影像

前面加载的所有 3 幅影像在显示窗口中都可以看到，然而因为它们是联合显示的，所以【图层管理器】中只显示了最上层的影像。可以单击【图层管理器】中数据图层旁边的复选框进行关闭或打开操作。如果想从显示屏中完全移除该图层，在【图层管理器】上右击该图层选择

【Remove】(移除),或在主菜单中选择【Edit】→【Remove Selected Layer】(编辑→移除选中的图层)移除该图层。可以利用工具栏的滑动控件改变亮度(Brightness)、对比度(Contrast)、锐化度(Sharpen),以及图层的透明度(Transparency),如图 1.6 所示。

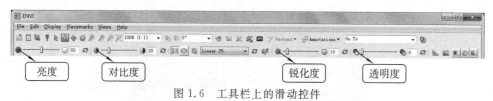

图 1.6　工具栏上的滑动控件

1.4　创建和连接多视图

为了并排查看多幅影像,而不是将它们罗列在一起查看,可以打开显示窗口的多个视图。操作步骤如下:

(1)在主菜单中选择【Views】→【Create New View】(视图→创建新视图)。新的视图会显示在显示窗口的右边,活动或者选定的视图以蓝色高亮显示。加载进来的图层将会在活动窗口显示,如图 1.7 所示。

(2)在【数据管理器】中,在 can_tmr.img 上右击选择【Load CIR】(加载 CIR),加载标准假彩色影像,应用 1% 线性拉伸。

(3)在主菜单中选择【Views】→【Link Views】(视图→多视图链接),然后在对话框中单击【Link All】(连接所有视图),然后单击【OK】(确定),如图 1.8 所示。因为 can_tmr.img 没有地理参考,不可以利用【Geo Link】(地理链接),可以基于影像的行列数进行【Pixel Link】(像元链接),像元链接操作需要两幅影像具有相同的行列数。

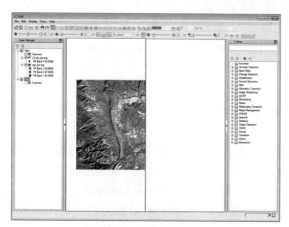

图 1.7　创建新视图

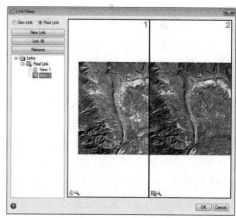

图 1.8　多视图链接

(4)回到 ENVI 主显示窗口,可以使用【Pan】(漫游)在视图中移动灰阶影像,同时可以看到标准假彩色影像也在移动,这时显示的是两个视图中的同一区域。

(5)通过在影像上单击并拖放该区域的轮廓线,使用【Zoom】(缩放)图标可以将亮红色区域的标准假彩色影像放大。要关闭缩放功能,单击选择按钮即可。可以看到,标准假彩色影像中的红色区域对应于 Band 4(第 4 波段)灰阶影像中的浅色或者白色区域。

(6)打开工具栏上的【Cursor Value】(光标值)按钮,将光标停在灰阶影像的白色区域。

如图 1.9 所示,【光标值】对话框显示了光标下每层的像素值。在这个案例下,显示的是灰阶影像和底层真彩色影像的值。

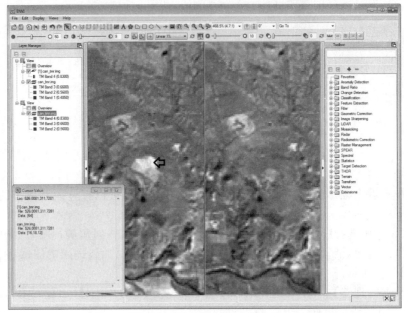

图 1.9 【光标值】对话框

(7)关闭【光标值】对话框。然后右键单击【图层管理器】中的第二个视图,选择【Remove View】(移除视图)关闭右侧视图。

1.5 应用颜色表

默认情况下,ENVI 使用灰度颜色表显示单波段影像,也可以对一幅影像使用预定义的颜色表或者在列表中选择一个颜色表。

(1)在【图层管理器】中,右击灰阶影像选择【Change Color Table】→【More】(改变颜色表→更多颜色),如图 1.10 所示。为了方便,在更多颜色菜单上有一些预定义的颜色表可供使用。

(2)在【Change Color Table】(改变颜色表)对话框中的下拉列表中,可以使用许多扩展的颜色预定义表。在列表中选择一个颜色表。ENVI 显示窗口中的影像会随着颜色表发生改变,本质上是一种预览,可以预览不同的颜色表,单击【确定】后即选择应用此颜色表。单击【Cancel】(取消)会使影像还原为灰阶影像。也可以在【改变颜色表】对话框中利用交互工具定义自己的颜色表,如图 1.11 所示。

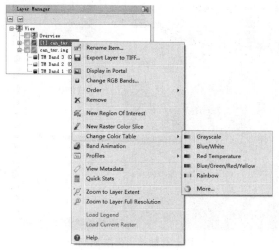

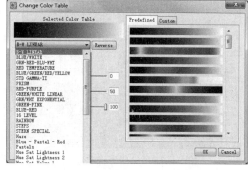

图 1.10　改变颜色表　　　　　　　　　图 1.11　改变颜色表交互界面

　　(3)要删除颜色表,可以在【图层管理器】中右击该影像,选择【Change Color Table】→【Grayscale】(改变颜色表→灰阶)。

1.6　矢量叠加和处理

　　ENVI 提供了全套的矢量查看和分析工具,包括 shape 文件的输入、矢量编辑和矢量查询。

　　(1)在主菜单中,选择【文件】→【打开】或选择工具栏中的【打开】按钮,浏览文件目录选择 4 个后缀为“.evf”的矢量文件,选中并单击【打开】,可以按住 Ctrl 键同时选择多个文件,然后 4 个矢量文件会以不同颜色叠加显示在影像图中,如图 1.12 所示。

　　(2)单击【数据管理器】中【File Information】(文件信息),箭头旁边会显示矢量文件的信息。

　　(3)右击矢量图层,在【图层管理器】中选择【Properties】(属性)。在打开的对话框中可以改变颜色、线型、线宽和填充等矢量图层的各种属性。

　　(4)【图层管理器】中图标前有色框标识的矢量文件代表活动的图层,在另一幅矢量图上右击【Set as Active Layer】(设置为活动图层),设置后面的步骤只在活动图层上才起作用。

　　(5)单击图表栏上的【Edit Vector】(矢量编辑)按钮,通过缩放,可以看得更加清晰。单击活动图层上的矢量文件,矢量会高亮显示,在选择的图层上右击,可以显示编辑选项 Delete(删除)、Remove Holes(去除孔洞)、Smooth(平滑)、Rectangulate(矩形化)、Merge(融合)、Group(组合)等,可以通过单击菜单外面区域来取消操作。

　　(6)要编辑各个顶点,单击图表栏上的【Edit Vertex】(顶点编辑)按钮,然后单击活动图层上的一个矢量文件,右击选择要编辑的顶点以显示编辑选项,如图 1.13 所示,读者可以在菜单选项中选择编辑内容,或者单击菜单外任何其他区域来取消操作。

图 1.12 矢量影像叠加

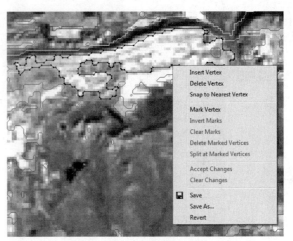

图 1.13 右键单击矢量顶点

1.7 图像裁切

图像处理过程中常常需要对影像进行裁切,将目标区域提取出来,或者仅仅需要原图像的某几个波段,前者可以通过空间裁切实现,后者可以通过波段裁切来实现。根据裁切结果图像形状的不同分为规则裁切和不规则裁切,在 ENVI 中需要用到不同的功能。

1.7.1 规则裁切

(1)单击【文件】→【打开】或者工具栏上的【打开】按钮,打开 ENVI 标准图像格式的图像文件 qb_boulder_msi(该图像在 ENVI 默认安装目录……\Harris\ENVI55\data),该图像将会被自动优化拉伸显示。注意:保持图像显示在主图像窗口中才可以进行以下裁切操作。

(2)单击【File】→【Save As】(文件→另存为),选择【另存为 ENVI,NITF,TIFF,DTED 格式】,出现【File Selection】(选择文件)对话框,选中要裁切的图像 qb_boulder_msi,单击【Spatial Subset】(空间裁切),打开右侧裁切区域空间选择功能,如图 1.14 所示。如果空间裁切选择文件对话框中的缩略图显示不清楚,可以从【Update Stretch】(更新拉伸方式)下拉列表中选择一个选项,应用于缩略图的拉伸。

(3)利用【选择文件】对话框可以实现多种方法确定裁切区域。对话框右侧上方各种图标所代表的裁切方式如下:

【Use Full Extent】(利用全部范围)是使用整幅图像,在空间上不进行取舍,常用于在裁切过程中回到初始状态。

【Use View Extent】(利用视图范围)可以将主图像窗口视图中显示的图像区域裁切出来。

【Subset by Raster……】(根据影像裁切)使用某一影像文件中的图像子集,子集文件必须具有与待裁切文件重叠的空间范围,并且投影一致。

【Subset by Vector……】(根据矢量裁切)使用矢量文件对图像进行裁切。矢量文件必须与图像文件重叠,并且必须投影一致。

【Subset by ROI……】(根据感兴趣区域裁切)使用 ENVI 中已经打开的一个或多个感

兴趣区域对图像进行裁切。如果选择了多个感兴趣区域文件,则将综合使用这些文件来完成裁切。

　　【Enter Map Coordinates】(输入地图坐标)通过输入坐标来裁切图像。如果原图像没有坐标系统信息,则该功能不可用。具有地理坐标系统的文件只能是使用以度(°)为单位的坐标。具有平面投影坐标系的文件可以使用度数或图像的投影单位(如 m)。

　　(4)通过人机交互确定裁切区域。在【选择文件】对话框右侧图像显示区域,左键单击图像不要松开,拖动鼠标,图像中会出现一个虚线红色方框,此即为裁切区域,单击【确定】,在随后出现的【Save File As Parameters】(另存文件参数设置)对话框中选择【Output Format】(输出格式),如图 1.15 所示,在此保留默认设置 ENVI 标准格式,然后在【Output Filename】(输出文件名字)字段输入文件名字保存在默认输出路径中,或者单击浏览图标 ... ,选择输出路径并输入输出文件名字。

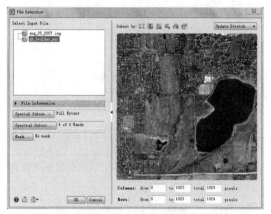 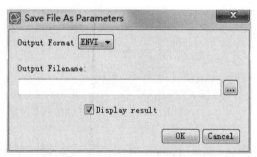

图 1.14　图像裁切　　　　　　　图 1.15　【另存文件参数设置】对话框

　　也可以通过在图 1.14 右侧窗口下方输入行列数确定裁切尺寸,但不如直接用鼠标左键拖动来确定裁切区域更方便。

　　(5)单击【确定】,完成裁切。

　　利用【文件】→【另存为】功能完成裁切的仅限于输出规则形状(矩形)的图像子集,通过【工具箱】中的【Raster Management】→【Resize Data】完成的裁切与上述方式的裁切类似。

1.7.2　利用矢量文件裁切图像

　　(1)单击【文件】→【打开】选择打开待裁切图像 qb_boulder_msi 和矢量文件 qb_boulder_msi_vectors. shp(在 ENVI 默认安装目录 ……\Harris\ENVI55\data 下)。

　　(2)在【工具箱】中单击【Regions of Interest】→【Subset Data from ROIs】(感兴趣区域→根据 ROI 裁切数据),ENVI 自动会将矢量文件识别为 ROI 用于裁切数据,在【Select Input File to Subset via ROI】(选择利用 ROI 裁切的数据文件)对话框,选中要裁切的图像 qb_boulder_msi,单击【确定】,如图 1.16 所示。

　　(3)在随后出现的【Spatial Subject via ROI Parameters】(利用 ROI 裁切数据的参数),如图 1.17 所示对话框中设置以下参数:

　　——在【Select Input ROIs】(选择输入的感兴趣区域)字段下选择刚才打开的矢量文件 qb_boulder_msi_vectors. shp。

——在【Mask pixels output of ROI?】(是否掩盖感兴趣区域之外的像元?)单击切换按钮将默认设置【否】改为【是】,【Mask Background Value】(掩盖部分背景值)设置为 0。

——【Output Result to】(输出结果)字段后选择"File"(文件)或者"Memory"(内存),如果选择"文件",单击【选择】选择输出文件的路径并输入文件名,结果将存储为硬盘中的文件;如果选择【内存】,结果将暂存在内存中,ENVI 关闭后该结果将被删除。

(4)单击【确定】,完成裁切。

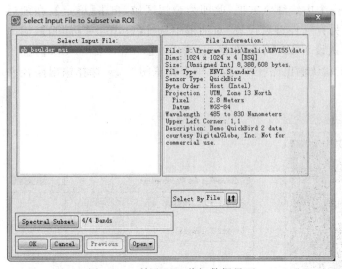

图 1.16　利用 ROI 裁切数据界面

图 1.17　选择用于裁切的矢量文件

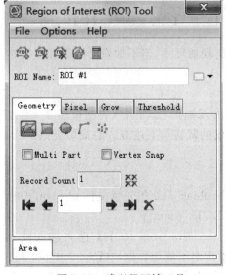

图 1.18　感兴趣区域工具

1.7.3　利用感兴趣区域进行图像裁切

感兴趣区域(regions of interest, ROI),可以是任意多边形,在 ENVI 中可以通过手工绘制。注意:ROI 是和图像连接在一起的。利用 ROI 进行图像裁切,首先要绘制 ROI,选择出感兴趣区域。

(1)单击【文件】→【打开】,选择打开待裁切图像qb_boulder_msi,图像自动拉伸并显示在主图像窗口中。

(2)在【图层管理器】中选中 qb_boulder_msi 文件,右键单击后选择【New Region of Interest】(新的感兴趣区域)或者单击工具栏中的【Region of Interest (ROI) Tool】(感兴趣区域工具），打开【感兴趣区域工具】对话框,如图 1.18 所示。

(3)在对话框中可供选择的感兴趣区域的形状包括多边形(Polygon)、矩形(Rectangle)、椭圆形(Eclipse)、线(Polyline)和点(Point)。在此单击图标选择多边形,在图像上围绕感兴趣的区域左键单击后再单击右键,选择【Complete and Accept Polygon】(完成并接受多边形)完成绘制。可以在【ROI Name】(ROI 名称)字段后修改感兴趣区名称、选择颜色,也可以通过单击新感兴趣区域图标，绘制若干个多边形。在此练习中，选择将图像中的水体用多边形圈闭，生成两个多边形，如图 1.19 所示。

（4）单击【文件】→【另存为】，在随后打开的【Save ROIs to . XML】（保存 ROI 为. XML 文件）对话框选择保存的路径，输入文件名，保存绘制的多边形 ROI。

（5）在【工具箱】中，选择【Regions of Interest】→【Subset Data from ROIs】（感兴趣区域→根据 ROI 裁切数据）。在【Select Input File to Subset via ROI】（选择利用 ROI 裁切的数据文件）对话框，选中要裁切的图像 qb_boulder_msi，单击【确定】。

（6）在随后出现的【Subset Data from ROIs Parameters】（根据 ROI 裁切数据的参数）对话框中设置相关参数。

（7）单击【确定】，完成图像裁切，结果如图 1.20 所示。

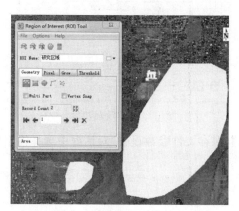

图 1.19　感兴趣区域选取

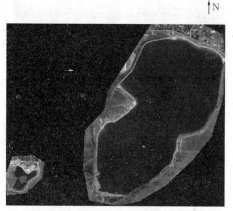

图 1.20　裁切结果

1.7.4　波段裁切

在上述空间裁切时，可以同时完成波段裁切，实际上在所有图像处理过程中只要对话框中存在【Spectral Subset】（波段裁切）按钮都可以进行波段裁切。以下步骤以文件格式转换功能，即【文件】→【另存为】功能为例说明波段裁切。

（1）单击【文件】→【打开】，打开图像文件 qb_boulder_msi，该图像将会被自动优化拉伸显示。

（2）单击【文件】→【另存为】，选择【另存为 ENVI，NITF，TIFF，DTED 格式】，出现【File Selection】（选择文件）对话框，选中要裁切的图像 qb_boulder_msi，单击【Spectral Subset】（波段裁切），出现【波段裁切】对话框，如图 1.21 所示。默认状态下是所有波段都会被选中，以蓝色标识，【Select Bands to Subset】（选择要裁切的波段）字段下，按住 Ctrl 键（如果连续选择可以用 Shift 键）同时左键单击选择任意几个感兴趣的波段，在此选择 Band 2 和 Band 4 两个波段，单击【确定】，回到【选择文件】对话框。

（3）如图 1.22 所示，在【选择文件】对话框中的【Spectral Subset】（波段裁切）按钮后的文字现在是"2 of 4 Bands"，即选中了 4 个波段中的其中两个，单击【确定】。

图 1.21 【波段裁切】对话框

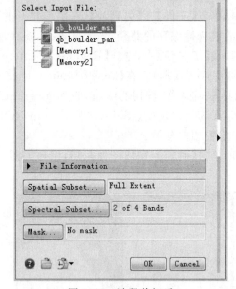

图 1.22 波段裁切后

（4）在随后出现的【Save File As Parameters】（保存文件参数设置）对话框中选择输出路径并输入输出文件的名字，单击【确定】，完成波段裁切。

第2章 标注图像

本章将使用 ENVI 来显示快鸟（QuickBird）多光谱图像并在上面创建新的标注图层，该图像覆盖的区域是美国科罗拉多州博尔德城的一部分。

2.1 打开并显示图像

打开并显示图像的操作步骤如下：

(1)单击工具栏中的【打开】按钮📁，【打开】对话框出现。

(2)选中 qb_colorado.dat 并打开。

2.2 创建标注层

标注图层与矢量图层不同，在一个标注图层里可以有多个标注项类型，一个单一的标注图层可能包含文本、多边形、符号以及其他标注项的结合。创建标注层的操作步骤如下：

(1)在主菜单中，选择【File】→【New】→【Annotation Layer】（文件→新建→标注层），创建新的标注图层对话框出现。

(2)输入"Boulder_Anno"作为新标注图层的名字。

(3)选择 qb_colorado.dat 作为源文件，源文件定义了新图层的范围和地图投影。

(4)单击【确定】，ENVI 将新的标注图层添加到【图层管理器】中，如图 2.1 所示。

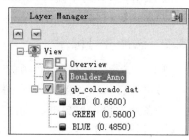

图 2.1　创建标注层

2.3 添加并保存标注项

在下面的步骤中，将添加多种类型的标注条目，当创建标注图层时，【Text Annotation】（文本标注）按钮被自动选中。

2.3.1 添加文本标注

(1)在图像窗口视图中，在环境中找到一块公共区域去标注，然后单击这块区域。光标转换成一条垂直线，为输入文本做准备。

图 2.2　图层树管理器

(2)键入"Central Park"（中央公园）并按回车键，标注条目被添加到标注图层树形下的层管理器中，如图 2.2 所示。接下来，将会把首选项更改为后来添加的标注。

(3)使用【漫游】工具，在环境中找到另一处不同的公共区域。

(4)再一次选择工具栏【Annotation】（标注）中【Text Annotation】（文本标注）。

(5)在公共区域单击右键，选择【Preferences】（首选项），打开【首选项】对话框，如图 2.3 所示。

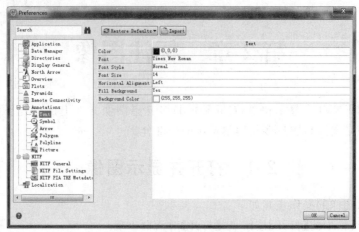

图 2.3　【首选项】对话框

(6)把【Font】(字体)改为"Times New Roman",把【Font Size】(字体大小)改为"14",然后单击【确定】,关闭对话框。

(7)左键单击图像,再添加一个文本标注。

(8)保存标注图层,在【图层管理器】中右键单击 Boulder_Anno 并选择【另存为】,在【File Name】(文件名)中的字段为 Boulder_Anno。

(9)单击【保存】。

2.3.2　添加符号标注

把符号标注添加到环境中的操作步骤如下:

(1)单击【Symbol Annotation】(符号标注)按钮。

(2)在图像窗口视图中,单击几个拟添加符号的位置,标注条目就被添加到标注图层树形下的【图层管理器】中,如图 2.4 所示。

(3)选中刚刚添加的标注,可以单击并拖动它到一个新的位置。

2.3.3　添加箭头标注

添加箭头标注的操作步骤如下:

(1)单击【Arrow Annotation】(箭头标注)按钮。

(2)在图像窗口中,通过单击和拖动光标可以添加箭头,尝试添加两个箭头,标注条目被添加到标注图层树形下的【图层管理器】中。

(3)选中箭头项,单击右键并选择【Properties】(属性),打开【属性】对话框可改变箭头的外观,如图 2.5 所示。

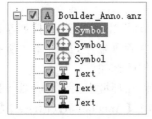

图 2.4　标注条目添加到
【图层管理器】

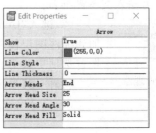

图 2.5　【属性】对话框

（4）将【Line Color】（线条颜色）设置为"Yellow"（黄色），【Line Thickness】（线条粗细）设置为"2"，"Arrow Head Size"（箭头大小）设置为"15"，然后关闭对话框。

2.3.4　添加矩形标注

添加矩形并调整其大小的操作步骤如下：

（1）单击【Rectangle Annotation】（矩形标注）按钮。

（2）在视图中选择【Annotations】（标注）下的【Polygon】（多边形）。

（3）把【Fill Interior】（填充内部）设置为【Solid】（实体），然后关闭对话框。

（4）在图像窗口中，通过单击左键并拖动光标添加矩形，尝试添加两个新的矩形，标注条目被添加到标注图层树形下的【图层管理器】中。

（5）通过选择工具栏中的箭头 ，单击和拖动矩形框选择操作来调整绘制的任何矩形。

> **注意事项**
>
> 　　之前学习了如何在图像窗口视图中通过单击右键改变标注首选项并选择【Preferences】（首选项），另一种改变标注首选项的方法是通过 ENVI 的【首选项】对话框，具体步骤是从菜单中选择【File】→【Preferences】（文件→首选项），打开【首选项】对话框。

2.3.5　旋转图像和标注条目

旋转图像和标注条目的操作步骤如下：

（1）单击【Rotate View】（旋转视图）按钮 ，然后单击图像并拖动光标以顺时针或逆时针方向旋转图像，工具栏上的【North Up】（北方朝上） 0° 记录当前的旋转度。

（2）大多数标注条目（除了文字、符号和图形）与图像一起旋转。默认情况下，文本标注和符号条目不与图像一起旋转，如图 2.6 所示。

（3）要改变这个设置，右键单击【图层管理器】中的标注条目并选择【属性】，打开【属性】对话框，将【Rotate with View】（旋转视图）值设置为"True"（正确）。可以通过属性对话框来改变任何标注条目的【Rotate with View】（旋转视图）值，如图 2.7 所示。

图 2.6　旋转前视图

图 2.7　旋转后视图

（4）选择【文件】→【保存】，保存图层。

（5）如果要从图像窗口中删除图层，右键单击【图层管理器】中的 Boulder_Anno 并选择【Remove】（删除）。

（6）在【Rotate To】（旋转至）下拉列表中，选择"0°"，可以恢复图像以北为上。

第 3 章 矢量编辑

本章展示如何利用 ENVI 在一幅多光谱影像中创建新的矢量层、添加矢量记录和注释项目,影像覆盖的区域是美国科罗拉多州博尔德城的一部分。

3.1 打开并显示影像

(1)单击工具栏中的【打开】按钮📁,【打开】对话框出现。

(2)选中 qb_colorado. dat 并打开。

3.2 创建矢量层

创建一个多边形矢量层和一个折线矢量层。当应用矢量时,需要为每种类型的矢量创建一个独立的层。例如,如果创建了一个多边形矢量层,则该矢量层仅包含多边形记录,不包含点记录。

(1)在菜单中,单击【File】→【New】→【Vector Layer】(文件→新建→矢量层),打开【Create New Vector Layer】(创建新矢量层)对话框。

(2)输入矢量层名字为"Boulder_Buildings"。

(3)在【Record Type】(记录类型)下拉列表中,选择矢量层类型为"Polygon"(多边形)。

(4)选择源文件 qb_colorado. dat,它定义了新图层的基本投影。

(5)单击【确定】,则 ENVI 把该新建的层添加到【图层管理器】中作为活动图层。在加载了多个矢量图层的情况下,每次只有一个图层为活动图层。

(6)再新建一个矢量层,右击【图层管理器】上的图层文件夹,选择【New】→【Vector Layer】(新建→矢量层)。

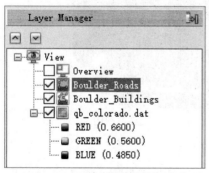

图 3.1 【图层管理器】中影像列表

(7)输入图层的名字为"Boulder_Roads"。

(8)在【Record Type】(记录类型)下拉列表中,选择矢量层类型为"Polyline"(折线)。

(9)选择源文件 qb_colorado. dat,它定义了新图层的基本投影。

(10)单击【确定】,ENVI 把新图层添加到【图层管理器】中,则该层成为活动图层,Boulder_Buildings 层将不再是活动图层,如图 3.1 所示。

3.3   添加并保存矢量记录

由于 Boulder_Roads 层是活动图层,那么可以在该图层中添加矢量记录。

当添加新的矢量层时,工具栏中的【Create Vector】(创建矢量)按钮 自动被选择。

3.3.1   创建折线矢量

(1)在图像窗口视图中,沿屏幕上任何道路绘制线。当绘制折线时,通过单击和释放鼠标来控制路线的形状。

(2)右击选择【Accept】(接受)。

(3)在继续操作之前先保存矢量层,右击【图层管理器】中的 Boulder_Roads 矢量层并选择【另存为】,打开【另存为】对话框,【文件名】处出现"Boulder_Roads"。

(4)单击【Save】(保存)。

(5)绘制两条相近但不相交的折线。

(6)在【创建矢量】下拉菜单中选择"Join Vector"(合并矢量)。

(7)选择刚刚绘制的其中一条折线。

(8)将光标拖动到绘制的第二个折线,然后连接两条折线。

(9)右击选择【Join】(合并)。

(10)再绘制一条折线。

(11)在【创建矢量】下拉菜单中选择【Edit Vertex】(编辑顶点)按钮 。

(12)单击折线顶点处选中折线,可以在右键菜单中选择各个选项来编辑折线。

(13)保存图层,在图像窗口中右击选择【保存】。

3.3.2   创建多边形矢量

接下来,把 Boulder_Buildings 层作为活动图层,并为该图层添加记录。

(1)在【图层管理器】中,右击 Boulder_Buildings 图层选择【Set as Active Vector Layer】(设置为活动图层),图层名称旁边的图标以青色标出,表示它是活动图层,如图 3.2 所示。

(2)在菜单中,单击【创建矢量】 。

(3)在图像窗口中,在屏幕中建筑物的上方绘制多边形,通过单击和释放鼠标绘制出影像中建筑物的轮廓。

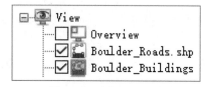

图 3.2   活动图层显示

(4)双击鼠标左键完成多边形的绘制,并保存在图层中。

(5)重复该过程 5 次,创建 5 个建筑物的多边形形状。

接下来把一些多边形组合为一个小组。

(1)单击工具栏中的【编辑矢量】。

(2)按住 Ctrl 键并单击鼠标左键,选择 3 个多边形。

(3)右击并选择【Group】(组),即可把 3 个多边形组合为 1 个小组。通过再一次的右击选择【Ungroup】(取消组)按钮可以取消组。

（4）在继续操作前保存矢量层，右击图像管理器中 Boulder_Buildings 层，选择【另存为】，打开【另存为】对话框，在【文件名】处出现 Boulder_Buildings。

（5）单击【保存】。

3.3.3　编辑矢量图形

在矢量的最后一步，可以修改已创建的多边形一些顶点的位置。Boulder_Buildings 层依然是活动图层，因此将编辑该图层。

（1）在【创建矢量】下拉菜单中选择"编辑顶点"。

（2）选择一个多边形。

（3）把光标放在一个顶点处进行移动。

（4）单击并拖动光标将顶点移动到新的位置，也可以通过键盘中的上、下、左、右键沿箭头方向来移动像素的位置。

（5）松开鼠标按键来重新定位顶点。

（6）保存图层，在图像窗口中右击并选择【保存】。

第4章 可视域分析

可视域分析工作流程从指定的视图源确定可见性,源可能是单点、折线或单个多边形。如果选择单个视图源,视域可以用通畅视线代表视图源的所有位置。假设观察者可以沿着边界在源内任意移动。如果选择多个视图源,视域可被定义为从至少一个视图源可见的所有位置,或者所有的视图源位置都可见的位置。同时可以使用线或多边形来定义单个视图点的集合。在这种情况下,每个在线上的点或者在多边形内的点都被看作是一个源。

4.1 查找任意源或全部源都可见的区域

以下步骤将添加点视图源以确定将要执行的区域为可见区域,至少一个源是可见的,然后改变视域分析以确定对所有源可见的区域。

(1)在【工具箱】中,选择【Terrain】→【Viewshed Analysis Workflow】(地形→视域分析流程),打开【选择文件】对话框。

(2)单击【DEM】旁边的【Browse】(浏览),找到数据目录然后选择 DEM 文件,单击【确定】。

(3)单击【Image File】(影像文件)旁边的【浏览】,找到数据目录然后选择 Orthoimagery. tif 文件,单击【确定】。

(4)单击【下一步】,进入【Viewshed Analysis】(视域分析)对话框。

(5)在【视域分析】对话框中,输入 1 000 m 的默认视图范围,这指定了每个视图源的分析范围,并且此半径外的任何位置将被定义为未分类。

(6)输入 100 m 的默认视图高度,以指定在计算可见区域时要使用的每个视图源的查看高度。

(7)添加点视图源,从工具栏中选择【Symbol Annotation】(符号标注)工具。

(8)在图像中找到一个区域并且单击添加 4 个点作为视图源,保持点彼此靠近。视点的总数将会显示在对话框中的【Total Points】(总点数)字段后,如图 4.1 所示。

(9)选择【Any Source】(任意源)计算可见性。

(10)勾选【Preview Window】(预览窗口)复选框并且将预览窗口移动到视图源所在的区域,可视域用绿色显示,非可视域用红色显示,如图 4.2 所示。

图 4.1　影像区域以及视图源

(11)保持预览窗口复选框处于启用状态,并将可见性更改为【All Sources】(所有源),注意

4 个点都可见的所有位置是如何变化的。如果 4 个点相隔太远,分析的区域不会重叠,并且不能保证所有点的位置为可见,如图 4.3 所示。

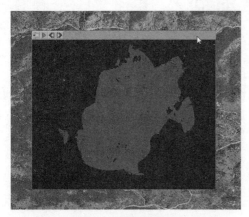

图 4.2　视图源区域

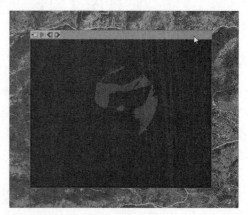

图 4.3　视图源

图 4.4　分类图像

(12)单击【下一步】,计算并显示可视区域。

(13)在【Viewshed Export】(视域导出)对话框中,输入视图图像的名称,并取消选择导出视图矢量选项。

(14)单击【Finish】(完成),完成视域分析。分类图像将添加到【图层管理器】并显示在图像窗口中。

(15)默认情况下,显示两个类:不可见(红色)和可见(绿色)。取消选中【Not Visible】(不可见类),可见区域覆盖在图像上,如图 4.4 所示。

4.2　查找源中所有点可见的区域

本节目的是寻找一个区域放置通信塔以便于具有通畅的视野。操作步骤如下:

(1)在【工具箱】中,双击【Viewshed Analysis Workflow】(视域分析工作流程),打开【选择文件】对话框。

(2)单击【DEM】旁边的【浏览】,找到数据目录然后选择 DEM 文件,单击【确定】。

(3)单击【Image File】(影像文件)旁边的浏览,找到数据目录然后选择 Orthoimagery. tif 文件,单击【确定】。

(4)单击【下一步】,进入【视域分析】对话框。

(5)在【视域分析】对话框,输入 5 000 m 的默认视图范围。

(6)输入 100 m 的默认视图高度。

(7)将【Default Point Spacing】(默认点间距)更改为 10 个像素,使用此值,沿折线或多边形内部自动生成单个视点。

(8)使用工具栏中的任意缩放工具缩放到更接近道路。

(9)添加视图源,从工具栏中选择【Polyline Annotation】(折线标注)工具。

(10)通过左键单击沿着道路创建一条路径:这条路径应该有 5 到 15 个点,也可以通过一直按压鼠标左键沿着道路创建路径,然后选择【Accept】(接受)。计算点的总数然后添加到可【视域分析】对话框的【Total Points】(点的总数)字段中。

(11)在【视域分析】对话框中单击【Show Point Spacing】(点间距),在【视域分析】对话框中查看单个点,以下示例显示沿路段定义的 7 个点,如图 4.5 所示。

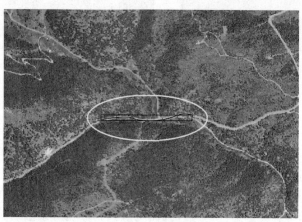

图 4.5　视域分析示例

(12)选择【All Points Within Sources】(源中所有点)并计算可见性。

(13)单击工具栏中的【Zoom To Full Extent】(缩放至完全范围)按钮 。

(14)选中【Preview】(预览)复选框。

(15)展开预览窗口,以便查看整个视域,如图 4.6 所示。

> **注意事项**
>
> 使用预览窗口和关于处理视域应注意:
>
> (1)作为视图源的点越多,预览或视图分析需要处理的时间就越长。
>
> (2)图像分辨率必须为 1:2 或更高。
>
> (3)如果在公路上所有点的位置都不可见,所有的点会在预览或者输出时呈现黑色。
>
> (4)如果默认视图范围设置过小,很有可能导致所有点的位置都不可见。

(16)注意不同参数设置对视图结果的影响,右击【View Sources】(视图源)列表中视图源并且选择【Edit View Sources Parameters】(编辑视图源参数)根据需要调整设置。

(17)单击【下一步】,计算并显示视域。

(18)在导出对话框中,输入视图图像的名称并取消选择导出视图矢量的选项。

(19)单击【完成】完成视域分析,视图分类图像显示并添加到【图层管理器】。

(20)在图像上查看视域输出的叠加。为此,使用工具栏上的【Transparency】(透明度滑块),将透明度更改为 50%,如图 4.7 所示。

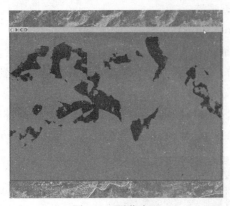
图 4.6　预览窗口

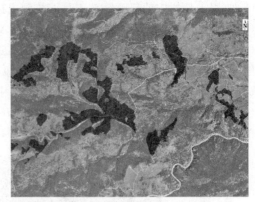
图 4.7　图像上视域输出的叠加

4.3　地面较高点的可见区域查找

本节将要确定从较高地面可见的区域。操作步骤如下：

(1)在【工具箱】中，双击【视域分析工作流程】，打开【选择文件】对话框。

(2)单击【DEM】旁边的【浏览】，找到数据目录然后选择 DEM 文件，单击【确定】。

(3)单击【Image File】(影像文件)旁边的【浏览】，找到数据目录然后选择 Orthoimagery. tif 文件，单击【确定】。

(4)单击【下一步】，进入【视域分析】对话框。

(5)在【视域分析】对话框中，保留【Default View Range】(默认视图范围)的默认值为 3 000 m，保留【Default View Height】(默认视图高度)的默认值为 0 m。

(6)将【Default Point Spacing】(默认点间距)更改为 10 像素。

(7)添加视图源，在工具栏中选择【Polygon Annotation】(多边形标注)工具。

(8)在地面高处选择合适的位置绘制多边形，计算视域的各个视点的总数将被添加到【视域分析】对话框中的【点的总数】字段。单击【Show Point Spacing】(显示点间距)以查看单个点。在较高地形上绘制的简单多边形示例如图 4.8 所示。

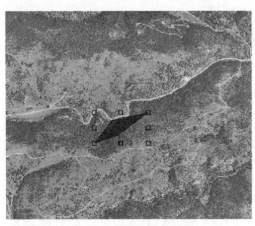
图 4.8　绘制的简单多边形

(9)从【任意源】中计算视图。

(10)勾选【预览】复选框并展开预览窗口，这样就可以看到整个视域范围，如图 4.9 所示。

(11)更改视图源的参数设置，以查看视图差异。在【视域分析】对话框选中视图源，在视图源上右击选择【Edit View Source Parameters】(编辑视图源参数)，打开属性对话框。

(12)设置【Range】(范围)为 2 000 m，保持其他的默认值不变。

(13)单击【确定】，新的视图会出现在预览窗口，如图 4.10 所示。

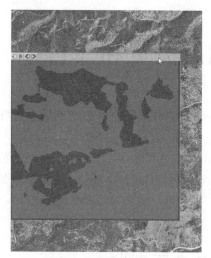

图 4.9　预览窗口一　　　　　　　　图 4.10　预览窗口二

(14)再次更改设置,尝试 3 000 m 的范围,100 m 的高度和 10 像素的间距。当新的视图出现在预览窗口,放大窗口便于看见整个视域范围,如图 4.11 所示。

(15)第三次改变设置,范围为 3 000 m,高度为 0 m,间距为 50 像素,如图 4.12 所示。

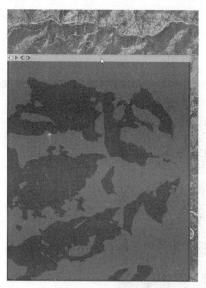

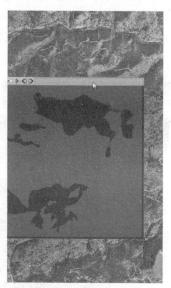

图 4.11　预览窗口三　　　　　　　　图 4.12　预览窗口四

第5章 3D曲面浏览和飞行

ENVI提供了多种二维观察和分析影像数据的工具。3D曲面浏览工具是把数据分析延伸到三维(three dimension,3D)的第一步。

本章使用Landsat TM(陆地卫星/专题制图仪)数据展示ENVI的3D曲面浏览和飞行功能,3D曲面浏览功能可把数字高程模型(digital elevation model,DEM)加载成灰度或彩色合成影像,交互式改变3D可视化,创建3D飞行。此外,3D曲面浏览功能还提供了一定的分析能力。

5.1 加载3D曲面浏览

5.1.1 打开并显示Landsat TM影像

(1)在主菜单中,单击【文件】→【打开】,打开【Enter Data Filenames】(输入数据文件名)对话框。

(2)选择bhtmsat.img,单击【打开】,ENVI自动加载波段1、2和3到显示组中,如图5.1所示。

图5.1 加载bhtmsat.img影像

5.1.2 打开并将DEM显示为灰度影像

不需要显示相关的DEM,但要确保有一个与影像匹配。

(1)在主菜单中,选择【文件】→【打开】。

(2)选择bhdemsub.img并单击【打开】,DEM灰度影像会自动加载到一个新的显示组,如图5.2所示。

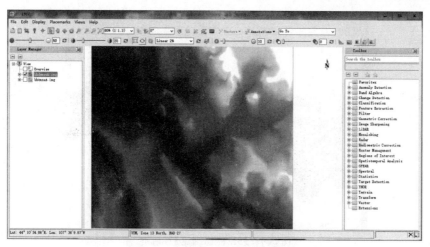

图 5.2　加载 bhdemsub. img 影像

5.1.3　启动 3D 曲面浏览

（1）在【工具箱】中，双击【Terrain】→【3D SurfaceView】（地形→3D 曲面浏览），打开【Select 3D Surface View Image Bands Input】（选择 3D 曲面浏览影像波段输入）对话框。

（2）选择 bhtmsat. img 任意 3 个波段，然后单击【确定】，打开【Associated DEM Input File】（相关 DEM 输入文件）对话框。

（3）选择 bhdemsub. img 下的【DEM Elevation】（DEM 高程），然后单击【确定】，打开【3D SurfaceView Input Parameters】（3D 曲面浏览输入参数）对话框，如图 5.3 所示。

（4）选择用于 3D 绘图所需的【DEM Resolution】（DEM 分辨率），该 DEM 将被重采样到所选的分辨率。使用较高的 DEM 分辨率会显著减慢可视化。通常情况下，在确定最佳的飞行轨迹时，应该使用最低的分辨率（64），然后使用更高的分辨率来显示最后飞行序列。

图 5.3　【3D 曲面浏览输入参数】对话框

（5）在【DEM min plot value】（DEM 制图最小值）文本框中，输入"1219"，在【DEM max plot value】（DEM 制图最大值）文本框中，输入"1707"（如果需要削减背景像素或限制 DEM 的高程范围，可以用不同的值进行试验），小于最小值或高于最大值的 DEM 值将不会出现在三维视图中。

（6）设置【Vertical Exaggeration】（垂直放大系数）值为"15"。

（7）在【Image Resolution】（影像分辨率）下选择【Full】（全部）单选框。如果选择【Other】（其他），影像将被重采样到选定的 DEM 像素数。

（8）单击【确定】，启动可视化，将打开一个带有 3D 影像的【3D 曲面浏览】对话框，如图 5.4 所示。

图 5.4 【3D曲面浏览】对话框

5.2 交互式控件 3D 可视化

在【3D曲面浏览】对话框中可以进行人机交互改变图像显示的三维效果,步骤如下:

(1)在水平方向上单击鼠标左键并拖动鼠标,这将使得 3D 曲面绕着 Z 轴旋转。在垂直方向上单击鼠标左键并拖动鼠标,这将使得 3D 曲面绕着 X 轴旋转。

(2)单击鼠标中键并拖动鼠标,可以平移影像。

(3)在水平方向上单击并拖动鼠标右键实现放大或缩小,或者用鼠标中键滑动也可以实现放大或缩小。

(4)可以控制旋转、平移和缩放系数,并使用 5.3 节中描述的曲面浏览控件对话框将 3D 视图重置为其原始位置。

5.3 3D 曲面浏览控件对话框

从 3D 曲面浏览对话框的选项菜单中可以访问 3D 曲面浏览控件、位置控件或运动控件对话框,这些控件对话框可以确定显示什么样的 3D 曲面、如何显示这些 3D 曲面、动画显示曲面。3D 曲面浏览控件对话框允许进行微调,以编辑曲面性能,以及在透视窗口附近旋转曲面。

5.3.1 旋转、缩放、翻转控件

(1)在【3D曲面浏览】对话框中,选择【Options】→【Surface Controls】(选项→曲面管理),打开【3D SurfaceView Controls】(3D曲面浏览管理)对话框,如图 5.5 所示。

(2)单击 ⟲⟳⟲⟳ 按钮,沿所需方向改变曲面的旋转或使用相邻的【Inc】(英寸)域设置旋转增量。

(3)单击 ⊕⊖ 按钮,在曲面点上分别进行放大或缩小,或使用相邻的【英寸】域设置缩放增量。

(4)单击 ◄ ► ▲ ▼ 按钮,在所希望的方向上移动(翻转)曲面或使用相邻的【英寸】域设置平移增量。

5.3.2 曲面特性

(1)单击【3D 曲面浏览管理】对话框中【Surface Style】(表面类型)下拉列表,选择不同的表面类型显示选项,包括 Texture(纹理)、Wire(网格)、Ruled XZ(规则的 XZ 方向线)、Ruled YZ(规则的 YZ 方向线)和 Points(点状),图 5.6 所示是网格显示效果。

(2)尝试不同的垂直放大值,高一点的因素值会增加垂直放大倍数。

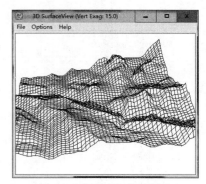

图 5.5 【3D 曲面浏览管理】对话框   图 5.6 网格 3D 曲面浏览

5.3.3 透视控件

在【3D 曲面浏览管理】对话框中,允许单击 3D 曲面浏览中的点,以指定曲面旋转的透视原点。

(1)单击【Start】(启动),开始旋转,单击【Stop】(停止)暂停当前的旋转。

(2)输入所需的【Rotation Delay】(旋转延迟)值,这是旋转曲面连续渲染之间等待的秒数,默认值是"0.05"。将值设置为"0.0",即可将旋转速度设置为计算机转换矩阵和渲染曲面的极限值。

(3)通过单击【Direction】(方向),选择"Left"(左)或"Right"(右)来改变曲面的旋转方向。方向是指表面的旋转方向,而不是观察者的视角。

5.3.4 其他可视化控件

(1)在【3D 曲面浏览】对话框中可以更改背景颜色,单击【Options】→【Change Background Color】(选项→改变背景色)。

(2)要使一个曲面像素平滑,则在对话框菜单中单击【Options】→【Bilinear Interpolation】(选项→双线性插值),关闭此选项即关闭了平滑效果。

(3)如果要重置曲面浏览为默认视图,则在对话框菜单中单击【Options】→【Reset View】(选项→重置视图)。

5.4 3D 位置控制对话框

利用【3D 曲面浏览】对话框可以观察地表面全景(就如同站在影像中间),因此可以将视图设置为特定的位置和方向。

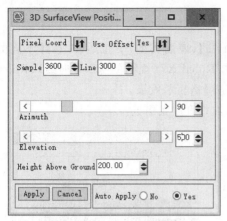

图 5.7 【3D 位置控制】对话框

（1）从【3D 曲面浏览】对话框菜单中，单击【Options】→【Position Controls】（选项→位置控制），打开【3D SurfaceView Position Controls】（3D 位置控制）对话框，如图 5.7 所示。

（2）在工具栏中单击光标值按钮 ，移动光标到预设的浏览位置，找到对应的像素和地图坐标。

（3）单击【Pixel Coord】（像素坐标）切换按钮，在像素坐标和地图坐标之间进行切换。将从第二步得到的坐标值输入【Sample/Line】（列/行）或【E/N】（东经/北纬）区域，在此推荐的起始点是"3600"列、"3000"行。

（4）通过尝试不同的方位角、高程和地面高程值来观察 3D 曲面的变化，最后单击【Apply】（应用）。

（5）利用交互式旋转和缩放就能从选中的视点中看到 3D 曲面浏览。

5.4.1 曲面飞行控制对话框

ENVI 的 3D 曲面浏览功能可以用来建立动画或 3D 曲面飞行浏览。下面加载以前保存的飞行路径并播放动画序列。

（1）从【3D 曲面浏览】对话框菜单中，选择【Options】→【Motion Controls】（选项→运动控制），打开【3D SurfaceView Motion Controls】（3D 曲面浏览动作控制）对话框。

（2）在对话框菜单中，单击【File】→【Restore Sequence from File】（文件→从文件中恢复序列），打开【选择文件】对话框。

（3）选择 bhdemsub.pat 文件，单击【打开】，该文件中的飞行序列即显示在对话框中，如图 5.8 所示。

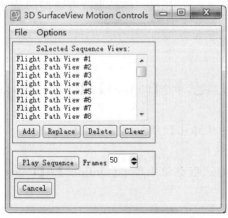

（a）飞行路径序列列表

（b）飞行参数设置界面

图 5.8 从文件中恢复的飞行路径序列

（4）保持默认设置【Frames】（帧数）文本框值为"50"，然后单击【Play Sequence】（播放序列）飞行，单击【Stop Sequence】（停止序列）停止飞行。

5.4.2　定义飞行路径并开始飞行

（1）在【3D 曲面浏览动作控制】对话框中单击【Clear】（清除），清空之前加载的飞行序列，尝试定义自己的飞行序列。用鼠标或箭头按钮在【3D 曲面浏览动作控制】对话框中选择起始视点，并在对话框中单击【Add】（添加），添加当前视图为飞行路径的起点。

（2）单击【3D 曲面浏览】对话框中的影像，并使之平移或者旋转后，即可选择另一个视图，单击【添加】将该视图添加到飞行路径。重复此步骤，直到选完所有需要的可视化图像（至少 2 帧图像）。当选择帧数并开始可视化，不同的视图间会被平滑地插值。帧数越多，飞行路径越平滑，但会减缓动画。

（3）选择某个视图，然后单击【Replace】（替换），可以替换飞行路径列表中的视图。

（4）通过单击【Delete】（删除）以在飞行路径列表中删除该视图。

（5）单击【清除】以清除所有飞行路径中视图列表。

（6）从【3D 曲面浏览】对话框菜单中，选择【Options】→【Animate Sequence】（选项→动画序列）录制飞行动画。

5.4.3　使用注释构建一个可视化序列

（1）在【3D 曲面浏览动作控制】对话框菜单中，单击【Options】→【Motion：Annotation Flight Path】（选项→运动：标记飞行路径），打开【Input Annotation Flight Path】（输入标记飞行路径）对话框。可以在 ENVI 中绘制折线、多边形、矩形或椭圆标记对象以定义飞行路径，或者使用已保存的文件输入。

（2）在【输入标记飞行路径】对话框中，单击【Input Annotation from File】（从文件输入标记）按钮并单击【确定】，打开【选择文件】对话框。

（3）选择 bhdemsub. ann，单击【Open】（打开），打开【Input Annotation】（输入标记）对话框。

（4）选择【Ann Object ♯1：Green】（标注对象♯1：绿色），单击【确定】，选中的标注文件和节点数出现在【3D 曲面浏览动作控制】对话框中，飞行路径就被绘制在【3D 曲面浏览】对话框中三维图像的表面上。

（5）在【3D 曲面浏览动作控制】对话框中，把【帧数】控制在"500"，利用平均点沿直线运行来平滑飞行路径，输入【Flight Smooth Factor】（飞行平滑因子）值"1000"。

（6）设置【Flight Clearance】（飞行间隙）文本框为"100"。

（7）设置【Up/Down】（上/下视角）为"－60"，垂直视角－90°代表垂直向下看影像表面，0°代表视角向前（沿水平方向向前看）；设置【Left/Right】（左/右视角）为"0"，－90°的水平视角是指向左观测，0°视角向前观测，90°视角是向右观测。

（8）单击【播放序列】播放动画，试着设置不同的参数并观察它们可视化的效果。通过单击切换按钮 🖼 选择飞行高度，并输入海平面以上的所需高程（如"2000"），以恒定高度飞过表面。

（9）再次重复刚才的实验，从已保存的标记文件中选择飞行路径，从【3D 曲面浏览动作控制】对话框菜单【文件】→【从文件输入标记】，显示【选择文件】对话框。

选择 bhdemsub. ann 文件并单击【确定】，显示【输入标记】对话框。

选择【Ann Object ♯2：Red】（标注对象♯2：红色）并单击【确定】。

（帧数）的值设置为"100"。

【飞行平滑因子】文本框设置为"1000"。

设置【飞行间隙】为"1000"。

设置【上/下】为"−60"，【左/右】为"0"。

单击【播放序列】启动动画浏览。

（10）尝试创建自己的标记对象和动画浏览，创建标记后从【3D 曲面浏览动作控制】对话框菜单中，选择【文件】→【输入标记文件】，单击【播放序列】。

5.4.4　动画序列

动画序列选项允许控制 3D 曲面浏览动画的速度和方向。

（1）参考 5.4.3 小节关于使用注释构建的操作创建椭圆飞行路径，然后选择【Options】→【Animate Sequence】（选项→动画序列）的【3D 曲面浏览动作控制】对话框加载单个帧动画，如图 5.9 所示。【3D 曲面浏览动作控制】对话框更改为控制动画显示交互式工具。

图 5.9　加载单个帧动画

（2）通过增加速度值来控制飞行速度，越大的值动画速度越快。

（3）通过单击对话框下面的按钮来控制飞行方向：反向动画，顺序动画，连续动画，暂停动画。

（4）当动画暂停时，单击并拖动滑块可逐步浏览动画一个或多个帧。

（5）在动画窗口菜单中，选择【File】→【Cancel】（文件→取消）返回到【3D 曲面浏览】对话框中。

5.4.5 可视化保存

3D 场景浏览功能提供了几种方法保存可视化结果或路径：

(1)在【3D 曲面浏览动作控制】对话框中单击【File】→【Save Sequence to File】(文件→保存序列到文件)保存当前飞行路径为".pat"文件,可保存为 3D 可视化序列。

(2)当可视化在用户自定义模式下,在【3D 曲面浏览动作控制】对话框中单击【File】→【Restore Sequence from File】(文件→从文件恢复序列)加载一个已保存的飞行路径。

(3)当可视化在标注模式下,在【3D 曲面浏览动作控制】对话框中单击【File】→【Input Annotation from Display】(文件→从显示文件输入标记)可以从当前视图中得到标注。

(4)在【3D 曲面浏览动作控制】对话框中单击【File】→【Input Annotation from File】【文件】→【从文件输入标记】,可以从 ENVI 标注文件获得标记。

(5)在【3D 曲面浏览】对话框中单击【File】→【Save Surface As】→【Image File】(文件→保存表面→图像文件),输出当前影像为 ENVI 格式的影像。

(6)在【3D 曲面浏览】对话框中单击【File】→【Save Surface As】→【VRML】,输出 3D 可视化为可在网络浏览器中浏览的 VRML 文件。

遥感图像预处理篇

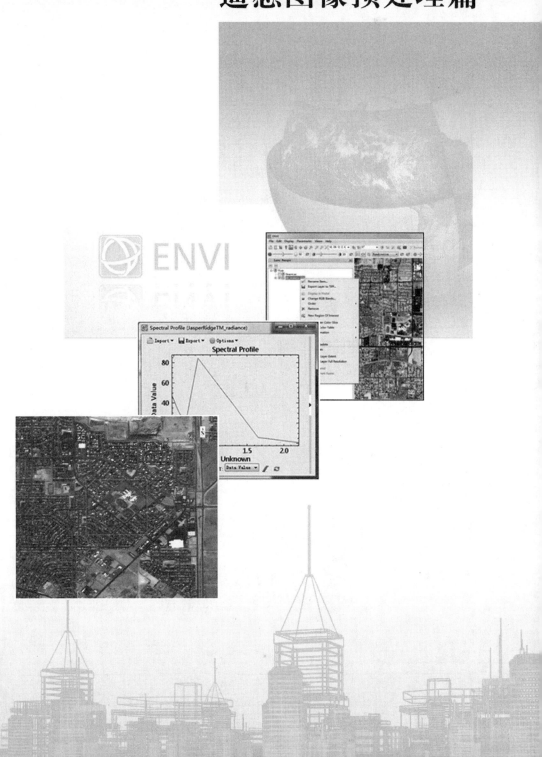

第6章 图像定标

图像定标是常见的预处理步骤,用于补偿传感器缺陷、扫描角度和系统噪声变化的辐射误差,以产生传感器的真实光谱辐射率图像。ENVI 的辐射定标工具可以将图像校准为辐亮度、反射率或亮温。可用的校准选项取决于图像中包含的元数据,大多数供应商发布元数据文件或星历数据以及图像数据。

当用 ENVI 打开来自各种卫星传感器的数据,选择正确的元数据文件非常重要。常见的元数据读取及校准选项如表 6.1 所示。

表 6.1 元数据读取与校准选项

传感器	校准选项			要打开的元数据文件
	辐亮度	反射率	亮温	
ALOS AVNIR-2 和 PRISM 2B 级数据	√	√		HDR＊.txt
灾难监测星座(DMC)DIMAP	√	√		＊.dim
EO-1 ALI	√	√		＊_HDF.L1G,＊_MTL.L1G
EO-1 Hyperion	√	√		＊.LIR
GeoEye-1	√	√		＊_metadata.xml
IKONOS	√	√		metadata.txt
Landsat TM,ETM＋,Landsat-8 OLI/TIRS	√	√	√	＊_MTL.txt,＊_WO.txt 或 ＊.met
OrbView-3	√			图像文件(＊.tif,＊.ntf)
Pleiades Primary or Ortho (single 或者 mosaic)	√	√		DIM＊.xml
RapidEye Level-1B(需要 NITF/NSIF 许可来打开这些文件)	√	√		＊_metadata.xml
SPOT DIMAP	√	√		METADATA.DIM
QuickBird	√	√		图像文件(＊.tif,＊.ntf)
WorldView-1 和 WorldView-2	√	√		图像文件(＊.tif,＊.ntf)

要打开 QuickBird 或 WorldView 数据,选择图像文件,ENVI 将从附带的 ＊.IMD 文件中读取必要的元数据。

6.1 打开 QuickBird 影像并查看其元数据

打开 QuickBird 影像并查看其元数据的操作步骤如下:
(1)从菜单中选择【文件】→【打开】。
(2)导航到存放数据的文件夹,然后选择文件 QB_example.tif。
(3)在【图层管理器】上右击文件名选择【View Metadata】(查看元数据)查看文件元数据,

如图 6.1 所示。

（4）单击【Metadata Viewer】（元数据查看器）左侧的【Spectral】（光谱）类别（图 6.2），这显示了与校准有关的几个元数据字段，ENVI 需要以 W/(m² · μm · sr) 为单位的增益和偏置值将图像校准为辐亮度，在增益值和偏置值列下看到这些值，增益值和偏置值在该图像中已经是正确的单位。如果它们不是正确的单位，可以使用比例因子将校准的图像缩放到正确的单位。

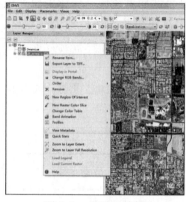

图 6.1　查看元数据

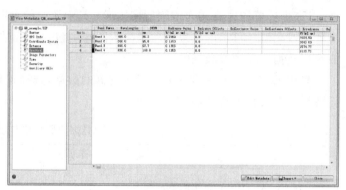

图 6.2　元数据查看器

（5）选择【Image Parameters】（图像参数）类别，可以看到从 QuickBird 元数据派生的太阳方位角和太阳高度的值。

（6）选择【Time】（时间）类别，此影像的获取时间以世界标准时间列出。当将图像校准为反射率时，太阳方位角、太阳高度和获取时间与光谱目录下的各个字段结合使用。

6.2　图像定标为辐亮度

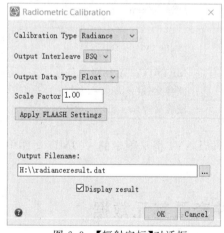

图 6.3　【辐射定标】对话框

图像定标为辐亮度的操作步骤：

（1）从【工具箱】中选择【Radiometric Correction】→【Radiometric Calibration】（辐射校正→辐射定标），出现【选择文件】对话框，QuickBird 文件已经被默认选中。

（2）单击【确定】，出现【Radiometric Calibration】（辐射定标）对话框，如图 6.3 所示。

（3）按原样保留默认选项，以 W/(m² · μm · sr) 为单位创建浮点型的辐亮度图像（band sequential，BSQ），将比例因子保留默认设置 1.00，保持物理单位不变。

（4）【Apply FLAASH Settings】（应用 FLAASH 设置）按钮适用于使用 FLAASH 工具进行大气校正时使用，也可以选择跳过该步骤，在之后的大气校正步骤中再进行设置，需要设置是因为 FLAASH 输入图像需要满足以下条件：

——图像必须以 μW/(cm² · nm · sr) 为单位进行校准。

——输入图像可以是浮点型,长整型(4 字节有符号)或整数(2 字节有符号或无符号)。

——图像必须是波段按行交叉格式(band, interleaved by line,BIL)或波段按像元交叉格式(band interleaved by pixel,BIP)。

单击【应用 FLAASH 设置】按钮,将以 BIL 浮点格式创建一个浮点型 BIL 格式的辐亮度图像,它将以 $\mu W/(cm^2 \cdot nm \cdot sr)$ 为单位,0.1 的比例因子应用到辐亮度图像,单击此按钮可以避免单独转换辐亮度图像的交叉格式,并找出适用于 FLAASH 的比例因子。

当启动 FLAASH 时,选择刚刚使用辐射定标工具创建的辐亮度图像,当出现【Radiance Scale Factors】(辐射比例因子)对话框时,在【Single Scale Factor】(单一比例因子)区域保留默认值 1。

(5)选择辐亮度图像的输出文件夹,并将其命名为"qb_radiance.dat"。

(6)勾选【Display Result】(显示结果)复选框。

(7)单击【确定】,当处理完成时,显示校准的辐亮度图像。

(8)为了可视环境下比较原始和校准后的图像,在【图层管理器】中关闭和打开 qb_radiance.dat 图层,如图 6.4 所示。

(9)在【图层管理器】中选择这两个图层,单击主工具栏中的光标值图标 🔑。

(10)在【光标值】对话框中,查找每个图像的"Data"(数据)值。原始图像具有整数像素值,而校准图像具有浮点值。图 6.5 显示了校准图像以真彩色显示的示例:

——波段 3 为红色通道。

——波段 2 为绿色通道。

——波段 1 为蓝色通道。

对于当前的像素位置,校准后的图像红波段辐亮度值为 13.262 500 W/($m^2 \cdot \mu m \cdot sr$),而原始图像红波段像元数字值(digital number,DN)为 743,如图 6.5 所示。

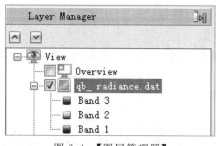

图 6.4 【图层管理器】

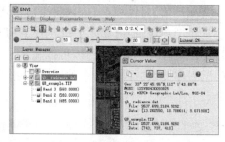

图 6.5 【光标值】对话框

快速验证辐亮度值的另一种方法是显示光谱曲线:

(1)取消选中【图层管理器】中的原始 QuickBird 图像,以便仅显示校准后的图像。

(2)从主菜单中选择【Display】→【Profiles】→【Spectral】(显示→剖线→光谱)。

(3)单击图像中的任意位置显示所选像素位置的辐亮度值曲线,使用光谱图谱来帮助识别感兴趣的特征。

图 6.6 所示三幅图分别显示一个土壤像素、水体像素和植被像素(用交叉丝定位的像素)的光谱曲线,可见土壤像素辐亮度值在绿色波长区域(约 660 nm)处为峰值,水体像素辐亮度值在绿色波长区域(约 485 nm)处为峰值,植被像素的辐亮度值在近红外波长区域(约 900 nm)处达到峰值。

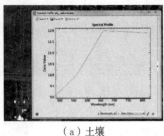
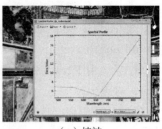

（a）土壤　　　　　　　　　（b）水体　　　　　　　　　（c）植被

图 6.6　三种地物像素的光谱曲线

6.3　图像定标为反射率

把 QuickBird 图像校准为大气层顶反射率,此图像校准为反射率所需的所有元数据,包括增益、偏置、太阳辐照度、太阳高度和获取时间。操作步骤如下:

(1)从【工具箱】中选择【辐射校正】→【辐射定标】。

(2)在【选择文件】对话框中,选择原始的 QuickBird 图像,然后单击【确定】。

(3)在【辐射定标】对话框中,将【Calibration Type】(定标类型)更改为"Reflectance"(反射率),如图 6.7 所示。

(4)其他选项保留默认值。

(5)选择反射率图像要输出的文件夹,并将其命名为"qb_reflectance.dat"。

(6)勾选【显示结果】复选框。

(7)单击【确定】,当处理完成时,显示出反射率图像。

(8)单击主工具栏中的光标值图标💡。

(9)在【光标值】对话框中,查询每个波段的"Data"(数据)值,并验证其值是否小于 1.0。

(10)从主菜单中选择【显示】→【剖线】→【光谱】。

(11)单击图像中的任意位置,可以显示当前像素位置的反射率值曲线。图 6.8 显示了水体像素的反射率曲线。所有 4 个波段的反射率值范围为 0.04~0.09,近红外波长区域的反射率值最低。

图 6.7　辐射定标为反射率图像

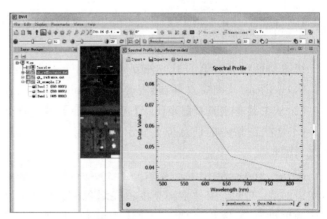

图 6.8　水体像素的反射率曲线

第7章　使用 FLAASH 校正多光谱数据

本章介绍使用 FLAASH 大气校正多光谱图像的方法,使用的图像是由 Landsat-7 ETM＋传感器于 1997 年 4 月 3 日获取的,是 L1G 产品,是 Path44、Row34 的 Landsat TM 场景的空间子集,图像获取地点位于碧玉岭生物保护区。

7.1　使用 FLAASH 校正多光谱数据简介

消除大气影响是分析地表反射率图像时重要的预处理步骤,前提是必须知道水汽的量、气溶胶的分布和场的可见度等当时影响成像的情况。由于直接测量这些大气特性的方法很少,因此必须从图像像素中推断出来。特别是高光谱图像在一个像素内提供了足够的光谱信息来独立测量大气水汽吸收波段。然后利用大气特性来约束高度精确的大气辐射转移模型,从而估测真实地表反射率。

FLAASH 是基于 MODTRAN 辐射传输模型的大气校正模块,可以选择标准的大气模型和气溶胶类型来描述成像场景。FLAASH 可以校正波长直到 3 μm,包含可见光-近红外-短波红外区域的波段(对于热红外,使用【工具箱】里的辐射校正热大气校正进行校正)。FLAASH 适用于大多数高光谱和多光谱传感器,垂直(天底)或斜视状态收集的图像都可以用 FLAASH 进行校正。

使用 FLAASH 前须了解如下内容:

(1)FLAASH 的输入图像的多波段存放格式必须是 BIL 或者 BIP 格式。

(2)输入图像可以是浮点、长整数(4 字节有符号)或整数(2 字节有符号或无符号)。

(3)如果图像不符合前两个标准,使用辐射校准工具打开图像进行设置。

(4)确保在处理过程中排除热红外波段(例如,Landsat-7 ETM＋数据第 6 波段)。

(5)要进行水提取,图像波段必须至少跨越以下 15 nm 光谱分辨率或更高的范围之一:1 050～1 210 nm、770～870 nm 和 870～1 020 nm。气溶胶反演需要额外的波段。

(6)对于高光谱传感器,在 ENVI 头文件中每个波段必须含有波长。

(7)已知的多光谱传感器只需要波长值,而未知的(自定义)多光谱传感器也需要光谱响应滤波器功能。如果直接从 Landsat 或 GeoEye 的元数据文件引导打开科学数据,则不需要指定波长或半峰宽(full-width half maximum,FWHM)值。

(8)如果图像头文件不包含波长,ENVI 会提示从 ASCII 文件中读取波长值(如果有的话)。ASCII 文件应该包含列中的数据,而波长在一列中。在读取 ASCII 文件时,确保正确指定波长列和单位。

(9)当 FWHM 值不可用时,FLAASH 会假设为高斯响应。

(10)因为 ASTER Level 1A 波段没有配准,所以不能直接将 ASTER Level 1A VNIR 或 SWIR 数据集输入 FLAASH 中。推荐的方法是配准 VNIR 和 SWIR 波段,然后使用波段叠加将它们组合成单个数据集输入 FLAASH 中。

7.2 在 ENVI 中打开原始 ETM＋遥感影像

使用 FLAASH 生成表面反射率图像的操作步骤如下：

(1)从主菜单中，选择【File】→【Open As】→【Optical Sensors】→【Landsat】→【Fast】(文件→打开为→光学传感器→Landsat→Fast 格式)。

(2)选择文件后缀为".fst"的图像，单击【打开】，图像的波段 321 真彩色组合将自动加载到【图层管理器】并显示在视窗中。

(3)在工具栏中选择【Stretch Type】(拉伸类型)，将默认的"No Stretch"(不拉伸)或"Linear 2％"(2％线性拉伸)改为"Gaussian"(高斯)来增强显示。

在视窗中可以识别场景中的若干特征，包括在图像中间的西北—东南方向的长湖面，图像左侧的各类植被和在右侧的城市地区。该数据是一幅标准的 Landsat-7 L1G 数据产品，但它已被裁切为碧玉岭周围的一小块区域，数据类型是字节型(每像素 8 位)，图像包含未经校准的数字值(或者说是 DN 值)。

7.3 准备用于 FLAASH 的图像

在采用 FLAASH 校正图像前，图像必须定标为辐亮度并转换成 BIP 或 BIL 格式。

7.3.1 校正 TM 图像到辐亮度

FLAASH 要求将输入图像校准为以 $\mu W/(cm^2 \cdot sr \cdot nm)$ 为单位的辐射率。Landsat 校准实用程序以 $W/(m^2 \cdot sr \cdot \mu m)$ 辐亮度单位输出数据，这是 10 个单位差异的因子。在后续内容中将在 FLAASH 参数对话框中设置比例因子。

(1)从【工具箱】中，单击【Radiometric Correction】→【Apply Gain and Offset】(辐射校正→应用增益和偏置)，将出现【选择文件】对话框。

(2)选择 LandsatTM_JasperRidge_hrf.fst 文件并单击【确定】，出现【Gain and Offset Values】(增益和偏置值)对话框，可以看到对话框中每一个波段的增益值默认为"1"，偏置值为"0"。

(3)用记事本或写字板打开 LandsatTM_JasperRidge_hrf.fst 文件，读取每一个波段的增益和偏置，在【增益和偏置值】对话框中的【Gain Values】(增益值)或【Offset Values】(偏置值)列表框中选中每一个波段，在【Edit Selected Item】(编辑选中的条目)修改增益和偏置值后，用鼠标单击波段名称字段确认或者敲击回车键进行确认修改(图 7.1)。

(4)选择输出路径，输入输出文件名，实例中推荐为"JasperRidgeTM_radiance_BSQ"，选择【Output Data Type】(输出数据类型)为浮点型，单击【确定】，定标结果将自动被加载到视窗中，其中的波段 321 真彩色组合将自动加载到【图层管理器】。

7.3.2 格式变换

7.2.1 小节的结果多波段存储格式是 BSQ，但是 FLAASH 要求输入辐射图像是 BIL 或 BIP 格式，所以需要做格式转换。操作步骤如下：

(1)从【工具箱】中，选择【Raster Management】→【Convert Interleave】(栅格管理→转换交

叉存取格式),将显示转换文件输入文件对话框。

(2)选择要转换的数据文件,单击【确定】,弹出【Convert File Parameters】(文件格式转换参数)对话框,单击"BIL"按钮,输入输出文件名,案例中输出文件名字可以命名为"JasperRidgeTM_radiance",单击【确定】(图7.2),结果图像将自动被加载到视窗中,其中的波段321真彩色组合将自动加载到【图层管理器】并显示。

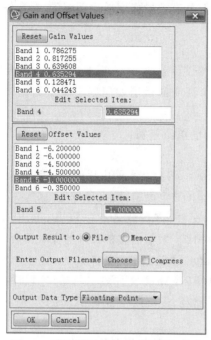

图7.1 应用增益和偏置进行辐射定标　　　图7.2 【文件格式转换参数】对话框

7.4 使用 FLAASH 进行大气校正 TM 影像

使用 FLAASH 进行大气校正的操作步骤如下:

(1)从【数据管理器】右击定标后的数据文件并选择加载真彩色组合在视窗中。

(2)将工具栏中【拉伸类型】默认的"不拉伸"或"2%线性拉伸"改为"高斯"增强。

(3)在工具栏中单击图标，出现【Spectral Profile】(光谱剖线)显示光谱图。

(4)单击并拖动图像底部中间部分的植被区域,注意辐射曲线的形状。这些光谱中最突出的大气特征是蓝色和绿色波段一致的上升趋势,这可能是由大气气溶胶散射引起的,或者通常被称为"天空光",准确的大气校正应该补偿天空光以产生更真实地描绘表面反射率的光谱(图7.3)。

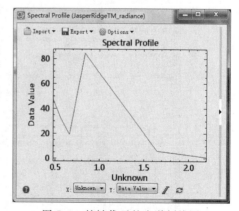

图7.3 植被像元的光谱剖线图

（5）从【工具箱】中，选择【Radiometric Correction】→【Atmospheric Correction Module】→【FLAASH Atmospheric Correction】（辐射校正→大气校正模块→ FLAASH 大气校正）工具，出现【FLAASH 大气校正模型输入参数】对话框。

（6）单击【Input Radiance Image】（输入辐射影像）按钮，选择 JasperRidgeTM_radiance 文件，并单击【确定】，出现【辐射比例因子】对话框。

（7）选择【Use single scale factor for all bands】（所有波段使用单比例因子）单选按钮。输入比例因子"10"，单击【确定】。

为什么选择比例因子为 10？

JasperRidgeTM_radiance 的辐亮度单位是 $W/(m^2 \cdot sr \cdot \mu m)$，但是 FLAASH 要求输入图像校正到单位 $\mu W/(cm^2 \cdot sr \cdot nm)$ 辐射上。以下证明演示了如何确定所需的比例因子到单位 $\mu W/(cm^2 \cdot sr \cdot nm)$。

首先，分离各成分，并计算出在输入与输出之间的单位差别：

$W \to \mu W, 10^6; m^2 \to cm^2, 10^{-4}; \mu m \to nm, 10^{-3}$。

综合上述所有分项，比例因子 $= 10^6 \times 10^{-4} \times 10^{-3}$，因此在本例中比例因子是 1/10，在【辐射比例因子】对话框的【Single scale factor】（单比例因子）字段中，输入分母值"10"。

（8）在【Output Reflectance File】（输出反射率文件）字段或者单击【Output Reflectance File】（输出反射率文件）按钮，键入要写入的 FLAASH 反射输出文件目录的完整路径，导航到所需的输出目录，然后定义输出文件名为"JasperRidgeTM_reflectance"。

（9）在【Output Directory for FLAASH File】（FLAASH 文件输出目录）字段中，键入要将所有其他 FLAASH 输出文件写入的目录的完整路径，还可以单击 FLAASH 文件的输出目录按钮导航到所需的目录。

（10）在【Rootname for FLAASH Files】（FLAASH 文件的根名称）字段中，键入要将所有其他 FLAASH 输出文件写入的目录的完整路径，ENVI 将自动为输入的根名称添加下划线字符（图 7.4）。

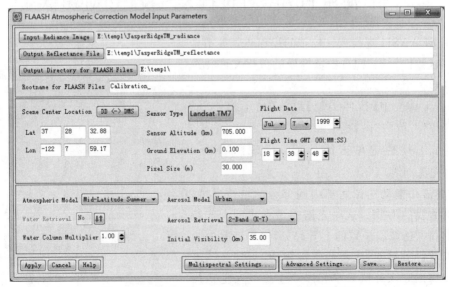

图 7.4 【FLAASH 大气校正模型输入参数】对话框

（11）单击【Restore】（恢复）按钮。

（12）选择 JasperRidgeTM_template. txt 文件，单击【打开】，此文件提供了图像的 FLAASH 模型参数。

（13）如果选择【Water Retrieval】，FLAASH 输出文件将包括水汽图像、云分类图、日志文件和（可选）模板文件，所有这些文件将被写入 FLAASH 输出目录并将使用根名称作为各自的标准文件名的前缀。

在本例中，因为 TM 影像传感器在水吸收区没有用于计算大气中的水汽的波段，因此【Water Retrieval】切换设置为"No"，这一点对于多光谱传感器来说是常见的，因此必须使用一个基于典型大气的固定水量值。

（14）单击【Multispectral Settings】（多光谱设置）按钮，探索多光谱设置变量，【多光谱设置】对话框用于选择滤波器功能文件并定义用于各种 FLAASH 处理步骤的波段。因为用 Landsat TM 数据反演水是不可能的，所以没有定义水反演波段。TM 传感器包含可用于估计气溶胶浓度的波段。

（15）单击【多光谱设置】对话框中的【Kaufman-Tanre Aerosol Retrieval】（气溶胶反演）选项卡，查看已选择的波段。

单击【取消】关闭该对话框，并返回到先前的对话框。

（16）单击【Advanced Settings】（高级设置）按钮，浏览可用的高级设置选项，利用该对话框可以调整默认设置，在本例中选择保留默认设置。【Automatically Save Template File】（自动保存模板文件）的默认设置是"Yes"，【Output Diagnostic Files】（输出诊断文件）的默认设置是"No"，尽管没必要保存每个 FLAASH 运行的模板文件，但是该文件是在大气校正一幅图像运行完成后回顾模型参数的唯一途径。输出诊断文件只是用来以后诊断问题。

关闭该对话框，并返回到先前的对话框。

（17）在【FLAASH 大气模型输入参数】对话框，单击【应用】开始 FLAASH 处理。可以随时取消处理，但是因为有一些 FLAASH 处理步骤不能中断，所以单击取消按钮后不会立即生效。

7.5　查看校正的图像

当 FLAASH 处理完成后，输出的反射率图像将会自动加载到【数据管理器】中。在 FLAASH 输出目录中还可以找到日志文件和模板文件，操作步骤如下：

（1）在【数据管理器】中，选择 JasperRidgeTM_reflectance，右击该文件，然后选择【Load True Color】（加载真彩色），图像将加载到图像窗口中。

（2）在工具栏中单击图标 ⅲ，选择【光谱剖线】显示光谱图。

（3）单击和拖动图像并注意光谱曲线的形状。植被反射率曲线现在显示出具有特色的形状，其中在绿色中具有反射峰值，在红色中具有叶绿素吸收，并且红色边缘具有较高的近红外反射率。注意：由 FLAASH 校正后得到的反射率数据类型是扩大了 10 000 倍的整数，需要除以 10 000 才能得到真正的反射率数据，图 7.5 纵坐标中是调整之前的反射率值，若数据转换可以通过波段运算实现，语法是"float(b1)/10000"。

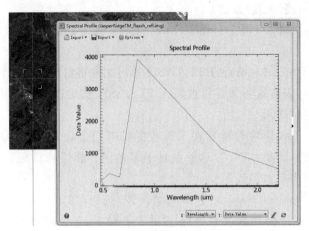

图 7.5　植被像素点波谱曲线

7.6　验证模型结果

7.6.1　比较图像

比较图像操作步骤如下:

(1)从主菜单中,选择【文件】→【打开】。

(2)选择 JasperRidgeTM_flaash_refl. img 文件并单击【打开】,图像自动加载到【图层管理器】中。

(3)在【图层管理器】中只勾选读者在 7.3 节中得到的校正结果文件 JasperRidgeTM_reflectance 以及本章的例子数据 JasperRidgeTM_flaash_refl. img。

(4)单击工具栏中的【View Swipe】图标 ，观察两幅图像的不同。

(5)单击工具栏中光标值图标 ，显示【光标值】对话框。

(6)在图像显示窗口中四处移动鼠标光标,并注意光标值的数据值,如果校正正确,两幅图像对应的波段数据值是相近的。

7.6.2　使用波段运算计算差分图像

可以使用波段运算计算差分图像定量验证反射率结果,操作步骤如下:

(1)从【工具箱】中,双击【Band Algebra】→【Band Math】(波段代数→波段运算),出现【波段运算】对话框。

(2)在【Enter An Expression】(输入表达式)字段中,键入表达式"Float(b1)/b2",单击【确定】。

(3)单击 B1,然后单击【Map Variable to Input File】(变量输入文件),出现【波段运算输入文件】对话框。

(4)选择 JasperRidgeTM_flaash_refl. img 文件,单击【确定】。

(5)单击 B2,然后单击【Map Variable to Input File】(变量输入文件),出现【波段运算输入文件】对话框。

　　(6)选择 JasperRidgeTM_reflectance 文件,单击【确定】。

　　(7)在【Enter Output Filename】(输入输出文件名)字段,为输出结果键入或选择一个文件名,然后单击【确定】。

　　(8)差分图像中的每个值应为 0。为了确保结果是相同的,从【工具箱】中,双击【Statistics】→【Compute Local Spatial Statistics】(统计→计算局部空间统计特征)来计算差分图像的基本统计数据。

　　(9)由于不同计算机的差异,FLAASH 反射率图像结果可能与验证目录里的反射率会稍有不同,DN 值为 1～5,或者是 0.000 1～0.000 5。

第8章 利用已知几何信息进行几何校正

现代传感器获取影像数据时收集星历数据,允许精确定位到地图坐标。ENVI 提供了一种存储传感器几何信息和自动将影像数据校正到指定地图投影坐标的范例。输入几何信息(input geometry,IGM)文件包含未校正输入影像中的每个像素的指定地图投影的 X 和 Y 地图坐标。地理查找表(geographic lookup table,GLT)文件包含从输入影像到输出影像的每个像元的行和列对应的信息。如果 GLT 数据中该值是正的,则说明是精确的像素匹配;如果该值为负,则没有精确匹配,匹配时是利用相邻像素。通过 ENVI 工具栏中提供的三种方法赋予图像地理参考信息:

(1)【Geometric Correction】→【Build GLT】(几何校正→建立 GLT)从输入几何信息中建立 GLT 文件。

(2)【Geometric Correction】→【Georeference from GLT】(几何校正→GLT 的地理参考)利用几何查找影像进行几何校正。

(3)【Geometric Correction】→【Georeference from IGM】(几何校正→IGM 的地理参考)根据输入影像进行几何校正,并生成 GLT 文件。

8.1 打开并浏览数据

打开并浏览数据的操作步骤如下:

(1)从主菜单中,选择【文件】→【打开】。

(2)选择 cup99hy_true.img 并单击【打开】,数据将加载到【图层管理器】并显示在视窗中,这是 HyMap 反射率数据的真彩色影像。

(3)在主菜单中,单击【Display】→【Cursor Value】(显示→光标值),对未校正的高光谱数据特征进行检查,并单击工具栏中的【Crosshairs】(十字光标)图标,【光标值】对话框显示屏幕下方的十字光标值和像素数据的实际值(图 8.1)。

(4)在整个影像中移动光标,检查像素位置和数据值,以及像素间的几何关系(旋转、道路曲率等)。

8.2 打开并浏览 IGM 文件

打开并浏览 IGM 文件的操作步骤如下:

(1)在主菜单中,选择【文件】→【打开】。

(2)选择 cup99hy_geo_igm 并单击【打开】,数据将加载到【数据管理器】,其中的【IGM Input X Map】(IGM 文件 X 地图坐标)将会自动加载到【图层管理器】并显示在视窗中。

(3)使用光标值功能检查未校正的 HyMap 数据的特征。在整个影像中移动光标,并检查像素位置和数据值(地图坐标)。

（4）在【数据管理器】中选中 cup99hy_geo_igm 文件【IGM Input Y Map】（IGM 文件 Y 地图坐标）波段，单击【Load Data】（加载数据），将 IGM 文件 Y 坐标波段加载到【图层管理器】，图像将会显示在视窗中（图 8.2），使用光标值功能浏览影像。

图 8.1 【光标值】对话框及十字光标

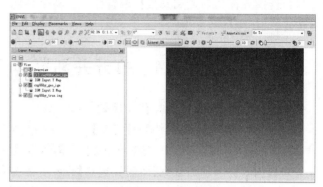

图 8.2 IGM 影像浏览

8.3 利用 IGM 文件进行地理校正

利用 IGM 文件进行地理校正的操作步骤如下：

（1）从【工具箱】中，选择【几何校正】→【IGM 的地理参考】，弹出【Input Data File】（输入数据文件）对话框。

（2）选择文件 cup99hy_true.img，然后单击【确定】，弹出【Input X Geometry Band】（输入 X 几何波段）对话框。

（3）如果 cup99hy_geo_igm 没有打开，单击【打开】下拉按钮，然后选择【New File】（新文件），选择文件 cup99hy_geo_igm 并单击【打开】，将返回【输入数据文件】对话框。如果已经打开该文件，忽略此步骤。

（4）选择【IGM 文件 X 地图坐标波段】并单击【确定】，弹出【Input Y Geometry Band】（输入 Y 几何波段）对话框。

（5）选择 cup99hy_geo_igm 的【IGM 文件 Y 地图坐标波段】并单击【确定】，弹出【Geometry Projection Information】（几何投影信息）对话框。

（6）分别在【Input Projection of Geometry Bands】（输入几何波段的投影）及【Output Projection for Georeferencing】（输出地理参考投影）列表框选择输入和输出投影的类型，在本例中投影方式选择"UTM"，【Datum】（基准面）选择"North America 1927"，【Zone】（区域）选择"13"（13 区），然后单击【确定】，这就生成一个与输入几何相同的地图投影的影像，弹出【Build Geometry Lookup File Parameters】（构建几何查找文件参数）对话框。

（7）在弹出对话框中的【Enter Output GLT Filename】（输入输出 GLT 的文件名）字段处键入文件名存放到默认路径，或单击【选择】选择路径并输入输出文件名将结果存放到指定目录。

（8）在【Georeference Background Value】（地理参考背景值）字段中，键入背景值，保留默认设置或者键入新值,如"-9999"。

(9)在【Output Georef Filename】(地理参考文件的输出文件名)字段处,键入文件名存放到默认路径或单击【选择】选择路径,并输入输出文件名将结果存放到指定目录。

(10)单击【确定】,结果会自动加载到【数据管理器】及【图层管理器】并显示在视窗中。

(11)使用光标值功能观察数据的特性。在整个影像中移动光标并检查影像的几何形状、像素位置、地图坐标和数据值。

8.4 打开并浏览 GLT 文件

打开并浏览 GLT 文件的操作步骤如下:

(1)在主菜单中,选择【文件】→【打开】。

(2)选择 cup99hy_geo_glt,然后单击【打开】,数据将加载到【数据管理器】中,其中的 GLT 查找表列数据将会自动加载到【图层管理器】并显示在视窗中。

(3)使用光标值功能观察数据的特性。在整个影像中移动光标,并检查像素位置和数据值(输入像素位置)。特别注意的是,负值表明使用了最近邻像素。

(4)在【数据管理器】中选择 cup99hy_geo_glt 文件的 GLT 查找表行数据,然后使用光标值功能浏览影像(图 8.3)。

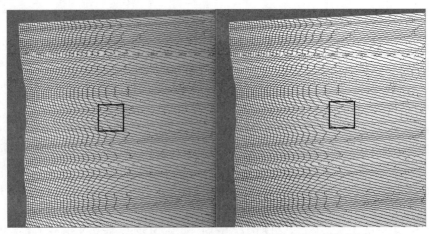

图 8.3 GLT 影像浏览(左右图分别为查找表列和行数据)

8.5 利用 GLT 文件进行几何校正

利用 GLT 文件进行几何校正的操作步骤如下:

(1)在【工具箱】中,选择【几何校正】→【GLT 的地理参考】,弹出【Input Geometry Lookup File】(输入几何查找文件)对话框。

(2)选择 cup99hy_geo_glt 并单击【确定】,弹出【输入数据文件】对话框。

(3)选择数据文件 cup99hy_true.img,然后单击【确定】,弹出【Georeference from GLT Parameters】(GLT 地理参考校正参数)对话框。

(4)在【Subset to Output Image Boundary】(裁切为输出影像边界)后选择【是】或【否】。该选

项的意义是:如果校正时是使用原始数据的一个子集作为输入文件,那么选择【是】,只输出校正的子集区域;选择【否】,是输出整个输出边界内校正的子集。

(5)在【Background Value】(背景值)字段中,键入"－9999"。

(6)键入或选择地理参考影像的输出文件名,然后单击【确定】,结果会自动加载到【数据管理器】及【图层管理器】并显示在视窗中。

(7)使用光标值功能观察数据的特性。在整个影像内移动光标,并检查影像的几何形状、像素位置、地图坐标和数据值(图 8.4)。

图 8.4　校正结果

8.6　利用地图投影建立 GLT

利用地图投影建立 GLT 的操作步骤如下:

(1)从【工具箱】中,选择【几何校正】→【建立 GLT】,弹出【输入 X 几何波段】对话框。

(2)单击【打开】下拉按钮,然后选择【新文件】。

(3)选择 cup99hy_geo_igm 并单击【确定】,弹出【输入 X 几何波段】对话框。

(4)选择【IGM 文件 X 地图坐标】并单击【确定】,之后弹出【输入 Y 几何波段】对话框。

(5)选择【IGM 文件 Y 地图坐标】并单击【确定】,弹出【几何投影信息】对话框。

(6)在【Output Projection from Georeferencing】(地理参考的输出投影)下拉菜单中,选择"State Plane NAD 27"作为输出投影的基准面。

(7)单击【Set Zone】(设置区域)按钮,选择(2 703,4 651)内华达州西部作为输出区,单击【确定】。

(8)在【几何投影信息】对话框中单击【确定】,弹出【构建几何查找文件参数】对话框。

(9)键入或选择 GLT 的输出文件名,单击【确定】以创建 GLT。

第9章 图像几何校正和配准

遥感图像的几何校正分为两种：几何粗校正和几何精校正。几何粗校正是根据产生畸变的原因，利用空间位置变化关系，采用计算公式和取得的辅助参数进行的校正，又称为系统几何校正。几何精校正是指使图像的几何位置符合某种地理坐标系统，并调整亮度值，即利用地面控制点做的精密校正。几何精校正不考虑引起畸变的原因，直接利用地面控制点建立起像元坐标与目标物地理坐标之间的数学模型，实现不同坐标系统中像元位置的变换。

几何配准是指将不同时间、不同波段、不同传感器系统所获得的同一地区的图像（数据），经几何变换使同名像点在位置上完全叠合的操作。

几何配准与几何校正的原理相同，都涉及空间位置（像元坐标）变换和像元灰度值重采样处理两个过程，二者的区别主要在于其侧重点不相同。几何校正注重的是数据本身的处理，目的是对数据进行一种真实性还原，而几何配准注重的是图和图（数据）之间的一种几何关系，其目的是和参考数据达成一致，而不考虑参考数据的坐标是否标准或正确，也就是说几何校正和几何配准最本质的差异在于参考的标准。

在实际操作中几何校正和几何配准的技术流程也是一样的。无论是几何校正还是几何配准，都需要两幅图像，一幅图像作为基准，另一幅图像是待校正或待配准的变形图像。基准图像必须有标准的地图投影或有理多项式系数（rational polynomial coefficient，RPC）信息，它不能是基于像素的、任意的投影或伪投影，变形图像则没有限制。

图像校正（配准）将具有不同观测几何参数和（或）不同地形失真的两幅图像几何位置在同一坐标系中对齐，使相应的像素表示相同的对象。该过程包括在两幅图像（变形图像和基准图像）中定位和匹配多个特征点（称为连接点或者控制点）。相应的连接点被用于计算两幅图像之间的几何变换的参数。ENVI 可以应用多种自动匹配技术准确地生成连接点，它将可用的空间参考信息与各种自动匹配技术相结合，以提高自动匹配的准确性，最大限度地减少或消除用户交互和编辑的需求。

ENVI 提供几何校正的方法包括图像到图像的校正和图像到地图的校正，前者是基于一幅图像对变形图像进行校正，后者是根据地图或者其他矢量形式的地理位置文件对变形图像进行校正。

9.1 基于图像校正图像

本节将逐步完成从图像到图像的校正或者配准。具有地理参考的 SPOT 图像将用作基准图像，没有地理参考的基于像素的 Landsat TM 图像作为变形图像，通过匹配两幅图像完成图像校正。

9.1.1 打开和显示地理参考数据

（1）从主菜单中，选择【文件】→【打开】。

（2）选择 bldr_sp.img 并单击【打开】，图像自动加载到显示窗口中。

9.1.2　在 ENVI 文件中查看地图信息

（1）在【数据管理器】中，选中 bldr_sp.img，单击右键选择【View Metadata】（查看元数据），打开【View Metadata：bldr_sp.img】（查看元数据：bldr_sp.img）对话框，选择【Map info】（图像信息），右侧显示地图信息（图 9.1）。此对话框列出了 ENVI 在地理配准中使用的基准地图信息。

（2）单击【Edit Metadata】（编辑元数据），弹出【Set Raster Metadata】（设置栅格元数据）对话框（图 9.2）。因为 ENVI 基于元数据和地图投影文本文件了解地图投影、像素大小和地图投影参数，所以它可以计算图像中任何像素的地理坐标，可以在地图坐标或地理坐标中输入坐标。

（3）单击"UTM Zone 13 N"后的 ⬚ 按钮显示地图投影的地理坐标。

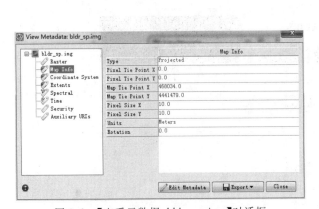

图 9.1　【查看元数据：bldr_sp.img】对话框

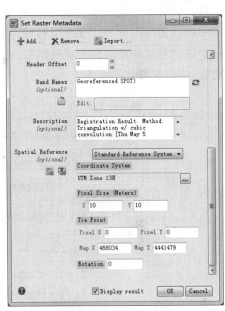

图 9.2　【设置栅格元数据】对话框

9.1.3　显示光标位置和参数

使用光标值功能可以显示光标的位置、屏幕值（RGB 颜色）及十字光标下方像素的数据值。当几个显示窗口打开，对话框中显示了指定的显示窗口的位置和数据值。

（1）从主菜单中，选择【Display】→【Cursor Value】（显示→光标值）显示光标值，也可以单击工具栏中的光标值按钮 💡 显示光标位置和数据值。

（2）在图像上移动鼠标，滚动或缩放窗口，观察【光标值】对话框中显示的位置和数据值信息。对话框中记录了地理参考图像的像素坐标和地理参考坐标，还记录了地图坐标和地理坐标之间的关系。

9.1.4 利用【Image Registration Workflow】自动配准

（1）从主菜单中，选择【文件】→【打开】。

（2）选择 bldr_tm.img 和 bldr_sp.img，单击【打开】，数据加载到【数据管理器】及【图层管理器】并被自动显示。在视图中如果拉伸方式是"不拉伸"，则可以在工具栏中选择"2%线性拉伸"，将两幅图像分别增强显示。

（3）从工具栏中，双击【Geometric Correction】→【Registration】→【Image Registration Workflow】（几何校正→配准→图像配准工作流程），弹出【Image Registration】（图像配准）对话框。

（4）在【File Selection】（选择文件）列表框下的【Base Image File】（基准图像文件）选择 bldr_sp.img，在【Warp Image File】（待校正图像文件）选择 bldr_tm.img，单击【下一步】，出现【Tie Points Generation】（生成匹配点）列表框，如图 9.3 所示，此时两幅图像都出现在【图层管理器】中，但只有基准图像在新的视图（视图名称为 Image Registration）中打开。如果还要在视图中打开变形图像，则在【图层管理器】中选中变形图像的复选框。在图像校正之前，如果其中一个或两个文件显示在活动视图中，则在图像校正视图启动时会保留显示波段和任何亮度、对比度、拉伸和锐化的设置。

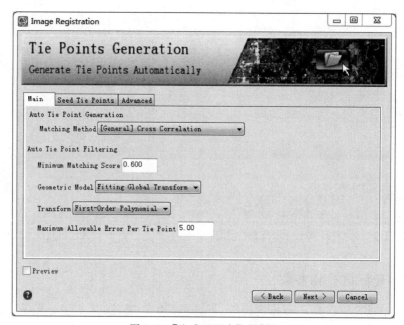

图 9.3 【生成匹配点】对话框

（5）在【Main】（主菜单）选项卡中各项设置选择默认设置；单击【Seed Tie Points】（种子匹配点）选项卡，单击【Start Editing】（开始编辑）按钮，首先在基准图像中单击标注匹配点，然后右击并选择【Accept as Individual Points】（接受作为单独匹配点）。当图像窗口自动转换到另一幅图像，即变形图像，在图像上标记相应的匹配点之后右击并选择【接受作为单独匹配点】。匹配点的个数会更新，且图像窗口视图会自动返回到第一幅图像。两幅图像也可以用【Switch To Warp】（切换到待校正图像）及【Switch To Base】（切换到基准图像）按钮进行切换。

如果添加匹配点的时候需要使用其他工具条上的工具(如移动图像至一个新的位置),重新启用添加匹配点工具需要单击【Vector Create】(创建矢量)工具,所以在操作中移动和缩放图像时尽量使用鼠标的中间按键,这样就无须反复重新启动【创建矢量】选择工具。

(6)以相同的方式在两幅图像中选出至少三个对应控制点,然后单击【下一步】,系统自动生成匹配点,之后弹出【Review and Warp】(检查和校正)对话框,并且在基准图像和待校正图像的重叠区处显示匹配点。基准图像上的匹配点显示为品红色。在对话框中单击【切换到校正】按钮观察待校正图像上相应的绿色匹配点。

(7)单击【Show Table】(匹配点列表)打开【Tie Points Attribute Table】(匹配点属性列表),表中列出了所有匹配点的详细信息,如匹配点在基准图像和待校正图像上的位置、分值和误差,表的底部显示了匹配点的总均方根误差(root mean square,RMS)。关于匹配点编辑的内容可参照10.2节。单击【下一步】,弹出【Export】(导出)对话框。选择输出文件格式 ENVI 或 TIFF,输入输出文件名称,选择输出路径,单击【完成】,得到校正图像和控制点文件。

9.1.5 利用【Registration：Image to Image】进行校正

1. 启动图像配准并加载地面控制点

(1)从工具栏中,双击【Geometric Correction】→【Registration】→【Registration：Image to Image】(几何校正→配准→配准:图像到图像),弹出【Select Input Band from Base Image】(从基准图像中选择输入波段)对话框。

(2)选择 Georeferenced SPOT,单击【确定】,弹出【Select Input Warp File】(选择输入待校正文件),选择 bldr_tm.img,选择所需匹配波段,在弹出 ENVI 警告时单击【是】,弹出【Select Existing Tie Points File】(选择现有匹配点文件)。

(3)选择既有的控制点文件,自动校正参数均为默认,弹出【Ground Control Points Selection】(地面控制点选择)对话框(图 9.4),要显示地面控制点列表,则单击【Show List】(显示列表),会弹出【Image to Image GCP List】(图像至图像 GCP 列表)对话框(图 9.5);要隐藏地面控制点列表,在【地面控制点选择】对话框中,单击【Hide List】(隐藏列表)或在【图像至图像 GCP 列表】对话框窗口中选择【文件】→【取消】。

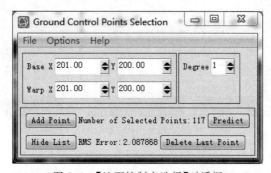

图 9.4 【地面控制点选择】对话框

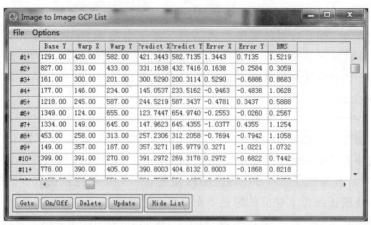

图 9.5 【图像至图像 GCP 列表】对话框

（4）使用【地面控制点选择】对话框和地面控制点列表可以进行如下操作：编辑和更新位置、开启或关闭点、删除所选点，以及预测点的位置。使用【地面控制点选择】对话框中的【Options】（选项）菜单可以进行如下操作：编辑地面控制点的标记、颜色和顺序，基准图像和变形图像互相转换以及设置其他参数。

2．地面控制点的使用

单击【图像至图像 GCP 列表】对话框中的单个地面控制点，检查两幅图像中点的位置、实际坐标、预测坐标、RMS 误差。调整对话框的大小来观察【地面控制点选择】对话框中列出的总 RMS 误差（图 9.6）。

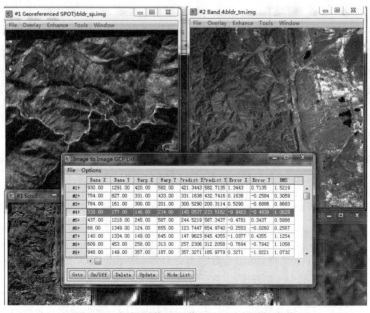

图 9.6 根据图像至图像 GCP 列表调整图像

——RMS 误差最小化。

可以从【地面控制点选择】对话框中了解已选地面控制点数量。一旦选择的地面控制点足够使用已选的一次多项式进行配准，整体 RMS 误差将出现在【地面控制点选择】对话框中，每个所选地面控制点的 RMS 误差将列在地面控制点列表中。用于计算误差的多项式次数显示在对话框顶部的【Degree】旁(图 9.4),当已经选择了足够的地面控制点时,多项式的次数可以改变。

　　提示:要浏览哪个控制点的 RMS 误差最高,在【地面控制点选择】对话框中,选择【Options】→【Order Points by Error】(选项→根据误差对控制点排序)。地面控制点列表中的点将被重新记录,从而使那些误差最大的点显示在列表顶部。

　　——忽略地面控制点。

　　在配准过程中,可以有选择性地忽略某些控制点。单击准备忽略的点,然后单击【On/Off】(开启或关闭)按钮。将在不考虑所选忽略点的情况下,对 RMS 误差和空间变换进行重新计算。在地面控制点列表中,被忽略点旁的"＋"变为"－",地面控制点标记的颜色也将发生改变。要再次启用该地面控制点,单击列表中的点,再次单击【开启或关闭】按钮。

　　——控制点定位。

　　要将缩放窗口定位到任何所选的控制点处,在地面控制点列表中,选择所需的控制点,然后单击【Goto】(去往),或在地面控制点列表中直接单击所需地面控制点的序号。基准图像和变形图像的缩放窗口都将移动至所选地面控制点处,标记位于缩放窗口的中心。

　　——编辑地面控制点位置。

　　要交互式地移动地面控制点的位置:在地面控制点列表中,单击要移动的地面控制点。在基准图像与变形图像中重新定位缩放窗口。在地面控制点列表中,单击【Update】(更新)按钮。在地面控制点列表和两幅图像中,所选地面控制点位置将被新的地面控制点位置代替,两幅图像的缩放窗口也聚集在新位置处。

　　——删除地面控制点。

　　要从地面控制点列表中永久删除任意一个单独控制点,单击要删除的控制点,然后单击【Delete】(删除)。

　　3. 校正图像

　　(1)从【地面控制点选择】对话框菜单中,选择【Options】→【Warp Displayed Band】(选项→显示的待校正波段),弹出【Registration Parameters】(配准参数)对话框。

　　(2)单击【Method】(方法)下拉列表,然后选择"RST"(旋转、绽放和平移)。

　　(3)确保【Resampling】(重采样)下拉列表中的"Nearest Neighbor"(最近邻)选项被选择。

　　(4)在【Enter Output Filename】(输入输出文件名)栏中,输入"bldr_tm1. wrp"作为新的文件名,单击【确定】。当配准完成后,配准后图像将显示在【数据管理器】中。

　　(5)同样地,再次打开【配准参数】对话框。单击【方法】下拉列表,选择"RST"。

　　(6)单击【重采样】下拉列表,选择"Bilinear"(双线性)。

　　(7)在【输入输出文件名】栏中,输入"bldr_tm2. wrp"作为新的文件名,单击【确定】。当配准完成后,配准后图像将显示在【数据管理器】中。

　　(8)使用 RST 方法和 Cubic Convolution(三次卷积)重采样重复步骤(5)至步骤(7),然后命名输出文件为"bldr_tm3. wrp"。

　　(9)使用 Polynomial(多项式)方法和三次卷积重采样重复步骤(5)至步骤(7),然后命名输出文件为"bldr_tm4. wrp"。

4. 校正结果比较

现在,将使用动态覆盖来比较配准结果。

(1)在【数据管理器】中,单击选择文件 bldr_tm.img,然后右击选择【Close File】(关闭文件),在弹出的 ENVI 警告对话框中,单击【是】来关闭相应的显示窗口。

(2)在【数据管理器】中,选择文件 bldr_tm1.wrp,选中【Load in New View】(加载到新的视图),然后单击【Load Data】(加载数据),把文件加载到新的显示窗口中。

(3)在主菜单中,单击【Views】→【Link Views】(视图→链接视图),弹出【链接视图】对话框。

(4)在【链接视图】对话框中选中 SPOT 图像和 TM 图像,然后单击【确定】,链接 SPOT 图像和配准的 TM 图像。

(5)在主菜单中,选中 ▦▦▦【View Blend】(视图混合)、【View Flicker】(视图闪烁)、【View Swipe】(视图滑动)其中之一,使用动态覆盖来比较 SPOT 图像和 TM 图像。

(6)加载 bldr_tm2.wrp 和 bldr_tm3.wrp 至新的显示窗口,并采用图像连接和动态覆盖来比较三种不同重采样方法(最邻近法、双线性插值法、三次卷积法)的效果。采用最邻近法重采样的图像中出现像素缺失的点,双线性插值图像看起来比较平滑,但三次卷积法图像是最好的结果,其保留了细节。

(7)关闭 bldr_tm1.wrp 和 bldr_tm2.wrp 显示窗口。

(8)加载 bldr_tm4.wrp,并采用图像连接和动态覆盖与 bldr_tm3.wrp 相比较。

(9)观察三种不同配准方法的效果:RST、多项式和三角格网。

(10)为了测试配准效果,采用动态覆盖来与带有地理参考的 SPOT 数据相比较。

9.2　基于地图校正图像

图像到地图的配准以带有地理参考的 SPOT 图像中提取的道路地图作为基准,以基于像素的 Landsat TM 图像作为变形图像来进行校正。

9.2.1　打开和显示矢量文件

(1)从主菜单中,选【文件】→【打开】。

(2)选择 bldr_rd.evf 并单击【打开】,带有地理参考的道路地图矢量文件自动加载到显示窗口中,在【数据管理器】中显示为"ROADS AND TRAILS:BOULDER,CO"(道路和小路:美国科罗拉多州博尔德地区)。

9.2.2　打开和显示 Landsat TM 图像文件

(1)从主菜单中,选择【文件】→【打开】。

(2)选择 bldr_tm.img 并单击【打开】,文件会自动加载到显示窗口中。

9.2.3　选择图像到地图的配准并恢复 GCPs

(1)从工具栏中,双击【Geometric Correction】→【Registration】→【Registration:Image to Map】(几何校正→配准→配准:图像到地图),弹出【Select Image Display Bands Input Bands】

（选择影像显示波段）对话框，选择 3 个波段（可任意选择），单击【确定】，弹出【Image to Map Registration】（图像到地图配准）对话框，且出现包括三个窗口的视窗组合，三个窗口分别为放大窗口、主图像窗口及浏览窗口。

（2）在【Select Registration Projection】（选择校正投影）列表下，选择"UTM"投影类型。因为该区域位于 UTM 投影北 13 区，所以在【Zone】（区域）栏输入"13"。

（3）待校正的图像是 TM 多光谱影像，其原始分辨率是 30 m，所以在【X/Y Pixel Size】（X/Y 像素大小）栏输入"30.0"。

（4）单击【确定】，开始配准，弹出【地面控制点选择】对话框。

（5）如果没有控制点，需要人机交互来选择控制点，基准是已打开的道路矢量文件 bldr_rd.evf。为方便选择控制点，打开【光标值】对话框并单击该对话框中的 ⊕，打开十字交叉丝，在矢量文件的视图中单击左键，即可读取相应点的坐标。

（6）在显示待校正图像 bldr_tm.img 的图像窗口，将缩放窗口定位在适合选择地面控制点的区域。

（7）在缩放窗口中，左键单击特定像素将光标定位在该像素或该像素的一部分上，选定位置的坐标出现在【地面控制点选择】对话框中。

（8）单击矢量文件 bldr_rd.evf 中对应位置（同名点），读取该点地图坐标，在【地面控制点选择】对话框中的【E】和【N】字段处分别输入该地面控制点的东向和北向的地图坐标。

注意事项

> 如果要以经度和纬度的形式输入地图地面控制点的位置，单击地图投影名称旁边的切换按钮并为【Lat】和【Lon】字段处输入数值。使用负经度表示西半球和负纬度表示南半球。如果要将纬度和经度值更改为度、分和秒，单击【DMS】（degree minute second），若采用十进制的度，单击【DDEG】（decimal degree）。若要返回到地图投影坐标，请单击投影切换按钮，相应的地图投影坐标会被自动计算出来。

（9）如果已有控制点，从【地面控制点选择】对话框菜单中，选择【File】→【Restore GCPs from ASCII】（文件→从 ASCII 还原地面控制点）。选择 bldrtm_m.pts 并单击【打开】，之前保存的地面控制点参数加载到对话框中。在【地面控制点选择】对话框中，单击【显示列表】，弹出【Image to Map GCP List】（图像到地图 GCP 列表）对话框。检查基准地图坐标、实际和预测图像坐标及 RMS 误差。

9.2.4 多项式和最近邻法配准

（1）从【地面控制点选择】对话框的菜单中选择【Options】→【Warp File】（选项→待校正文件），弹出【Input Warp Image】（输入待校正图像）对话框。

（2）选择文件 bldr_tm.img 并单击【确定】，选择所有的 6 个 TM 波段来进行配准，弹出【配准参数】对话框，如图 9.7 所示。

（3）单击【方法】下拉列表，选择"多项式法"。

（4）单击【重采样】下拉列表，选择"最近邻法"。

（5）在【背景】栏中，输入背景值，如"0"。

(6)在【输入输出文件名】栏中,单击【选择】选择输出路径,并输入文件名(建议为"bldr_tm_m"),然后单击【确定】。配准图像在【数据管理器】中列出,且自动加载到一个新的显示窗口中。

注意:Landsat TM 轨道方向造成的图像倾斜,这个图像带有地理参考,但是分辨率为30 m。

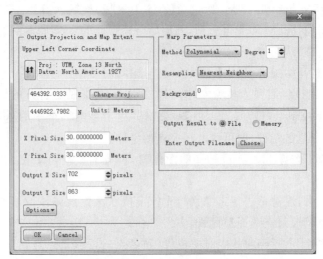

图 9.7 【配准参数】对话框

9.2.5 显示并评估结果

(1)从主菜单中,选择【文件】→【打开】。

(2)从【数据管理器】中,选择校正结果(例如 bldr_tm_m.dat)的任意三个波段(建议 4,3,2 组合),单击【加载数据】,图像会自动加载在显示窗口中。

(3)在【数据管理器】中,单击选中矢量文件"ROADS AND TRAILS:BOULDER,CO",单击【加载数据】,文件自动加载在显示窗口中。

(4)因为具有相同的地理参考,矢量文件和校正的图像结果会自动叠加,检查两者是否准确配准,如图 9.8 所示。

图 9.8 矢量文件和校正的图像结果叠加

第10章　图像配准流程工具

图像配准流程工具可以将两幅含有不同几何变形和地形起伏的重叠影像配准到同一坐标系下,使相应的地理位置包含相同的地物。图像配准步骤如下:选择图像配准的文件,自动生成匹配点,检查匹配点,生成配准后的输出图像。

自动生成匹配点算法通过比较两幅图像的灰度值,并根据这些灰度值模式的相似性来寻找图像的连接位置。结果的准确性在很大程度上取决于基础图像与变形图像之间空间参考信息的近似质量。这是通过标准地图投影或 RPC 信息,或使用三个或更多的匹配点来确定的。如果地图信息和三个或更多的连接点两种条件都存在,则使用三个或更多的连接点条件。如果基础图像或变形图像包含 RPC 投影信息,则可以指定 DEM 文件正射校正,以便在图像匹配之前对数据进行几何校正。

10.1　选择图像并生成匹配点

(1)打开 ENVI,打开基准图像 quickbird_2.4m.dat 和待校正影像 ikonos_4.0m.dat。

(2)从【工具箱】中,双击【Geometric Correction】→【Registration】→【Image Registration Workflow】(几何校正→配准→图像配准工作流程),弹出【File Selection】(选择文件)对话框。

(3)在【选择文件】对话框中,单击【Base Image File】(基准图像文件)右侧【浏览】,找到 quickbird_2.4m.dat 文件,然后单击【确定】。

(4)在【选择文件】对话框中,单击【Warp Image File】(待校正图像文件)旁的【浏览】,找到 ikonos_4.0m.dat 文件,然后单击【确定】。

(5)单击【下一步】,进入自动生成匹配点对话框,两幅图像在【图层管理器】中打开且加载为两个并列视图。

(6)选择工具栏中的【Zoom to Full Extent】(缩放为全景显示) ,可以看到两幅图像的全景,如图 10.1 所示。

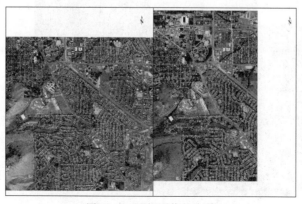

图 10.1　两幅图像的全景

(7)在【Tie Points Generation】(匹配点生成)对话框(图 10.2)中指定自动生成匹配点的参数,也可以在对话框中创建种子匹配点,但在此不需要创建种子匹配点。只有当图像缺少或没有空间参考时,才需要创建种子匹配点。如果只有一幅图像缺少空间参考,则采用带有准确空间参考的图像作为基准图像。如果待校正图像是基于像素的任意投影或伪投影,在进行下一步操作之前必须添加或输入至少 3 个种子匹配点。在这一步中,保持主要选项卡和高级选项卡中的默认参数。因本实验数据带有空间参考,所以不需要用到种子匹配点选项卡。

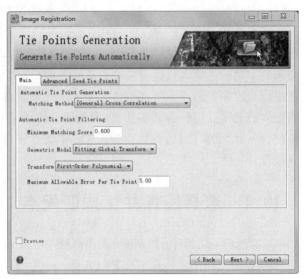

图 10.2 【匹配点生成】对话框

(8)单击【下一步】,自动生成匹配点,进入【检查和校正】对话框。

10.2 匹配点检查及图像配准

当完成自动生成匹配点之后,进入【检查和校正】对话框,并且在基准图像和待校正图像的重叠区处显示匹配点。基准图像上的匹配点显示为绿色,待校正图像上的匹配点显示为品红色,如图 10.3 所示。

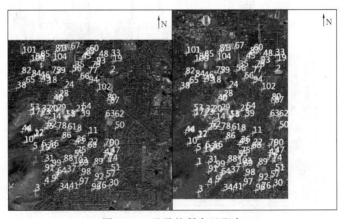

图 10.3 显示的所有匹配点

在【检查和校正】对话框(图 10.4)中,单击【Tie Points】(匹配点)选项卡。表中列出了所有匹配点的详细信息,如匹配点在基准图像的位置(BASEX、BASEY)和待校正图像上的位置(WARPX、WARPY)、分值(SCORE)和误差(ERROR)。表的底部显示了匹配点的总均方根误差。

分值在基于区域的匹配点自动生成时产生。匹配点周围的斑块作为一个匹配窗口,基准图像窗口和待校正图像窗口之间的归一化互相关信息用匹配分值表现出来。

误差值源于计算匹配点到预测位置的误差距离。基于基准图像上的点到待校正图像上的点的一阶多项式变换来计算预测点位置。如果基准图像或待校正图像含有 RPC 图像信息和特定的数字高程模型文件,则在一个共同的地面坐标系下测量误差。误差值反映了一阶线性多项式数学模型的质量。误差大则说明匹配点较差,但其不一定表明匹配点的位置错误。检查匹配点精度最好方法是在视图中目视检查匹配点的位置。如果增加或删除匹配点,误差值会得到更新。

在 Windows 平台下,可以使用键盘来操控表行。当选择表中的一个记录时,图像窗口突出显示选中的匹配点。

——Up(向上)和 Down(向下)箭头键选择表中的上一条或下一条记录。

——Home 和 End 键选择表中的第一条或最后一条记录。

——左箭头键切换到基准图像视图,右箭头键切换到待校正图像视图。

——Delete 键删除所选的记录。

使用键盘检查每个匹配点并且在基准图像视图和待校正图像视图之间切换。如果匹配点的位置特征在两幅图像上无法匹配,则按 Delete 键删除该点。

在【匹配点】选项卡中,单击误差列,然后右击选择【Sort by Selected Column Reverse】(按照误差倒序排序)。误差最高的匹配点显示在表格顶部,可以直观地查看误差最大的匹配点,如图 10.4 所示。

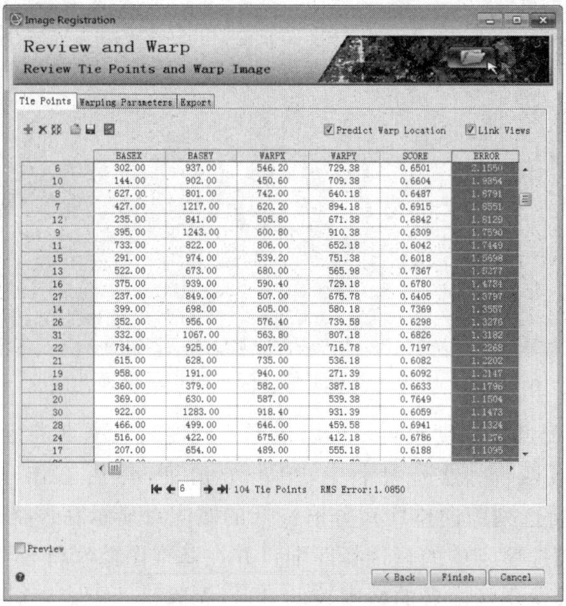

图 10.4　匹配点列表

选择表中第一行的匹配点,则视图移动到该点并突出显示(图 10.5)。如果需要,可以通过单击工具栏上的放大工具放大视图来查看图像的细节。

	EASEY	WARPX	WARPY	SCORE	ERROR
1	1078.00	502.20	816.98	0.6682	3.4928
2	284.00	932.20	326.59	0.6087	2.7857
5	959.00	498.60	743.58	0.6141	2.3114
3	1326.00	508.20	962.18	0.6650	2.1700
4	1262.00	560.40	922.38	0.7254	2.1561
6	937.00	546.20	729.38	0.6501	2.1550
10	902.00	450.60	709.38	0.6604	1.9854
8	801.00	742.00	640.18	0.6487	1.8791
7	1217.00	620.20	894.18	0.6915	1.8551
12	841.00	505.80	671.38	0.6842	1.8129
9	1243.00	600.80	910.38	0.6309	1.7590
11	822.00	806.00	652.18	0.6042	1.7449
15	974.00	539.20	751.38	0.6018	1.5698
13	673.00	680.00	565.98	0.7367	1.5277
16	939.00	590.40	729.18	0.6780	1.4784
27	849.00	507.00	675.78	0.6405	1.3797
14	698.00	605.00	580.18	0.7369	1.3557
26	956.00	576.40	739.58	0.6298	1.3276
31	1067.00	563.80	807.18	0.6826	1.3182
22	925.00	807.20	716.78	0.7197	1.2268
21	628.00	735.00	536.18	0.6082	1.2202
19	191.00	940.00	271.39	0.6092	1.2147
18	379.00	582.00	387.18	0.6633	1.1796

◄◄ ◄ 1 ► ►► 104 Tie Points RMS Error: 1.0850

图 10.5　选中第一行的匹配点

如图 10.6 所示,在图像窗口中查看 1 号点分别在两幅图像中的位置,检查匹配点的位置是否精确。

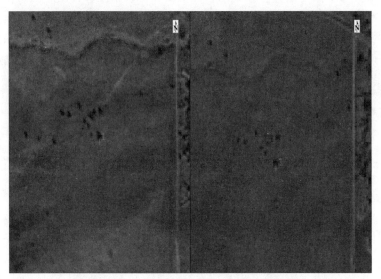

图 10.6　查看 1 号匹配点的相对位置

图 10.6 所示的匹配点精确度较高。可以根据匹配度对匹配点进行分类,但在此不需要对匹配点进行分类。在【匹配点】选项卡中,单击分值列,然后右击选择【Sort by Selected Column Forward】(按所选列前向排序),分值最低的匹配点显示在表格顶部。

通过选中【匹配点】选项卡中的行选择匹配点并在基准图像和待校正图像之间切换来检查匹配点的精确度。如果发现匹配点的精度较低,可以删除该匹配点,该匹配点将不会参与配准过程进而影响图像配准的精度。

图 10.7 显示了一个精确度较低的匹配点的例子。

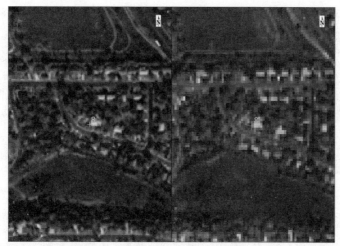

图 10.7　精度较低的 8 号匹配点

　　在匹配点列表中精确度较低的匹配点点号上右击鼠标,单击【Delete Tie Point】(删除匹配点)进行删除。

　　删除误差较高或分值较低的匹配点后,选择【检查和校正】对话框中的【Warping Parameter】(校正参数)选项卡。保留默认值,包括【Warping Method】(校正方法)中的"Polynomial"(多项式)。勾选【Preview】(预览)复选框,打开【Preview Window】(预览窗口)来预览采用上述设置之后的输出结果(图 10.8)。

　　配准图像的绝大多数区域配准效果较好,如果将预览窗口平移至图像左边的山地区域,则会看到一些区域的预览效果较好,但另一些区域显示出偏移现象。地形起伏引起了图像变形,因此,这些区域自动生成的匹配点较少。预览结束后,取消选中【预览】复选框。

图 10.8　预览多项式校正匹配点

　　在道路上手动添加匹配点,在预览窗口中观察配准精度是否提高。添加匹配点,在图像窗口上单击鼠标出现十字丝,然后分别把十字丝移动到两图新匹配点的对应位置(图 10.9),返回【检查和校正】对话框中,选择【Add Tip Point】(添加匹配点) ,此时匹配点列表中匹配点个数会更新。

　　按照上述方法添加若干匹配点,这样精度更高(图 10.10)。再次勾选【预览】复选框,观察配准预览是否有所改善(图 10.11)。从图中可以观察到即使在道路上增加匹配点也无法纠正道路不对准的现象。因为在【校正方法】中选择了"多项式",配准遵循全局多项式变换,所以两幅图像在匹配点位置不能精确对准。

　　在【检查和校正】对话框中【校正参数】选项卡中,改变【校正方法】为"Triangulation"(三角网),检查预览窗口中的结果(图 10.12)。三角测量是不规则网格数据点利用三角网拟合并在输出格网上进行插值,应用三角网方法可使两幅图像精确地对准连接点位置。

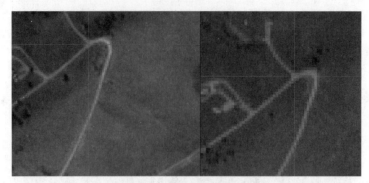

图 10.9　选择新匹配点位置

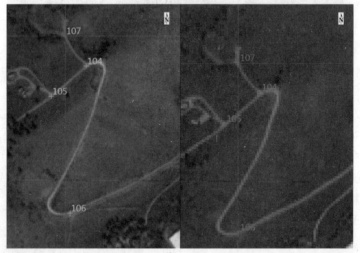

图 10.10　手动添加多个匹配点

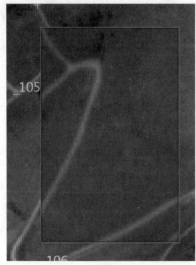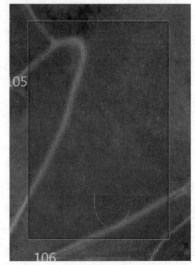

图 10.11　预览手动匹配点　　　　图 10.12　预览局部三角网校正匹配点

如果需要,则在基准图像和待校正图像没有对准的地方添加更多的匹配点,尤其是在山地区域。

10.3　生成配准后的输出图像

在【检查和校正】对话框中,单击【Export】(导出)选项卡,【Export Warped Image】(输出已校正图像)和【Export Tie Points to ASCII】(匹配点输出为二进制文件)下输入输出文件的文件夹和文件名。单击【结束】产生输出图像,完成工作流程。ENVI 将配准后的图像加载到【图层管理器】中。

第 11 章　利用 RPC/DEM 进行正射校正

正射影像是其中每个像素代表一个真实的地面位置，并且所有几何、地形和传感器失真都已消除到指定精度范围内的图像。正射校正将航空照片或卫星图像的中心透视图转换为地面的正射视图，消除了传感器倾斜和地形起伏的影响。整个正射影像中的比例尺都是恒定的，与高度无关，因此可以提供距离和方向的精确测量。正射影像可以在地理信息系统中与其他空间数据组合分析，以进行城市规划、资源管理和其他应用。

常用的正射校正方法有很多，主要包括严格物理模型和通用经验模型两种。严格物理模型是通过利用图像与地面之间的严格几何成像关系而建立的，其参数具有明确的物理意义，如传感器的轨道参数和姿态参数。通用经验模型不考虑图像成像的物理过程，不需要传感器的内外方位元素数据，直接采用数学函数建立地面控制点和对应像元之间的几何关系，例如有理函数模型。

ENVI 摄影测量模块提供了严格的正射校正，它通过严格模拟物—像转换建立高度精准的正射校正图像，但这一模块需要单独安装和授权。ENVI 还可以使用有理多项式系数（RPC）、高程和大地水准面信息以及地面控制点对图像进行正射校正。

传感器模型是定义图像坐标和地面坐标之间物理关系的数学模型，每个传感器的模型都不同。有理多项式系数是替换传感器模型的一种，它用近似的地—像关系替换了严格的传感器模型。有理多项式系数的准确性取决于原始传感器模型的准确性和图像的质量。大多数现代的高分辨率传感器（如 QuickBird）图像中都包含预先计算的有理多项式系数。如果文件包含有理多项式系数信息，则可以为图像中的各个像素自动获取基于有理多项式系数的地理位置信息。

有理多项式系数使用以下形式的三阶有理多项式将图像中的像素位置与相应的纬度、经度和海拔高度相关联：$(x,y) = f(纬度，经度，海拔)$。所以要确定地面上相应点的像素位置，地面点必须具有以下精确值：纬度（度）、经度（度）、海拔（m）。

要查找地面点的水平地理位置，需要以下各项的准确值：X 和 Y 像素坐标、地面高程（m）。如果不知道地面高程，则坐标变换会假定高程为零（基于 WGS-84❶ 椭球表面），或者根据有理多项式系数高度偏移值估算平均高度。除靠近海平面外，此定位不准确。为了确保更准确的地面坐标，应该通过以下方式对所有图像进行正射校正：使用地面控制点完善有理多项式系数；提供准确的数字高程模型。

本章对使用有理多项式系数的 ENVI 的正射校正工具进行了示范，在案例中对美国加利福尼亚州拉霍亚地区的 IKONOS 图像进行正射校正，然后比较正射影像和未校正的图像并检查它们的差异。

有理多项式系数正射校正所需的输入内容如下：

待纠正的图像、RPC 模型、高程信息、大地水准面偏移值。

---

❶　WGS-84：world geodetic system 1984，1984 世界大地坐标系。

11.1　查看图像

查看图像的操作步骤如下：

(1)从主菜单中,单击【文件】→【打开】,弹出【选择文件】对话框。

(2)选择 po_101515_pan_0000000. tif,单击【打开】,图像文件会加载到【数据管理器】中,且自动加载到【图层管理器】中并显示。

(3)选择工具栏中的【缩放为全景显示】 ,可以看到该图像的全貌。虽然图像具有与其相关联的地图信息,正射校正仍然是必要的,因为在图像中任何给定点坐标报告都有可能有显著位置误差(图 11.1)。

(4)DEM 是可选的输入,但它可以提高正射校正精度。从主菜单中,选择【File】→【Open As】→【Digital Elevation】→【USGS DEM】(文件→打开为→数字高程→USGS DEM)。

(5)选择 conus_usgs. dem 并单击【打开】,弹出【USGS DEM 参数输入】对话框。

(6)实例操作中设置"ortho_dem. dat"为输出的文件名,单击【确定】,图像文件会加载到【数据管理器】及【图层管理器】中并显示。

这一地区的海拔范围从海平面到 245 m,如此显著的地形变化一定会将几何误差引入 IKONOS 影像,实例中的 DEM 和 IKONOS 图像具有不同的地图投影或像素大小,然而对于这两幅图像可不必进行重投影或重采样,ENVI 的正射校正工具可以调整它们的差异。

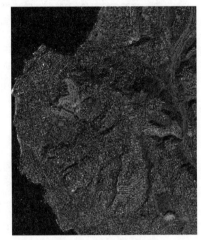

图 11.1　加载的图像

11.2　正射校正

正射校正的操作步骤如下：

(1)从【工具箱】中,选择【Geometric Correction】→【Orthorectification】→【RPC Orthorectification Workflow】(几何校正→正射校正→RPC 正射校正工作流程),弹出【选择文件】对话框。

(2)【Input File】(输入文件)和【Dem File】(数字高程文件)处分别选择 po_101515_pan_0000000. tif 和 ortho_dem. dat,单击【下一步】,如图 11.2 所示。

(3)在【RPC Refinement】(RPC 改进)对话框,如图 11.3 所示,包含四个选项卡。

(4)单击【GCPs】(控制点)选项卡,本实例不适用控制点,所以保留默认设置。

(5)单击【Advanced】(高级)设置选项卡,其中保留【Geoid Correction】(大地水准面纠正)默认值"−35.26",这意味着大地水准面高度为−35.26 m,该高度表示大地水准面在 WGS-84 椭球以下 35.26 m。下面这个链接是大地水准面高度计算器,地址为 http//www. unavco. org/community_science/science-support/geoid/geoid. html;保留【Output Pixel Size】(输出像元尺寸)默认值为"1 m";保留【Image Resampling】(图像重采样方法)的默认方法为"双线性",

它提供了适度的光滑结果,图像重采样是在 IKONOS 图像定向时用来确定像素值的方法。【Grid Spacing】(网格间隔)保留默认值"10"。

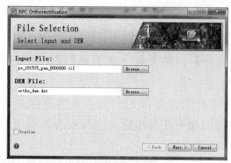

图 11.2　正射校正文件输入界面

图 11.3　【RPC 改进】对话框

(6)单击【Statistics】(统计)选项卡,保留默认设置。

(7)单击【Export】(导出)选项卡,设置输出格式、输出文件路径及文件名字。

(8)单击右下角的【完成】,结果图像将自动加载到【数据管理器】及【图层管理器】中,并显示在视窗中。

11.3　检查评价结果

检查评价结果的操作步骤如下:

(1)在【数据管理器】中,选择原数据文件,单击【加载数据】,然后选择正射校正的结果文件,并选中【Load in New View】(加载到新的视图),然后单击【加载数据】把文件加载到新的显示窗口。

(2)从主菜单中,选择【Views】→【Two vertical Views】(视图→两个垂直视图),原始的卫星影像与正射图像会显示在两个垂直的视窗中。

(3)选择【Views】→【Link Views】(视图→链接视图),选择对话框的【Pixel Link】(像素链接),并单击【Link All】(链接所有)视窗按钮,然后在两个图像之间单击图像窗口中的切换,注意观察图像几何的微妙差异,特别是在两幅图像的右上角(图 11.4)。光标值功能有助于观察图像的差异。

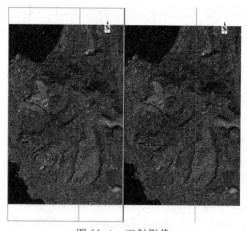

图 11.4　正射影像

第 12 章　基于 GCP/DEM/RPC 的正射校正

　　地面控制点和数字高程模型会提高正射校正的精度。控制点来自地理位置精准的参考图像,参考图像是空间分辨率与要校正的图像相同或稍高的正射影像,而且成像时间和季节相近,因为控制点的生成基于参考图像和源图像之间的图像匹配,因此场景内容应该没有太大差异。如果用户具备符合条件的参考影像,可以用【几何校正】→【Generate GCPs from Reference Image】(利用参考影像产生控制点)来准备控制点。如果参考图像和输入图像具有相似的分辨率,则控制点质量较高。如果参考图像的分辨率比输入图像的分辨率高得多,请考虑首先对参考图像进行重采样。

　　本章将使用地面控制点和数字高程模型来提高美国得克萨斯州厄尔巴索市的 QuickBird 影像的 RPC 正射校正精度。

12.1　打开数据文件

　　(1)在【工具箱】中,双击【Geometric Correction】→【Orthorectification】→【RPC Orthorectification Workflow】(几何校正→正射纠正→RPC 校正工作流程),弹出【选择文件】对话框。

　　(2)单击【Input File】(输入文件)后的【浏览】进入输入文件界面中。

　　(3)单击【Open File】(打开文件),前往 qb_data 数据目录选择 qb_ortho. TIF,单击【打开】,然后单击【确定】。

　　(4)单击【DEM File】(DEM 文件)后的【浏览】进入 DEM 文件界面。

　　(5)单击【打开文件】,前往 DEM 目录选择 DEM. tif,单击【打开】。

　　(6)单击【下一步】,影像显示在屏幕上,弹出【RPC Refinement】(RPC 改进)对话框,新视图添加到【图层管理器】,其中包含概览(Overview)、地面控制点(GCPs)和影像文件名(在实例中文件名字为 qb_ortho)。

　　(7)从【Zoom To】(缩放到)主工具栏的下拉列表选择"Full Extent"(全部范围)。

12.2　地面控制点设置

　　在本节,将加载一些现有的地面控制点(ground control points,GCPs)到工作流程中,评估它们的水平和高程精度,通过调整它们来提高 RPC 模型的准确性。

　　(1)在【RPC 改进】对话框中单击【Load GCPs】(加载 GCPs)。

　　(2)前往 GCPs 文件夹,选择 el_paso_gcps. shp,单击【打开】,地面控制点出现绿色十字影像显示,它们列出在【RPC 改进】对话框中(图 12.1)。

　　这个对话框提供了一些关于地面控制点的基本细节:

　　——绿色复选标记表明这些地面控制点是有效的,将会用于调整 RPC 模型,这些点被称为调整控制点。

——当选择列表中的控制点时,详细的控制点位置信息出现在右侧的【GCP Properties】(GCP 属性表)中。包括 WGS-84 坐标系地理经纬投影下的经度(Map X)和纬度(Map Y);高度(Height),单位为 m,指在 WGS-84 椭球面上的高度;影像坐标(Image X 和 Image Y);状态(Status),状态选项是调整(Adjustment)或独立(Indpendent);误差(Error X 和 Error Y)。12.3 节将更加详细地讨论误差统计。

——【Horizontal Accuracy】(水平精度)是水平方向上以米为单位的均方根误差。在前面的例子中,所有调整地面控制点整合在一起将产生一个正射影像,精确度约为 33 m。可以尝试降低这个值来评估地面控制点的质量。

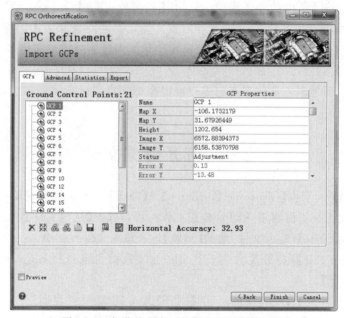

图 12.1　加载控制点后的【RPC 改进】对话框

(3)从列表中选择 GCP 1,影像将显示在该控制点中心上,GCP 1 标记的四周是青色的颜色盒。

(4)右击列表上的 GCP 1,选择【Change GCP status】(改变 GCP 状态),它将从调整变为独立(灰色符号表示),它仍然在 GCPs 列表提供了一个独立的测量精度,但它不被用来调整 RPC 模型,也不会参与计算模型的整体误差。

(5)再次右击 GCP 1,选择【改变 GCP 状态】来改变它回到一个调整控制点。

12.3　查看误差

在本节,将介绍评估地面控制点的质量,以及它们如何影响正射纠正的整体精度,一旦找出有较大错误的地面控制点,可以调整或删除它们,然后重新评估正射纠正的精度。

(1)在【RPC 改进】对话框上,单击【Show Error Overlay】(显示误差叠加)按钮。一幅透明影像将覆盖在原影像之上,呈现一种颜色梯度,最暗的区域表明地面控制点具有最小的误差,亮红色区域表明地面控制点具有较高的误差(图 12.2)。白色区域代表一个可能有较大误差的地面控制点的位置。如果滚动到 GCPs 列表的中间,会看到 GCP 14 有一个与其他点不同的标记,这意味着该点误差较大,影像估计的地面坐标和地面控制点的位置在 X 或 Y 方向大于三倍均方根误差的差异。误差叠加的效果看起来应该类似图 12.2。

误差叠加将地面控制点误差分布叠加在整幅影像中,用于快速评价各个点的误差。可以使用主工具栏中缩放和平移工具来发现更多影像细节。

(2)在【RPC 改进】对话框上,选择 GCP 14,影像显示该地面控制点在图像中的位置,地面控制点标记的四周是青色的框线。

(3)看一下在地面控制点属性表上的【Error Magnitude】(误差大小)值,比较 137.20 m 处与列表中的其他地面控制点的误差大小,应该看到这个地面控制点是最高的误差(图 12.3)。

误差较大的地面控制点

误差最小的
地面控制点

图 12.2　叠加误差的影像

GCP Properties	
Name	GCP 14
Map X	-106.3029269
Map Y	31.77823763
Height	1193.911
Image X	1613.85622219
Image Y	1636.13171209
Status	Adjustment
Error X	-20.98
Error Y	-135.59
Error Magnitude	137.20

图 12.3　【误差大小】对话框

(4)在工具栏上从【缩放到】下拉列表中,选择"1∶1000"。

(5)在【RPC 改进】对话框上,单击【Hide Error Overlay】(隐藏误差叠加)按钮 ,关闭误差叠加。

(6)在【RPC 改进】对话框上,单击【Show Error Vector】(显示误差矢量)按钮 ,这个工具提供了考虑个体地面控制点误差的另外一种方法,应该看到结果与图 12.4 类似。

图 12.4　误差矢量图

青色的线段表明 GCP 14 误差的方向和幅度,方向指向圆心,为西南方向。如果观察一下

GCP 属性表中误差 X 值,会发现 GCP 14 在地面点和影像上相应点在 X 方向上的预测差为 $-20.98\,m$。因为值是负的,错误出现在西方。误差 Y 值显示了在 Y 方向上 $-135.59\,m$ 的预测差异,因为值是负的,误差出现在南方。两个误差值决定了误差矢量的方向。青色向量的长度相对应的误差大小值为 $137.2\,m$。所示的误差 Z 值不是误差向量,它代表了在 WGS-84 椭球下的地面控制点的高程值和相应的数字高程模型高程值的预测差异。

12.4　误差校正

如果对于给定的地面控制点,有更准确的地理位置信息,可以在【GCP 属性表】中编辑它们的【Map X】和【Map Y】值,也可以尝试用不同的【Image X】和【Image Y】值。然而,在大多数情况下,在影像中通过人机交互移动地面控制点位置的方法会更有效,然后再重新评估控制点的误差统计数据。

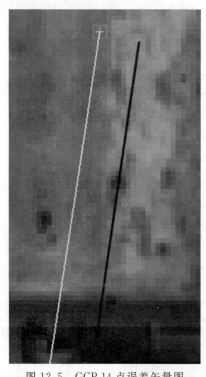

图 12.5　GCP 14 点误差矢量图

(1)在主工具栏中单击【Select】(选择)按钮,单击并拖动 GCP 14 标记向西南青色误差向量的方向移动(图 12.5)。

误差向量和误差叠加都将自动更新,可以看到从误差向量和误差大小值的更新如何减少地面控制点的误差。但这是如何影响整个模型,水平精度值是怎么改变的呢?

(2)在【缩放到】下拉列表中选择"全部范围",然后重复上述步骤,注意地面控制点误差是如何重新计算以及如何影响误差叠加的。

(3)交互式移动地面控制点位置降低其误差,但在视觉上评估一下这个地面控制点,就会意识到其位置和高程是不正确的。如果缺乏基于地图或者影像照片上的准确位置来确认地面控制点的位置,可以选择删除地面控制点。在【RPC 改进】对话框中,选择 GCP 14 并单击【Delete】(删除)按钮,可以看到水平精度大约是 5 m。

(4)继续选择地面控制点并且交互式移动其位置,但是整个模型每次都会重新计算,当查看误差叠加的地区时,仍然会看到相对较高的误差。这一过程可以一直延续下去,如果不想调整太多地面控制点的位置,2 个或 3 个就足够了。

12.5　垂直精度

高程数据可以显著提高 RPC 正射校正的准确性,这就是为什么需要输入数字高程模型的原因。RPC 正射校正工作流程使用高程数据结合水平地理位置数据来计算 RPC 结果。多种统计数据可以来评估模型的垂直精度。

(1)在【Advanced】(高级)选项卡下,【Geoid Correction】(大地水准面校正)选项是默认启用的,用户应该保留这个选项以改善 RPC 模型的垂直和水平精度。如果禁用此选项,水平精度值将显著增加。RPC 正射校正工作流程利用 EGM 1996(地球重力模型 1996)自动确定的大地水准面偏置值来进行大地水准面校正,该值显示在【大地水准面校正】选项旁边。

> **注意事项**
>
> 　　大地水准面偏移量是基于 WGS-84 椭球大地水准面的高程(单位:m),在数字高程模型中的每一个值都要加上这个常数值。大地水准面偏移量导致平均海平面上的高程和椭球体上的高度的差异。

　　(2)选择【Statistics】(统计)选项卡。除了【水平精度】之外,【垂直精度】下 RMSE Z 值为整个影像误差 Z 值的均方根误差,它体现整个 RPC 模型的垂直精度。LE95 值是地面控制点测量的高程和数字高程模型高程之间的差异(单位:m)(所用大地水准面偏移量的置信水平是"95%")。

　　(3)如果满意地面控制点的质量,单击【GCPs】选项卡中的【Save GCPs】(保存 GCPs)按钮，选择一个矢量文件的输出名称和位置。

12.6　预览正射校正结果

　　在减少了单个地面控制点的误差以及整体模型误差后,可以在校正整幅影像之前,在一个限定的区域预览正射校正效果。

　　(1)在【GCPs】选项卡中,单击【隐藏误差矢量】按钮。

　　(2)在【缩放到】下拉菜单选择"1:10000"。

　　(3)在主工具栏【Go To】(转到)区域,输入像素坐标"2925,2500"后按回车键,影像将转换到以高速公路边的居民区为中心的区域。

　　(4)在【RPC 改进】对话框启用【预览】选项。弹出预览窗口,它会显示正射校正结果,应该看到与原始影像相比在道路位置上的一个重大转变(框线之内),如图 12.6 所示。

图 12.6　影像正射校正预览图

12.7　整幅影像的正射校正

（1）选择【Export】（导出）选项卡，选择一个目录生成正射校正影像。

（2）选择【Export Orthorectification Report】（输出正射校正报告）选项，并选择一个输出报告的目录，这份报告将列出所使用的源文件，调整和独立的地面控制点、大地水准面偏移量、误差统计和输出设置。

（3）单击【完成】，生成正射校正影像，这个过程根据文件的大小需要几分钟。当处理完成，【RPC 改进】对话框关闭，输入和输出影像将会自动加载到视图中。

第 13 章　图像镶嵌

镶嵌是将多幅图像组合成一个单一的综合图像,ENVI 可以镶嵌无地理坐标的图像,也可以自动镶嵌有地理坐标的图像。本章将分别介绍如何将没有地理参考以及具有地理参考的图像进行镶嵌。镶嵌过程中 ENVI 提供透明度、直方图匹配和自动颜色平衡工具,而且采用了虚拟镶嵌。ENVI 中对于没有地理参考的图像镶嵌时使用基于像素镶嵌功能,镶嵌有地理参考的图像时使用无缝拼接功能。

13.1　基于像素的镶嵌

13.1.1　镶嵌流程

基于像素镶嵌方法适用于对没有地理参考的图像进行镶嵌,具体步骤如下:

(1)从 ENVI 菜单中,单击【Map】→【Mosaicking】→【Pixel Based Mosaic】(地图→镶嵌→基于像素的镶嵌),弹出【基于像素的镶嵌】对话框。

(2)从对话框中选择【Import】→【Import Files】(输入→输入文件),弹出【Mosaic Input Files】(镶嵌输入文件)对话框。

(3)若需要镶嵌的数据文件事先没有打开,在【镶嵌输入文件】对话框中,选择【打开】→【新建文件】,选择 dv06_2.img 打开该文件。

(4)重复步骤(3),打开 dv06_3.img。

(5)选择两幅图像后,将会弹出【Select Mosaic Size】(选择镶嵌尺寸)对话框。

(6)在【Mosaic Xsize】(镶嵌 X 尺寸)字段中输入"614"。在【Mosaic Ysize】(镶嵌 Y 尺寸)字段中输入"1024"。这两个值是根据要镶嵌图像的大小来确定的,因为两幅图像是上下相邻的,而且大小都是 614×512 的,所以在此分别输入 614 和 1024。单击【确定】,弹出【Pixel Mosaic】(像素镶嵌)对话框(图 13.1)。

(7)对话框的底部列出了当前位置的图像。【XO】和【XO】分别是 X 方向的偏移量和 Y 方向的偏移量的缩写,通过设置【YO】的值来调整两幅图像的位置关系。选择 dv06_3.img,【XO】字段的值不变,【YO】字段中输入"513"(即第一幅图像下面的行号),按回车键,文件 dv06_3.img 直接被放置在 dv06_2.img 下面(图 13.2)。调整图像位置的操作也可以利用左键单击不动并且拖动的办法实现。

(8)从菜单中选择【文件】→【应用】,弹出【Mosaic Parameters】(镶嵌参数)对话框。

(9)在【Enter Output Filename】(输入输出文件名)字段中,单击【选择】,在弹出的对话框中选择保存路径并输入文件名,在此建议为 dv06.img,然后输出镶嵌结果。

(10)若要创建一个虚拟镶嵌,而不是一个新的镶嵌文件,则在步骤(7)之后选择【文件】→【保存模板】,弹出【Output Mosaic Template】(输出镶嵌模板)对话框。

(11)单击【选择】,在弹出的对话框中选择保存路径并输入文件名,在此建议为"dv06a.

mos",然后输出模板结果,下次如果想输出镶嵌结果时,可以通过【文件】→【恢复模板】,恢复之前的镶嵌设置,再利用步骤(8)输出镶嵌结果。

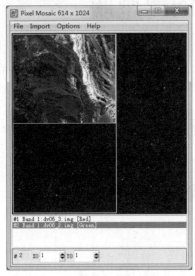

图 13.1 【像素镶嵌】对话框一   图 13.2 【像素镶嵌】对话框二

13.1.2 图像定位与边缘羽化

下面介绍如何通过输入 X 方向和 Y 方向的偏移量,或通过将图像拖动到【像素镶嵌】对话框中所需的位置,将两幅图像定位到镶嵌图像中。

(1)在 13.1.1 小节中步骤(4)导入镶嵌图像后,从【像素镶嵌】对话框中,选择【Options】→【Change Mosaic Size】(选项→改变镶嵌尺寸),弹出【镶嵌尺寸】对话框。

(2)在【镶嵌 X 尺寸】和【镶嵌 Y 尺寸】字段中,都输入"768",单击【确定】。

(3)在【像素镶嵌】对话框中,单击由绿色框(dv06_2.img)包围的图像,并按住鼠标左键将其拖动到对话框的右下角。

(4)右击此图像内部并选择【Edit Entry】(输入编辑),弹出【输入编辑】对话框。

(5)在【Data Value to Ignore】(忽略数据值)字段中输入"0"。

(6)在【Feathering Distance】(羽化距离)字段中输入"25"。

(7)保留其他字段的默认值,然后单击【确定】。

(8)单击图像红框包围区域(dv06_3.img),并按住左键将其拖动到对话框的左上角(图 13.3)。然后重复步骤(4)至步骤(7)。

(9)从【像素镶嵌】对话框菜单中,选择【文件】→【保存模板】,弹出【输出镶嵌模板】对话框。

(10)单击【选择】,在弹出的对话框中选择保存路径并输入文件名,在此建议为"dv06b.mos"。

(11)在【数据管理器】中,选择 Virtual Mosaic(Band 1)并单击加载数据,虚拟镶嵌的结果没有执行羽化。

(12)重复步骤(1)至步骤(8),可以将同样的图像进行羽化镶嵌。与上述步骤不同的是,在步骤(8)之后,在【像素镶嵌】对话框菜单中,选择【文件】→【应用】,弹出【镶嵌参数】对话框。

(13)在输出文件名字段中,输入"dv06f.img"。

（14）在背景值字段中，输入"255"，单击【确定】。

（15）使用菜单中【Display】→【View Blend】（显示→视图混合），比较上述虚拟镶嵌和羽化镶嵌的结果。图 13.4 显示了羽化镶嵌的结果。

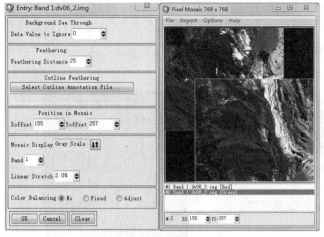

<table>
<tr><td>图 13.3　【像素镶嵌】对话框三</td><td>图 13.4　羽化镶嵌结果</td></tr>
</table>

13.2　基于无缝镶嵌技术的镶嵌

13.2.1　实例一：航拍影像的镶嵌

本小节将演示如何使用无缝拼接工具拼接六幅重叠的数字航拍影像，如何显示轮廓线和影像数据以及如何在最终镶嵌中设置背景值。因为它们是在同一天沿单个飞行路径采集的，不同的图像具有一致的颜色变化，因此不需要执行颜色平衡。

1．选择输入文件

实例使用的每幅图像都有一个附带的头文件（＊.hdr）。这些图像是在国家平面坐标系统投影下，区域为 1601（肯塔基北部），以 NAD 83 Datum 为基准面。

（1）从【工具箱】中，选择【镶嵌】→【Seamless Mosaic】（无缝镶嵌），出现【无缝镶嵌】对话框。

（2）单击【Add Scenes】（添加影像）按钮 ➕。

（3）单击打开文件图标 📷，打开【选择文件】对话框。

（4）导航到包含实例数据的文件夹，使用 Ctrl 键或 Shift 键来选择文件 airphoto1.dat～airphoto6.dat，单击【打开】。

（5）单击【全选】按钮。

（6）单击【确定】，效果如图 13.5 所示。

2．显示图像和轮廓线

在 ENVI 中显示图像时，如果金字塔不存在，则需要为该图像构建一个金字塔。对于具有大尺寸的高分辨率影像，构建金字塔可能需要很长时间。实例中的图像相对较小，因此显示它们只需要几秒钟。

提示：一个金字塔文件(＊.enp)包含各种降低分辨率的影像文件的副本，它通过重采样至低分辨率以显示影像宏观的部分来加快影像显示速度。

（1）打开数据影像时出现一个问题对话框："六幅图像需要建立金字塔，需要进行这个过程吗？"单击【是】。所有六幅图像都以其轮廓线（洋红色）显示，轮廓线最初显示为覆盖包括背景像素影像的边界框，如图13.6所示。

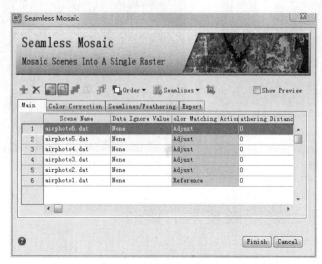

图13.5 【无缝镶嵌】对话框

图13.6 影像加载后的效果

（2）在【无缝镶嵌】对话框中单击【Show Footprints】（显示轮廓线）按钮，当前选择的图像（airphoto6.dat）用一个边框突出显示，边框的颜色默认设置为青色。若选择另一幅图像名称，则在显示窗口中该图像将会突出显示。

（3）单击【Show Filled Footprints】（显示填充轮廓线）按钮，显示窗口中将以半透明的洋红色填充每个轮廓线，该选项提供了一种更好的方法来识别每幅图像的边界，或者它可以用于检测叠加影像数据中的间隙，当再次单击按钮，将会隐藏填充的轮廓线。

3．设置数据忽略值

黑色区域是输出的镶嵌结果中应该被排除的边框（填充）像素，可以通过为每幅图像设置数据忽略值排除其影像。

图13.7 查询需要忽略的背景值

（1）放大到影像的一角，直到能清楚地看到黑色区域。

（2）单击工具栏中的光标值按钮，然后将光标移动到黑色区域中。

（3）查询数据值。如图13.7所示，【光标值】对话框中突出显示的行，显示了影像中的所有3个波段的像素值，可以看到黑色区域或背景值为0，这些像素将是数据忽略值。

（4）关闭【光标值】对话框。

（5）注意【无缝镶嵌】对话框列表中的【Data Ignore Value】（数据忽略值）列。如果每幅图像的值不同，则可以通过双击相应的表格单元格单独设置。由于此实例中所有域的值都相同（0），因此可以在接下来的步骤中将其同时设置为一个值。

（6）单击【数据忽略值】列标题，以突出显示所有行。

（7）在列标题中右键单击，然后选择【Change Selected Parameters】（改变选择参数）。

（8）在【Update Mosaic Parameters】（更新镶嵌参数）对话框中的【数据忽略值】字段中输入"0"后，单击【确定】。

（9）单击任何表格单元格以清除选择。

（10）单击【无缝镶嵌】对话框中的【Recalculate Footprints】（重新计算轮廓线）按钮 。现在轮廓线将捕捉到有效的影像像素，此过程可能需要几秒钟才能完成。

（11）缩放影像，直到可以看到所有的图像，显示出的影像不再显示背景值。

提示：如果影像是 ENVI 栅格格式，也可以在相应的头文件中设置数据忽略值，在启动 ENVI 和无缝拼接工具时执行此步骤。具体做法是：使用文本编辑器为每幅图像打开 *.hdr 文件，添加"data ignore value=0"即可。

4．导出镶嵌结果

（1）要为最终的镶嵌结果选择输出区域，单击【无缝镶嵌】对话框中的【Define Output Area】（定义输出区域）按钮 。如果轮廓线造成干扰，可以单击【Hide Footprints】（隐藏轮廓线）按钮。

（2）单击并拖动光标，在用户想输出的区域周围绘制一个矩形，释放鼠标按钮后，可以根据需要再调整矩形的边和角，然后右击并选择【Accept Subset Area】（接受子集区域）。输出区域以浅灰色虚线矩形显示，在后续步骤导出镶嵌结果后矩形外部的像素将被丢弃。如果不满意之前设置的输出区域，单击【定义输出区域】按钮，在选择区域右击，然后选择【Clear Subset Area】（清除子集区域）。图 13.8 显示了选择有效影像像素的矩形区域的实例。

（3）单击【Export】（导出）选项卡。

（4）将【Output Format】（输出格式）选择为 ENVI。

（5）选择输出结果图像的文件夹和文件名，在【Output Filename】（输出文件名称）处输入输出的目录和文件名，也可以单击【浏览】来完成。

（6）启用【Display Result】（显示结果）复选框。

（7）【Output Background Value】（输出背景值）是用于填充输出栅格中没有有效影像数据的区域的像素值。当以 ENVI 格式创建镶嵌时，背景值自动设置为【数据忽略值】。在此实例中，输出背景值为 0，因此在此不需要输入值。

（8）将【Resampling Method】（重采样方法）选择为"Nearest Neighbor"（最近邻法）。

（9）单击【完成】，当处理完成后，镶嵌结果将以全分辨率显示，ENVI 将为该图像创建金字塔文件。

图 13.8　选择输出区域

13.2.2　实例二：卫星影像的镶嵌

本小节主要内容为另一则图像镶嵌实例，重点内容包括：调整输入图像、进行色彩平衡、生成和编辑拼接线。

1. 选择输入文件

选择输入文件的步骤如下：

（1）按照实例一步骤打开 2002apr01.dat 和 2004apr13_warp.dat 文件。打开后图像显示效果如图 13.9 所示。

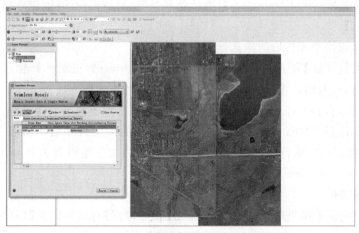

图 13.9　两幅影像打开并叠加

（2）在【无缝镶嵌】对话框中的数据列表中任意选择一幅图像名称，相应的图层将在窗口中突出显示，其边框颜色由首选项定义中选择的颜色确定。

（3）放大两幅图像重叠的区域，可以看到微妙的色差和几何位置对齐方式不准确的地方（尤其是道路）。理想情况下，不同日期和传感器的图像应在拼接前进行正射校正。然而，通常总是有几何位置不准确的图像，在这种情况下，可以使用图像重新排序或羽化等技术改善不匹配区域的外观。

2. 重新排序

在多幅图像重叠的区域中，可以控制图像的显示顺序。首先对【无缝拼接】对话框中列表顶部的图像进行显示，然后是第二幅图像，以此类推。选择用于输入的第一幅图像位于列表和堆栈的底部，选择的最后一幅图像位于列表和堆栈的顶部。图像叠加后下面图像的部分区域在最终的镶嵌输出中将不可见，图 13.10 显示了该效果。

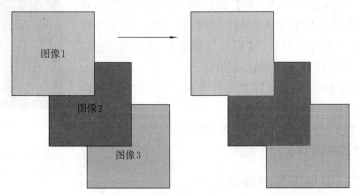

图 13.10　镶嵌堆栈和输出效果

重新排序的操作步骤如下：

(1)单击选择图像 2004apr13_warp.dat。

(2)单击【无缝镶嵌】对话框中的【Order】(排序)下拉列表，然后选择"Send Backward"(下移一层)，这幅图像将被移动到 2002apr01.dat 下面。

(3)放大靠近图像的边缘，单击【排序】比较图像重新排序后固定道路不匹配的情况，特别是在图像镶嵌中心部分(图 13.11)。

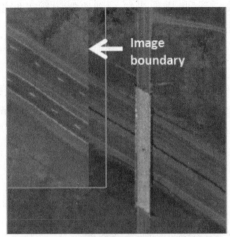

（a）处理前的边缘区域　　　　　　　　　（b）处理后的边缘区域

图 13.11　重排序效果

重新排序图像可以提高图像镶嵌效果，类似的情况也应该考虑调整图像顺序：

(1)同时处理有云和无云图像时，将无云的图像排到顶部。

(2)在将不同年份获得的图像镶嵌时，将住宅区较新的图像排到顶部。

3. 颜色校正

沿着两幅图像的边缘，图像的色调和颜色如果具有微妙差别，可以使用颜色校正来实现图像之间一致的平衡。

(1)在【Main】(主菜单)选项卡下列表中的【Color Matching Action】(颜色匹配操作)列，图像 2002apr01.dat(最右边的图像)被标记为参考图像，其直方图将被用作改变另一图像的颜色和色调的基础(另一图像被标记为调整)。

(2)单击【Color Correction】(颜色修正)选项卡。

(3)启用【Show Preview】(显示预览)选项可预览随后的步骤中所做的更改。

(4)勾选【Histogram Matching】(直方图匹配)选项，将调整图像的直方图的离散灰度级映射到参考图像中的相应灰度级，处理完成后，窗口中会预览显示颜色校正的结果。

(5)缩放到两幅图像之间的重叠区域，以便可以更仔细地评估在下一步中所做的更改。

(6)默认情况下【直方图匹配】选项选择【Overlap Area Only】(仅重叠区域)选项，这意味着 ENVI 只计算参考图像与调整图像重叠区域的统计特征。可以选择【Entire Scene】(整幅图像)选项，使 ENVI 从整幅参考图像计算统计特征用作颜色校正的基础。如果图像之间存在至少 10% 的重叠，则来自仅重叠区域选项的直方图匹配通常比整幅图像选项效果更好。

总的来说，现在的两幅图像的颜色和色调更一致。设置边缘羽化距离和添加拼接线可减少重叠图像之间的硬边缘。如果添加拼接线,则设置的任何边缘羽化距离将被忽略。

4．添加拼接线

拼接线是图像镶嵌的边线,设置拼接线可以消除或者削弱图像间的拼接痕迹。当图像在图像边界处拼接不准时或者重叠区域在特征上具有显著差异时会很有用。ENVI 使用基于几何的自动方法生成拼接线,此方法创建有效的镶嵌多边形,确定用于最终镶嵌的每个输入图像的像素。两幅图像之间创建和编辑拼接线的步骤如下:

(1)单击【无缝镶嵌】对话框中【显示轮廓线】▣按钮,以便可以看到两幅图像之间的重叠区域,该按钮随后切换为【隐藏轮廓线】,再次单击可以隐藏重叠区域的轮廓线。

(2)单击【无缝镶嵌】对话框中【Seamlines】(拼接线)下拉列表,然后选择"Auto Generate Seamlines"(自动生成拼接线),处理完成后镶嵌多边形的边界将显示为绿色,如图 13.12 所示。该结果隐藏了边界的轮廓线,拼接线是镶嵌多边形之间的共享边界,位置位于两幅图像重叠区域的中间部分。自动生成的拼接线提供了进一步编辑的起点,为了获得最佳效果,可编辑拼接线,使其遵循自然特征,例如道路或河流,因此需要对拼接线进行编辑。

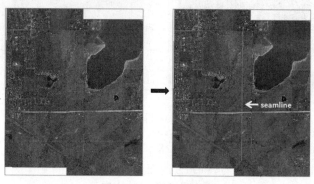

图 13.12　添加拼接线

(3)单击【拼接线】下拉列表,然后选择"Start Editing Seamlines"(开始编辑拼接线)。

(4)在拼接线的两幅图像之间具有色差,通过编辑拼接线可以实现两幅图像之间更自然的过渡。实例图像顶部是住宅区,两幅图像重叠处中左图显示了田地中的绿色植被,而右图显示了旱田(图 13.13)。

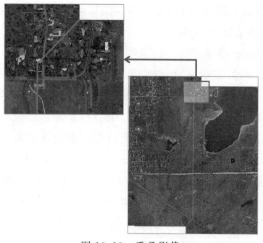

图 13.13　重叠影像

（5）要编辑拼接线，在图像中绘制一个多边形。可以参考的方法和技巧为：单击多个点以定义线段，或者可以单击并拖动光标以绘制具有多个顶点的连续线，这可能会增加预览和拼接时的处理时间，以上操作中如果想删除最后一个点可以使用 Backspace 键。使用鼠标上的滚轮放大或缩小，按住鼠标中键或滚轮的同时单击并拖动即可在显示屏上实现平移。注意如果使用工具栏中的平移或缩放工具，会丢失编辑的拼接线结果。操作过程中如果要取消绘图，右键单击并选择【Clear Polygon】（清除多边形）。

（6）编辑时当第二次穿过拼接线，双击（或按回车键）完成并接受多边形或者右键单击选择【Accept Polygon】（接受多边形）。

（7）根据需要沿着拼接线绘制更多的多边形，完成并接受每个多边形。

图 13.14 显示了如何绘制跟随某些田野和道路边缘的多边形的实例。

图 13.14　绘制多边形

（8）根据需要沿着拼接线绘制更多的多边形，完成并接受每个多边形。例如，可以在跟随污垢停车场和土路的边界南边进一步绘制多边形。

注意事项

编辑拼接线的提示

（1）在绘制多边形时，可以将光标悬停在任何顶点上，直到出现圆形图标。然后选择一个选项：如果需要，将顶点移动到新位置；单击右键并选择【Add Vertex Before】（在前面添加顶点）或【Add Vertex After】（在后面添加顶点）。单击右键并选择【Delete Vertex】（删除顶点）以删除顶点。

（2）要重新开始，再次单击【拼接线】下拉列表，然后选择"Auto Generate Seamlines"（拼接线将自动重新生成）。

（3）要从显示中隐藏拼接线，单击【隐藏拼接线】按钮。

（4）要删除所有拼接线，单击【拼接线】下拉列表，然后选择"Delete All Seamlines"（删除所有拼接线）。

（5）如果添加或删除图像，或者如果更改数据忽略值，则将丢失所有拼接线编辑。对图像重新排序，不会丢失拼接线的编辑。

（9）单击【Seamlines/Feathering】（拼接线/羽化）选项卡，默认情况下启用【拼接线/羽化】选项。创建有效的镶嵌多边形后，此选项可用。当设置指定羽化距离时，拼接线两侧的像素将与底层图像融合，这样接边边缘的值才不会有突变。

（10）单击【主菜单】选项卡，然后在输入图像表中向右滚动到【Feathering Distance (Pixels)】（羽化距离（像素））列。

（11）双击两幅图像的表单元格，并输入值"15"，每次输入后按回车键。

当完成拼接线的编辑后，导出镶嵌文件，可尝试选择一个子集区域输出结果，如图 13.15 所示。

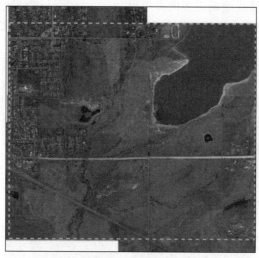

图 13.15　子集区域

第14章 数据融合

数据融合是将多幅影像组合到单一合成影像的处理过程,它一般使用高空间分辨率的全色影像或单一波段的SAR❶数据来增强多光谱影像的空间分辨率。

为了在ENVI中进行数据融合,影像文件必须含有地理坐标(在这种情况下,空间重采样会自动进行)。如果没有地理参考,影像必须覆盖同一地理区域,并且有相同的像素大小、影像大小及相同的方位。

14.1 实例一:SPOT 和 TM 融合

实例中的TM和SPOT影像都是二进制的文件,含有ERMapper的头文件,它们能够自动地被ENVI的ERMapper读取程序读取。

(1)从ENVI主菜单中,选择【File】→【Open As】→【GIS Formats】→【ER Mapper】(文件→打开为→GIS格式文件→ER Mapper格式文件)。

(2)选择lon_tm. ers和lon_spot. ers,单击【打开】。

(3)在【数据管理器】中,选择【Band Selection】(波段选择)单选按钮,依次选取红、绿、蓝字段所对应的lon_tm波段,然后单击【Load Data】(加载数据)以显示真彩色TM遥感影像。

(4)在【数据管理器】中,选中【Load in New View】(加载到新的视图)。

(5)在lon_spot下,选择Pseudo Layer波段,然后单击【Load Grayscale】(加载灰度)以显示SPOT灰度影像。两幅影像显示效果如图14.1所示,虽然两幅图像覆盖同一地区,面积相同,但因为行列数不同,所以看起来大小不同。

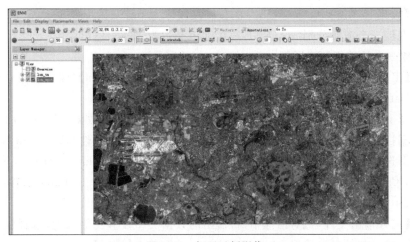

图14.1　打开示例影像

---

❶　SAR:synthetic aperture radar,合成孔径雷达。

14.1.1 手动 HSV 数据融合

手动数据融合可以更好地了解数据融合的处理过程。首先,把 TM 的彩色影像转换到色调-饱和度-亮度值(HSV)彩色空间。随后将高分辨率的 SPOT 影像替换亮度值(V)波段,并将其拉伸到 0 至 1 之间以满足正确的数据范围。再将从 TM 影像中获取的色调、饱和度及从 SPOT 影像中获取的数值进行反变换,转回到 RGB 彩色空间。这个过程将产生出一幅输出影像,其包含了从 TM 影像中获取的颜色信息及从 SPOT 影像中获取的空间分辨率信息。

1. 调整图像至相同的空间尺寸

(1)观察图像的空间尺寸:在【数据管理器】的【File Information】(文件信息)中可以看到 lon_tm 空间尺寸为 1 007×560,而 lon_spot 空间尺寸为 2 820×1 569。

(2)从【工具箱】中,双击【Raster Management】→【Resize Data】(栅格数据管理→调整数据大小),弹出【Resize Data Input File】(调整数据大小文件输入)对话框。

(3)选择 lon_tm,单击【确定】,弹出【Resize Data Parameters】(调整数据大小参数)对话框。

(4)在【Samples】(列)和【Lines】(行)字段中,分别输入"2820"和"1569"。

(5)在【Enter Output Filename】(输入输出文件名)字段中,单击【选择】选择输出路径,输入输出文件名称,建议该名称为"resize_lon_tm",然后单击【确定】。

2. HSV 正变换

(1)从【工具箱】中,选择【Transform】→【Color Transforms】→【RGB to HSV Color Transform】(变换→颜色变换→RGB 到 HSV 颜色变换),弹出【RGB-HSV 转换输入】对话框。

(2)在【数据管理器】中,依次选取 resize_lon_tm 中红、绿、蓝字段所对应的波段,单击【确定】,弹出【RGB to HSV Parameters】(RGB-HSV 转换参数)对话框。

(3)在【输入输出文件名】对话框中,输入输出路径及文件名称,输出文件名称建议为"out_hsv",单击【确定】进行转换。

(4)在【数据管理器】中,将 out_hsv 的任一波段作为单独灰阶影像显示,或将得到的色调、饱和度、亮度值三个波段分别放入 RGB 三个通道显示为一幅彩色影像。

3. 创建一个拉伸 SPOT 图像

(1)从【工具箱】中,选择【Raster Management】→【Stretch Data】(栅格数据管理→拉伸数据),弹出【Data Stretch Input File】(数据拉伸输入文件)对话框。

(2)选择 lon_spot,然后单击【确定】,弹出【Data Stretching】(数据拉伸)对话框。

(3)数据拉伸时,【Stretch Type】(拉伸类型)选择"Linear"(线性),【Stretch Range】(拉伸范围)的类型选择"By Value"(根据像元值),需要拉伸的范围即 lon_spot 的灰度值范围,在【Min】(最小值)中输入"0",在【Max】(最大值)中输入"255",【Output Range】(输出数据范围)的【最小值】中输入"0",【最大值】中输入"1"。

(4)在【输入输出文件名】对话框中,将输出的数据类型设置为浮点型,选择输出路径并输入文件名称,输出文件名称建议为"stretch_lon_spot",单击【确定】。

4. 替换 TM V 波段并进行 HSV 逆变换

(1)从【工具箱】中,双击【Transform】→【Color Transforms】→【HSV to RGB Color Transform】(变换→颜色变换→HSV 到 RGB 颜色变换),弹出【HSV To RGB Input Bands】

(HSV 到 RGB 波段输入)对话框。

（2）选择 out_hsv 下的色度和饱和度波段作为转换的 H 波段和 S 波段，选择 stretch_lon_spot 下的 Stretch 波段作为 V 波段，单击【确定】，弹出【HSV To RGB Parameters】(HSV-RGB 转换参数)对话框。

（3）选择输出路径并输入文件名称，输出文件名称建议为"fused_london"，单击【确定】进行逆变换。

5．显示结果

（1）在【数据管理器】中，分别把融合 TM 和 SPOT 的图像结果(fused_london)文件、TM 影像调整后的文件(resize_lon_tm)及 SPOT 影像(lon_spot)加载到视窗中。

（2）在【图层管理器】中分别选中上述 3 个文件中的任意 2 个，然后在 ENVI 菜单中单击【View Blend】(视图混合)或【View Flicker】(视图闪烁)或【View Swipe】(视图滑动)来比较融合前后图像的不同，如图 14.2 所示。

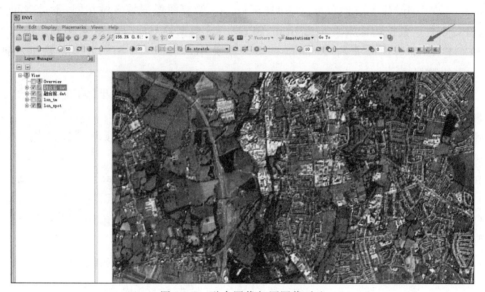

图 14.2　融合图像与原图像对比

14.1.2　自动 HSV 数据融合

该操作会自动将两幅图像融合，但输入图像空间尺寸大小相同。

（1）从【工具箱】中，双击【Image Sharpening】→【HSV Sharpening】(图像锐化→HSV 锐化)，弹出【Select Input RGB Bands】(选择输入 RGB 波段)对话框。

（2）选择在上述操作中得到的已调整空间尺寸的文件 resize_lon_tm，依次选取红、绿、蓝字段所对应波段，然后单击【确定】，弹出【High Resolution Input File】(高分辨率文件输入)对话框。

（3）选择 lon_spot 下的(Pseudo Layer)波段，然后单击【确定】，弹出【HSV Sharpening Parameters】(HSV 锐化参数)对话框。

（4）在【输入输出文件名】字段后，选择输出路径，输入输出文件名称，建议该名称为"lontmsp.img"，然后单击【确定】。

(5)将融合前后的数据文件加载到视窗中,利用【视图混合】或【视图闪烁】或【视图滑动】工具比较融合前后图像的不同。

14.2 实例二:全色和多光谱融合

从 ENVI 主菜单中,选择【File】→【Open As】→【Generic Formats】→【Binary】(文件→打开为→通用格式→二进制文件),选择 s_0417_2. bil,单击【打开】,这是一个 SPOT-XS 多光谱数据文件,该文件打开后会自动加载并显示在视窗中。用同样的方法打开 s_0417_1. bil,这是一个 SPOT 全色数据文件。

14.2.1 调整图像至相同的空间尺寸

(1)在【数据管理器】的【文件信息】中显示了全色图像 s_0417_1. bil 的空间尺寸为 2 835×2 227,s_0417_2. bil 影像空间尺寸为 1 418×1 114。两幅图像覆盖区域相同,不过空间分辨率不同,SPOT 全色数据的像素大小为 10 m,SPOT-XS 数据的空间分辨率为 20 m。因此需要通过对 SPOT-XS 的影像以大约"2"的倍率来调整大小,以产生与 SPOT 全色数据相匹配的 10 m 大小的数据。

(2)从【工具箱】中,双击【栅格数据管理器】→【调整数据大小】,弹出【调整数据大小文件输入】对话框。

(3)选择 s_0417_2. bil(SPOT-XS 图像),然后单击【确定】,弹出【调整数据大小参数】对话框。

(4)为了使影像正确地匹配,两幅图像尺寸需要保持相同,在【xfac】(x 因子)和【yfac】(y 因子)字段中,输入"1.999",或者在【列】和【行】字段中,分别输入"2835"和"2227"。

(5)在【输入输出文件名】字段中,单击【选择】选择输出路径,输入输出文件名称,建议该名称为"resize_spotxs",然后单击【确定】。

(6)在【数据管理器】中,选中全色图像 s_0417_1. bil,单击【加载数据】,若已打开可忽略这一步。

(7)在【数据管理器】的【波段选择】中,RGB 通道分别选择 resize_spotxs 对应的波段,然后选中【加载至新视图】,单击【加载数据】。

(8)从 ENVI 主菜单中,选择【Views】→【Link Views】(视图→链接视图),弹出【链接视图】对话框,选中【Pixel Link】(像素链接),在对话框中的两个视图中左键单击进行选择,即可以将调整过大小的 SPOT- XS 图像(Yesize_SpotXS)与 SPOT 全色影像进行链接。在图像窗口中使用工具栏中的漫游、固定放大及固定缩小来动态分析、比较这两幅影像(图 14.3)。

14.2.2 融合 SPOT 全色图像

(1)从【工具箱】中,双击【Image Sharpening】→【HSV Sharpening】(图像锐化→HSV 锐化),弹出【Select Input RGB】(选择输入 RGB)对话框。

(2)选择 resize_spotxs 对应的波段,然后单击【确定】,弹出【高分辨率文件输入】对话框。

(3)选择 s_0417_1. bil 下的"Band 1",然后单击【确定】,弹出【HSV 锐化参数】对话框。

(4)在【输入输出文件名】字段中,选择输出路径,输入输出文件名称,建议该名称为"brest

_fused.img",然后单击【确定】。

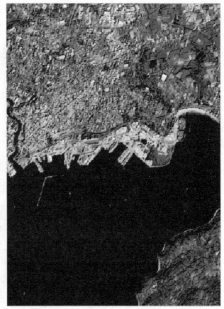

（a）SPOT全色数据　　　　　　　　　（b）SPOT-XS数据

图 14.3　SPOT-XS 图像与 SPOT 全色影像链接对比

14.2.3　显示和比较结果

（1）在【数据管理器】中的【波段选择】，选择 brest_fused.img 对应的波段，然后单击【加载数据】，将融合图像（brest_fused.img）加载到视窗中，该文件若已打开，可忽略这一步。

（2）在【数据管理器】中选择 s_0417_1.bil 下的"Band 1"，选中【加载至新视图】，单击【加载数据】，将融合前的全色图像加载到新视图中。

（3）在【数据管理器】中的【波段选择】，选择影像 resize_spotxs 对应的波段，然后选中【加载至新视图】，单击【加载数据】，将上述步骤中调整后的影像 resize_spotxs 加载到新视图中。

（4）在 ENVI 主菜单中，选择【视图】→【链接视图】，弹出【链接视图】对话框，单击【Link All】（链接全部），然后单击【确定】，把融合图像链接到两个原始的 SPOT 影像中。

14.3　实例三：TM 和 SAR 融合

14.3.1　读取和显示图像

（1）从 ENVI 主菜单中，选择【文件】→【打开】，选择 rome_ers2，此文件包含 ERS-2 SAR 数据。

（2）数据将会自动加载，如果没有自动加载，那么在【数据管理器】中，选择 rome_ers2 下的"Band 1"，单击【加载灰阶影像】。

（3）从主菜单选择【文件】→【打开】，选择 rome_tm，单击【打开】，该文件包含 Landsat TM 数据。

（4）在【数据管理器】中，选中【加载至新视图】。

（5）按顺序选择"Band 4""Band 3"和"Band 2"，单击【加载数据】，将 rome_tm 假彩色合成后加载到新打开的视窗，加载后效果如图 14.4 所示。

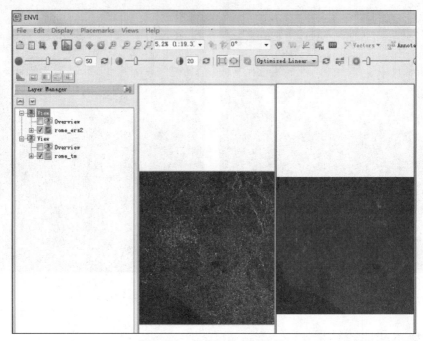

图 14.4　图像加载后的效果

14.3.2　TM 影像配准到 ERS-2 影像

TM 影像配准到 ERS-2 影像的操作步骤如下：

（1）从【工具箱】中，单击【Geometric Correction】→【Registration】→【Registration：Image to Image】（几何校正→配准→配准：图像到图像），出现【Select Input Band from Base Image】（选择基准图像的波段）对话框，在此基准图像的波段选择 ERS-2 数据，单击【确定】。

（2）弹出【Select Input Warp File】（选择待校正图像），需要校正图像选择 TM 数据，单击【确定】，出现【Warp Band Matching Choice】（选择待校正图像匹配波段）对话框，选择任意一个波段如 Band 1，在弹出的【ENVI Question】（ENVI 问题）对话框，对是否选择已经生成的匹配点文件的问题，选择【是】，出现【Select Existing Tie Points File】（选择结点文件）对话框。

（3）选择实例中的控制点文件 rome_tm. pts，并单击【打开】，在随后出现的【Automatic Registration Parameters】（自动配准参数设置）对话框中选择【确定】。

（4）出现分别显示 TM 和 ERS-2 图像的显示窗口组合，单击【Image to Image GCP List】（影像到影像控制点列表）中的控制点名称，可以在两幅图像中精确观察这些点的位置。

（5）在【影像到影像控制点列表】中滚动到 RMS 列查看每个 GCP 的 RMS 值，在【Ground Control Points Selection】（地面控制点选择）对话框中底部列出总的 RMS 误差（该实例中约为 4.15 个像元）。增加更多的控制点可以提高图像之间的匹配，如何调整控制点请参考 9.1.5 小节的相关内容。

（6）从【地面控制点选择】对话框的菜单中，选择【Options】→【Warp File】（选项→校正文件),出现【Input Warp Image】(输入待校正文件)对话框,选择 rome_tm,然后单击【确定】,所有 7 个 TM 波段将与 ERS-2 数据相匹配,出现【Registration Parameters】(配准参数)对话框。

(7)在【配准参数】对话框中,输入输出图像范围的以下值:

左上 X:"1";左上 Y:"1";输出行:"5134";输出列:"5549"。

(8)接受剩余字段的缺省值,单击【选择】,选择输出目录和文件名字,在此建议为"register_tm",单击【确定】,进行图像到图像的配准。关闭图像配准时 TM 和 ERS-2 图像的显示窗口组合。

(9)在【数据管理器】中,启用【加载至新视图】,选择 register_tm 下 Warp bands 的 4、3、2,然后单击【加载数据】,可以在新的视图中显示假彩色合成的配准 TM 影像。

14.3.3 对融合数据进行 HSI 变换

对融合数据进行 HSI 变换的操作步骤如下:

(1)从【工具箱】中,选择【图像锐化】→【HSV 融合】,出现【选择输入 RGB 波段】对话框,如图 14.5 所示。

(2)选择 register_tm 4、3、2 波段,然后单击【确定】,出现【高分辨率文件输入】对话框。

(3)选择 rome_ers2 的"Band 1"并单击【确定】,出现【HSV 锐化参数】对话框。

(4)在【输入输出文件名】字段中,单击【选择】,选择输出路径,输入输出文件名称,建议该名称为"rome_fused.img",并单击【确定】,融合结果如图 14.6 所示。

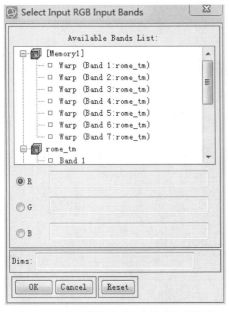

图 14.5 【选择输入 RGB 波段】对话框

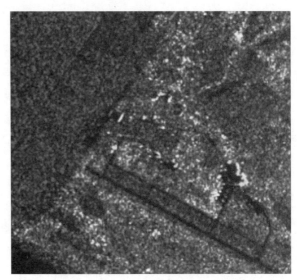

图 14.6 图像融合结果

14.3.4 显示并对比结果

(1)利用菜单【Views】(视图)新建一个显示窗口或者选择【图层管理器】中的任意显示窗口。

（2）在【数据管理器】中，在 rome_fused.img 下按顺序选择 HSV Sharp 的红、绿、蓝波段，单击【加载数据】，在视图中加载 HSV Sharp 红、绿、蓝波段融合的彩色图像，取代原来视图中的 TM 影像。

（3）在 ENVI 主菜单中，选择【视图】→【链接视图】，弹出【链接视图】对话框，单击【链接全部】，然后单击【确定】。

（4）链接原 ERS-2 图像、融合图像、配准 TM 影像，比较这三幅图像。

遥感图像信息提取篇

第 15 章 变化检测

变化检测分析包括用于识别、描述和量化同一场景在不同时间或不同条件下的图像差异的一系列方法。可以独立地使用 ENVI 的许多工具(例如波段运算或主成分分析),或者将它们组合起来作为变化检测分析的一部分。此外,在 ENVI 提供了一种简单的方法来检测代表初始状态和最终状态的两幅图像之间的变化。在此介绍【Image Change Workflow】(图像变化工作流程)和【Thematic Change Workflow】(专题变化工作流程)两种方法的用法。

15.1 实例一:图像变化检测

【图像变化工作流程】比较在不同的时间获得的相同地理范围的两幅图像(通常来自 Landsat 或 QuickBird 等图像),确定它们之间的差异。可以在指定的输入波段或在特征指数上计算差异,并且根据需要可选择利用阈值探测差异,还可以执行图像变换以提取与变化相关的特征。

以下实例使用【图像变化工作流程】完成两幅影像的变化分析,这两幅影像是 2004 年 12 月 26 日在印度尼西亚地区发生海啸前后拍摄的。第一幅拍摄于海啸发生前的 2004 年 4 月,第二幅是在 2005 年 1 月拍摄的。

如图 15.1 所示,第一幅影像是 tsunami_before.dat,第二幅影像是 tsunami_after.dat。在这个界面上,当在工具栏中拖动这个透明的滑块时,可以看到两幅影像之间最大的不同点是大量区域的植被因为海啸而被冲走。

 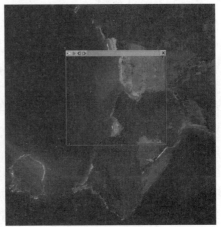

(a)海啸发生前　　　　　　　　　　　(b)海啸发生后

图 15.1　海啸发生前后

15.1.1 选择影像变化的数据文件

具体操作步骤如下:

（1）启动 ENVI。

（2）在【工具箱】中选择【Change Detection】→【Image Change Workflow】（变化检测→图像变化工作流程），打开【选择文件】对话框。

（3）单击【Time 1 File】（第一时相文件）旁的【浏览】，【Select Time 1 Input File】（选择第一时相输入文件）界面出现。

（4）单击【打开文件】📄，选择 tsunami_before. dat 并打开。

（5）单击【Time 2 File】（第二时相文件）旁的【浏览】，【Select Time 2 Input File】（选择第二时相输入文件）界面出现。

（6）单击【打开文件】📄，选择 tsunami_after. dat 并打开。

（7）在【Image Change】（影像变化）对话框中单击【下一步】，影像配准界面出现。

（8）由于两幅影像已经进行过配准，保留【Skip Image Registration】（跳过图像配准）的默认设置。

（9）单击【下一步】，【Change Method Choice】（变化方法选择）对话框出现。

（10）保持默认选项为【Image Difference】（图像差异），单击【下一步】，【图像差异】对话框出现。

15.1.2 图像差异分析设置

在【图像差异】对话框中，设置要分析图像差异使用的参数，在此实例中，将执行基于波段或特征指数的图像差异分析。功能指数可以来检测某些改变的特征，如植被、水、市区或发生火灾的地区。在本实例中使用的是 QuickBird 数据，可计算获得归一化植被指数（NDVI）和归一化水体指数（NDWI），而归一化建筑指数（Built-up Index）和燃烧指数（Burn Index）只能通过有短波红外波段的影像获得，如 Landsat 数据。具体操作步骤如下：

（1）在【图像差异】对话框中，【Difference of Input Band】（输入波段的差异）的选择和"Band 1"（波段 1）是默认值。

（2）在工具栏中【Go To】（转到）字段中，输入"746319. 499，585303. 471"，按回车键，显示影像的中心区，或者利用【漫游】工具拖动图像显示影像中心区。

（3）启用【预览】复选框，【预览窗口】出现，在【预览窗口】中，在选定波段的数据值下降的地区显示红色，上升的区域显示为蓝色，如图 15.2 所示。

（4）在【预览窗口】仍然打开的情况下，启用【Difference of Feature Index】（特征指数差异）并保持【Vegetation Index (NDVI)】（植被指数（NDVI））作为所选特征指数，如图 15.3 所示。

（5）单击【下一步】，开始差异分析。

（6）当完成图像差异分析处理时，差异图像显示在图像窗口中，【Thresholding or Export】（阈值或输出）对话框出现。

（7）在【Apply Thresholding】（应用阈值）中保持默认设置，此选项帮助该算法确定哪些区域有大的变化。如果选择【Export Image Difference Only】（仅导出图像差异），将不能选择其他的处理参数，只能输出差异图像。

（8）单击【下一步】，【Change Thresholding】（改变阈值）对话框出现。

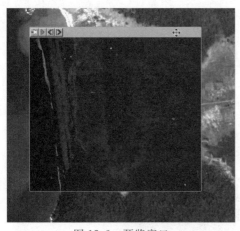

图 15.2　预览窗口

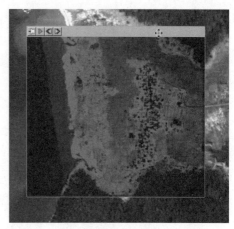
图 15.3　特征指数差异

15.1.3　改变阈值

在改变阈值步骤中,可指定想要在两个图像之间显示的变化,可以使用预先设定的自动阈值分割技术,也可以手动调整阈值。具体操作步骤如下:

(1)在【Auto-Thresholding】(自动阈值)选项卡中,保留默认选择的【Increase and Decrease】(增加和减少),此选项显示面积的增加(蓝色)和减少(红色)。如果只对海啸造成植被减少的地区感兴趣,选择【Decrease Only】(仅减少)。

(2)在【Select Auto-Thresholding Method】(选择自动阈值处理方法)的下拉列表中,可每次尝试选择一个选项,然后检查【预览窗口】中的结果。自动阈值的选择是:

——Otsu's,基于直方图形状的方法。它基于鉴别分析,并使用直方图的零阶和一阶为直方图累积计算阈值水平值的矩。

——Tsai's,基于矩的方法。它决定阈值大小,因此在输出图像时保存输入图像的前三个矩。

——Kapur's,一种基于信息熵的方法。它将阈值图像视为两类事件,每个类的特征由概率密度函数来描述。该方法使两个概率密度函数熵的和最大,收敛于单个阈值。

——Kittler's,一种基于直方图形状的方法。它的工作原理是将直方图近似为一个双峰的高斯分布,并发现一个临界点,代价函数基于贝叶斯分类规则。

(3)在本实例中,我们将使用默认的 Otsu's 阈值分割方法。下面是一个使用 Otsu's 法选择【预览窗口】的实例,如图 15.4 所示。

(4)也可以尝试手动调整阈值设置,要执行此操作选择【Manual】(手动)选项卡。

(5)使用滑动条来调整【Increase Threshold】(增加阈值)和【Decrease Threshold】(减少阈值)的设置,然后在预览窗口中查看所做的更改。

(6)当完成手动调整之后,单击【Reset】(重置)按钮,返回到默认设置。

(7)单击【下一步】,差异图像将根据阈值分为【Big Increase】(剧增)、【Big Decrease】(剧减)和【Other】(其他),【Cleanup】(清理)对话框出现。

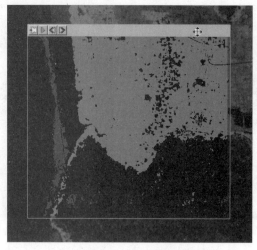

图 15.4　Otsu's 法预览窗口

15.1.4　图像变化结果清理

清理步骤将改善提取结果,可以在应用设置之前预览改善的结果。具体操作步骤如下:

(1)保持默认选择的两种清理方法:

——【Enable Smoothing】(启动平滑)删除噪声。

——【Enable Aggregation】(启用聚合)删除小区域。

(2)为清理方法输入值:

——指定【Smooth Kernel Size】(平滑算子大小)使用奇数(例如 3,即 3×3 的像元大小),正方形的算子中心像素将被替换为算子内的数量占优的类值,这个值保存为 5。

——指定像素内的【Aggregate Minimum Size】(聚合最小尺寸),比该值或更小尺寸的区域将被聚合到邻近的较大的区域,这个值保存为 100。

(3)预览处理前的清理结果,如图 15.5 所示。

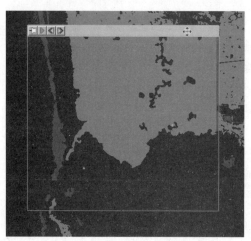

图 15.5　预览清理结果

(4)如果需要的话,可以更改清理设置并再一次预览结果。

(5)单击【下一步】,【Export】(导出)对话框出现。

15.1.5　图像变化结果输出

在这个工作模块的最后一步,将把分析结果保存输出。要导出结果,在【导出】对话框中设置如下:

(1)在【Export Files】(导出文件)选项卡,启动输出对应的复选框。

——【Export Change Class Image】(导出变化类别图像),将阈值结果保存为栅格文件。

——【Export Change Class Vectors】(导出变化类别向量),将利用阈值创建的矢量文件保存为 shp 格式的文件。

(2)使用默认的路径和文件名,也可以通过单击【浏览】选择其他路径及文件名。

(3)在【Additional Export】(其他导出)选项卡中,启动其余输出对应的复选框。

——【Export Change Class Statistics】(导出变化类别统计信息),保存阈值图像的统计文件。

——【Export Difference Image】(导出差异图像),将差异图像保存为栅格文件。

(4)使用默认的路径和文件名,也可以通过单击【浏览】选择其他路径及文件名。

(5)单击【完成】,ENVI 将创建输出,在图像窗口中打开图层并将文件保存到指定的目录。

15.2　实例二:专题变化检测

【专题变化工作流程】用于识别在不同时间拍摄的同一场景的两幅分类图像之间的差异,结果图像将会显示类别转移情况,例如从 1 类到 2 类。专题变化检测可用于分析土地利用、土地覆盖变化、森林砍伐、城市化、农业扩张、水体变化等。以下内容将介绍如何使用【专题变化工作流程】。实例使用的数据是来源于土地覆盖分析的分类影像,数据是使用 30 m 分辨率的 Landsat TM 和 Landsat ETM＋得到的分类结果。

15.2.1　选择专题变化的数据文件

(1)启动 ENVI。

(2)在【工具箱】中,双击【变化检测】→【专题变化工作流程】,弹出【Thematic Change】(专题变化)对话框中的【选择文件】对话框。

(3)单击【Time 1 classification image file】(第一时相分类影像文件)字段旁边的【浏览】,弹出【Select Time 1 Classification Image File】(选择第一时相分类影像)对话框。

(4)单击【打开文件】📂,选择 pre-katrina05.dat 并打开。

(5)单击【Time 2 classification image file】(第二时相分类影像文件)字段旁边的【浏览】,弹出【Select Time 2 Classification Image File】(选择第二时相分类影像)对话框。

(6)单击【打开文件】📂,选择 post_katrina06.dat 并打开。

(7)单击【下一步】,两幅图像将会出现在显示窗口中,将显示【专题变化】对话框。

15.2.2　应用专题变化分析

(1)因为两个输入的分类影像有相同数量的分类类别,所以使用相同的类名,选中【专题变化】对话框中【Only Include Areas That Have Changed】(仅包含变化区域)复选框,默认情况下已启用,保持默认设置。如果在检测过程中这些类别没有差异,则专题变化分析将把这些类别归为一类名字为"no change"(无变化)。输出的新的分类影像仅仅包含变化的区域。当取消选中此选项时,输出结果将包括所有类别的转换信息。

(2)在【转到】字段中,输入"594865.735,761937.370",视图中心会定位在该区域。

(3)单击光标值按钮💡,打开光标值窗口,在影像窗口中移动光标,光标值窗口提供了有关两个输入图层和光标定位位置的类别信息。在图 15.6(a)中,Katrina 飓风前后的数据图层中光标对应的像素值显示属于同一类 Estuarine Emergent Wetland（河口自然湿地），这是一个类别没有变化的区域。

（4）将光标移动到不同的位置，例如靠近湖泊的蓝色区域，如图 15.6（b）所示，光标值显示在 Katrina 飓风前影像中是属于河口自然湿地类别的一个像元，而在 Katrina 飓风后的影像中属于不同类别，属于 Water（水体）。

（a）Katrina飓风前影像光标值   （b）Katrina飓风后影像光标值

图 15.6　Katrina 飓风前后影像不同的光标值

（5）启用【预览】复选框，出现【预览窗口】对话框。在【预览窗口】内移动光标，光标值窗口不仅更新着 Katrina 飓风前后两幅影像的像元信息，它还提供了有关光标像元的分析信息。在下面的实例中（图 15.7），它显示了像元已经发生从河口自然湿地到水体的变化。

图 15.7　预览窗口中显示的变化

（6）在开始下一步之前，尝试禁用【仅包含变化区域】复选框，可以看到结果既包含已经发生变化的区域，也包含未变化的区域（例如：from 'water' to 'water'（从"水体"到"水体"））。

（7）再次启用【仅包含变化区域】复选框。

(8)单击【下一步】,专题变化检测开始处理。当这个过程完成时,结果图像会出现在显示窗口中,【清理】对话框出现。

15.2.3　专题变化结果清理

清理工作可以改善结果,在应用这个设置之前,可以预览改善后的效果。清理选项是:

——【启用平滑】,可以删除椒盐噪声。

——【启用聚合】,可以删除的区域。

(1)使用专题变化清理的默认设置,默认选项是【启用平滑】,其中平方内核的中心像元值被多数类的值代替,保留默认值设置为"3"。

(2)在【预览窗口】中查看清理结果,如图15.8所示。

图 15.8　预处理结果

(3)如果需要,可以更改清理设置并再次预览结果,随后单击【下一步】,【导出】对话框出现。

15.2.4　专题变化结果输出

(1)在【导出】对话框的【输出文件】选项卡中,可以选择想要输出的类型进行输出,以下选择都是可行的:

——【Export Thematic Change Image】(导出专题变化影像),保存分类结果为一个栅格文件。

——【Export Thematic Change Vectors】(导出专题变化向量),将分类过程中创建的矢量保存到一个 shp 文件中。

(2)使用默认路径和文件名,也可以通过单击【浏览】选择其他路径及文件名。

(3)要保存专题变化的统计信息,可以选择【Export Statistic】(导出统计信息)选项卡中【Export Thematic Change Statistics】(导出专题变化统计信息)复选框。

(4)使用默认的路径和文件名,也可以通过单击【浏览】选择其他路径及文件名。

(5)单击【完成】,ENVI 输出结果并将其自动加载在影像窗口中。

(6)定位到统计信息文件,并在电子表格应用程序(如 Microsoft Excel)中打开它。输出的统计表中通过筛选后,得到如图 15.9 所示图表。从下面的统计数据可以看出,最重要的变化是改变为水体的类。

CLASS_T1	CLASS_T2	AREA	PERCENT
Low Intensity Developed	Water	88200	0.000325
Grassland	Water	41400	0.000153
Scrub/Shrub	Water	43200	0.000159
Palustrine Forested Wetland	Water	900	0.000003
Palustrine Scrub/Shrub Wetlar	Water	946800	0.00349
Palustrine Emergent Wetland	Water	51484500	0.18977
Estuarine Scrub/Shrub Wetlanc	Water	33300	0.000123
Estuarine Emergent Wetland	Water	174990600	0.645009
Unconsolidated Shore	Water	18261000	0.067309
Bare Land	Water	5406300	0.019927
Palustrine Aquatic Bed	Water	465300	0.001715
Estuarine Aquatic Bed	Water	10949400	0.040359
Low Intensity Developed	Unconsolidated Shore	12600	0.000046
Palustrine Emergent Wetland	Unconsolidated Shore	45000	0.000166
Estuarine Emergent Wetland	Unconsolidated Shore	19800	0.000073
Bare Land	Unconsolidated Shore	67500	0.000249
Water	Unconsolidated Shore	2668500	0.009836
Estuarine Aquatic Bed	Unconsolidated Shore	392400	0.001446
Grassland	Scrub/Shrub	213300	0.000786
Evergreen Forest	Scrub/Shrub	3135600	0.011558
Palustrine Forested Wetland	Scrub/Shrub	32400	0.000119
Palustrine Emergent Wetland	Scrub/Shrub	900	0.000003
Cultivated	Pasture/Hay	95400	0.000352
Evergreen Forest	Pasture/Hay	3600	0.000013
Scrub/Shrub	Pasture/Hay	21600	0.00008
Palustrine Forested Wetland	Palustrine Scrub/Shrub Wetlar	237600	0.000876
Palustrine Emergent Wetland	Palustrine Scrub/Shrub Wetlar	406800	0.001499

pre_katrina05_change_stats

图 15.9　统计信息文件截图

第16章 异常检测

本章将使用【Anomaly Detection Workflow】(异常检测工作流程)来检测图层之间的光谱或颜色差异,并提取与图像背景光谱不同的未知目标。当异常目标相对于背景足够小时,异常检测是很有效的。

16.1 打开文件

打开文件的操作步骤如下:

(1)打开 ENVI。

(2)从【工具箱】中选择【Anomaly Detection】→【Anomaly Detection Workflow】(异常检测→异常检测工作流程),出现【异常检测】对话框。

(3)单击【浏览】,出现【选择文件】对话框,提示输入【Anomaly Detection Input File】(异常检测文件输入)。

(4)单击对话框下方的【打开文件】图标,【打开】对话框出现。

(5)选择实例数据 Anomaly_Detection_data.dat,然后单击【打开】按钮。

(6)在【选择文件】对话框中单击【确定】。

(7)然后在【异常检测】对话框中单击【下一步】,将显示设置参数的【异常检测】对话框,图像也将显示在窗口中,如图 16.1 所示,我们是要检测出图像中圆形圈中的感兴趣目标。

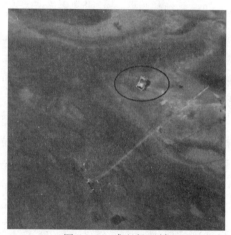

图 16.1　感兴趣区域

16.2 异常检测

异常检测的操作步骤如下:

(1)在【异常检测】对话框中,【Anomaly Detection Method】(异常检测方法)使用默认的"RXD"设置。

(2)【Mean Calculation Method】(均值计算方法)将默认的"全局"改为"局部",这种方法的均值来自于局部的内核周围的像素。

(3)选中【预览】复选框,预览窗口出现。移动预览窗口时,在原始图像显示为白色的区域被识别为异常。当前设置突出显示窗口右上角的异常,但预览窗口中有很多可见的噪声,如图 16.2 所示。

(4)在【异常检测】对话框中保持预览窗口打开,将【异常检测方法】设置更改为"UTD",

UTD 和 RXD 作用相同，但是它与 RXD 不一样，它不使用来自数据的样本向量，而使用单位向量。UTD 将背景信号提取为异常，图像背景提取效果较好，更改参数后再检查预览窗口中的结果，效果如图 16.3 所示。

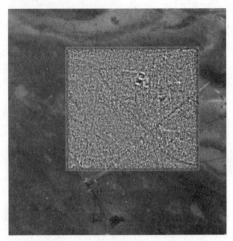

图 16.2　预览图像　　　　　　　　　图 16.3　UTD 检测效果窗口结果

（5）保持预览窗口状态，再次变换【异常检测方法】，将其设置为"RXD-UTD"，它结合了上述两种方法，使用 RXD-UTD 的最佳条件是异常目标的能量水平与背景的相当或更小。在这些情况下，使用 UTD 本身不会检测到异常，但是使用 RXD-UTD 可以达到增强的效果，如图 16.4 所示。

（6）检测方法保持 RXD-UTD 不变，但【均值计算方法】更改为"全局"。通过这样设置，平均光谱值将基于整幅数据集得到，检查预览窗口中的结果，如图 16.5 所示。

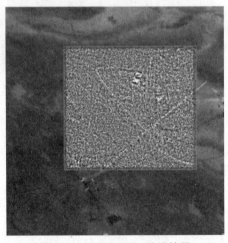
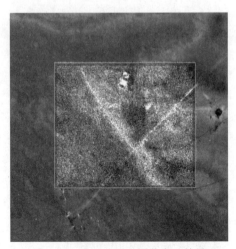

图 16.4　RXD-UTD 增强效果　　　　　图 16.5　RXD-UTD 预览窗口结果

（7）最后，【异常检测方法】更改为"RXD"，并从下拉列表中将【均值计算方法】更改为"全局"。检查预览窗口中的结果如图 16.6 所示。

（8）应用以上设置后，通过预览可以发现更加突出显示异常区域。

（9）单击【下一步】转到【Anomaly Thresholding】（异常阈值）对话框。

(10)在【Anomaly Detection Threshold】(异常检测阈值)字段中输入"0.15",然后按回车键。

(11)在预览窗口中查看结果,如图 16.7 所示。

图 16.6　RXD 预览窗口结果

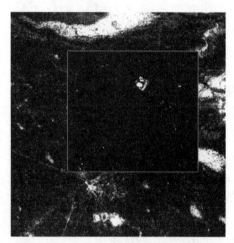

图 16.7　异常阈值设置后结果

(12)单击【下一步】转到【Export】(导出)对话框,应用以下步骤保存异常检测输出的结果。

16.3　导出异常检测结果

(1)在【导出】对话框【Export Files】(导出文件)选项卡中,保留导出的默认设置,【Export Anomaly Detection Image】(导出异常检测图像)将会把阈值结果保存为 ENVI 栅格文件,【Export Anomaly Detection Vectors】(导出异常检测向量)将创建的向量保存为 shp 文件。

(2)在【Output Filename】(输出文件名)字段处设置输出文件的路径和文件名。

(3)在【Additional Export】(其他导出)选项卡中,选中【其他导出】复选框,选中【Export Anomaly Detection Statistics】(导出异常检测统计信息)将会保存图像的统计信息,输出面积单位为平方米,选中【Export Unthresholded Anomaly Detection Image】(导出不用阈值得到的异常检测图像)将检测结果保存为 ENVI 栅格图像。

(4)在【输出文件名】字段处设置输出文件的目录和文件名。

(5)单击【完成】,ENVI 创建输出,将文件保存到指定的文件路径并自动在窗口加载结果。

(6)最后将原始图像与异常检测图像进行比较。首先,在【图层管理器】中,右键单击得到的矢量图层,然后选择【Remove】(移除)。

(7)在菜单【显示】下选择 📰【Portal】(门户)预览窗口,将其移动到图像窗口右上方出现异常的区域。

(8)调整【Transparency】(透明度),在预览窗口中可以浏览并可以比较这两幅图像(图 16.8)。

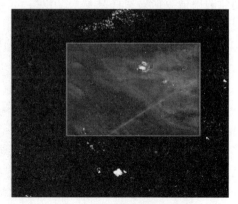

图 16.8　调整透明度后的图像

第17章 时态分析

本章介绍如何使用 ENVI 时态分析工具(该工具需 ENVI 5.2 版本或更高版本)实现时态分析及动画视频导出,利用 9 景 1975 年至 2014 年每年 5 月的陆地卫星数据构建一个美国内华达州拉斯维加斯的时间序列。此工具同样包含代码示例,演示如何使用 ENVI 应用程序编程接口(application programming interface,API)在批处理模式下执行这些任务。

图 17.1 拉斯维加斯变化检测结果

陆地卫星影像来自美国地质调查局,其预处理过程包括空间裁剪到同一空间范围,辐射校正获取大气顶端反射率,使用 QUAC 大气校正,所有影像数据重采样同一空间分辨率及重投影到同一地理坐标。陆地卫星常常被用于研究城市空间扩张的研究。

图 17.1 显示了从 1980 年至 2014 年的人为影响差异。利用 SPEAR 变化检测工具从 1980 年的 Landsat TM 图像和 2014 年的 Landsat-8 的影像获取归一化建筑物指数,可以用于检测城市的整体发展,其红色区域为自 1980 年至 2014 年城市的往外扩展区域(箭头所指区域)。变化检测只能提供变化之前和之后的情景,时态分析可以研究随着时间推移城市发展模式及城市的关键变化。

17.1 构建时间序列

采用时态分析工具将构建一个栅格数据集,此栅格数据集主要应用于时空分析。此工具创建的栅格数据集文件只是一个以". series"为文件扩展名的元数据文件,该文件不包含任何图像,它只是引用原数据的文件位置。

如果与 ENVI 头文件关联的栅格影像文件包含获取时间元数据字段,可以根据时间对影像序列文件进行排序。

(1)启动 ENVI。

(2)从主菜单中,选择【File】→【Preferences】(文件→首选项)。

(3)单击【Data Manager】→【Auto Display Method for Multispectral Files】(数据管理器→多光谱文件的自动显示方式)旁边的下拉框,选择"CIR"(假彩色),影像打开后将自动以假彩色显示,如图 17.2 所示。

(4)单击【确定】,完成参数设置。

(5)从主菜单中,选择【File】→【New】→【Build Raster Series】(文件→新建→建立栅格序

列），弹出【Select Rasters for the Raster Series】（栅格序列选择栅格文件）对话框。

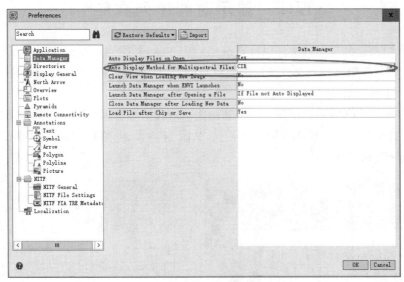

图 17.2　【首选项】设置界面

　　(6)单击【Add Raster】→【Add By Filename】（添加栅格→根据文件名字添加文件名），按照时间顺序添加 LasVegasMay1975. dat 到 LasVegasMay2014. dat 共 9 个 TM 影像文件，选中【Order By Time】（根据时间排序），该选项将会根据序列数据元数据中获取时间将栅格影像排序。单击【Output Filename】（输出文件名字）字段后面的【浏览】选项卡，选择输出文件路径以及名称，实例中以 LasVegas 命名输出文件，软件将为文件自动加上后缀". series"，如图 17.3 所示。

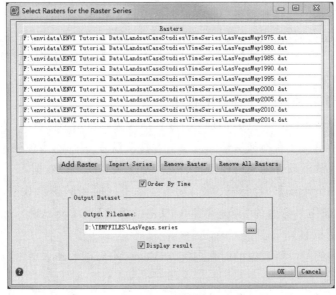

图 17.3　【栅格序列选择栅格文件】对话框

　　(7)选中【Display Result】（显示结果），单击【确定】完成设置并输出文件。

17.2 显示时间序列文件

ENVI 成功创建时态序列文件以后,【Series Manager】(序列管理器)将在 ENVI 界面的左侧列表中显示,这些栅格影像文件显示时间最早的为第一幅影像(LasVegasMay1975.dat),该显示组件的功能描述如图 17.4 所示。

ENVI 中每一个时间序列都是一个单独的图层,在【图层管理器】显示,数据图层旁边的数字符号(1/9)表示显示了 9 幅图像中的第一幅,如图 17.5 所示,在【序列管理器】图层旁边也有类似的数字符号。

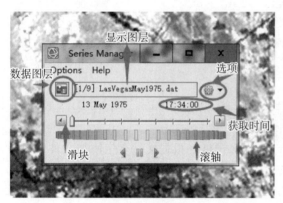
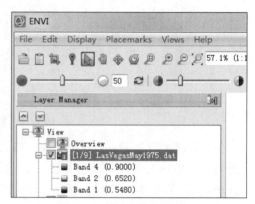

图 17.4 【序列管理器】功能界面   图 17.5 【图层管理器】界面

任何显示操作,如缩放、旋转或拉伸都将适用于整个时间序列图像,而不是仅仅适用于某幅具体影像。【序列管理器】列出了当前显示的影像图层,例如当前显示 LasVegasMay1975.dat,随着时间轴的滚动,显示的影像数据图层也在不断的变化更新中。

按照以下步骤运行时态分析工具:

(1)在时间序列图层右击选择【Zoom to Layer Extent】(缩放到图层范围),或者单击工具栏上的 图标实现全局影像显示。

(2)在【Stretch】(拉伸)菜单下选择"Linear1%"(1%线性拉伸)。

(3)在对话框中单击【Forward】(向前) 或者拖拽滚轴显示影像数据。

(4)在对话框中单击或者拖拽滑动针从一个点移动到另一个点,方便快速查看每幅影像的获取时间及名称,释放滑动针的同时视窗将会显示对应关联的影像数据。

(5)单击【Play forward】(向前播放) ,动态显示不同时期的影像数据,动态显示数据的时候可以通过选择此工具旁边的下拉框(当单击【向前播放】后才会出现),选择序列影像之间的显示间隔,单位是 s(秒)。

(6)当显示影像到某一幅数据的时候,如 LasVegasMay2014.dat,单击【Pause】(暂停) ,可以停止动画显示。

(7)单击【Option】(选项)下拉工具按钮 ,选择【Load Current Raster】(加载当前栅格),在【图层管理器】和【数据管理器】中将会单独显示当前影像数据,在此情况下可以将该幅影像从序列影像单独分离出来进行处理,如图 17.6 所示。

（8）在【图层管理器】中右击图层 LasVegasMay2014.dat，选择【Remove】（移除），移除图层显示。

17.2.1 多图层显示

在以下步骤中，查看另一个从 1975 年至 2014 年时间序列的拉斯维加斯图像，并链接刚才的序列。即将查看的这些图像代表一个使用 ENVI 光谱指数工具创建的优化土壤调节植被指数。优化土壤调节植被指数对大于 50％ 的植

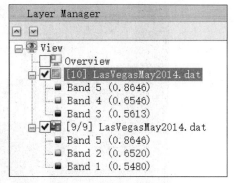

图 17.6 【图层管理器】界面

被覆盖特别敏感，最适合通过冠层可以看见土壤的植被相对稀疏的地区。影像文件被创建成功后，其对应的影像获取时间元数据会自动添加在 ENVI 头文件中。

（1）从 ENVI 主菜单中，单击【Views】→【Two Vertical Views】（视图→两个垂直视图）。

（2）单击左侧列表中新加的视图，边框显示浅蓝色时，表示其处于激活状态；或者鼠标单击新添加的空白显示窗口，激活新的显示窗口，如图 17.7 所示。

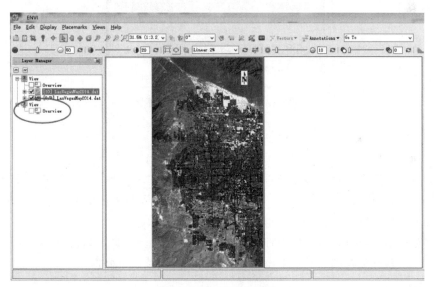

图 17.7 打开两个视图

（3）从 ENVI 主菜单中，单击【文件】→【打开】，打开文件 OSAVI.series。

（4）分别右击两个图层选择【缩放到图层范围】，可以看到两幅影像很相似，如图 17.8 所示。

（5）在【序列管理器】对话框菜单中选择【Option】→【Show All Sliders】（选项→显示所有滑块），弹出一个对话框，其中包括了两个显示窗口中的数据文件，均可以单独运行，见图 17.9。

（6）单击【序列管理器】中任意一个序列的【选项】下拉工具按钮 ⚙ ▾，例如上面一个序列的右侧选项按钮，选择【Link to】→【OSAVILasVegasMay1975.dat】（链接到→OSAVILasVegasMay1975.dat），可以对两个文件进行关联显示。

图 17.8　在两个视窗中分别打开影像

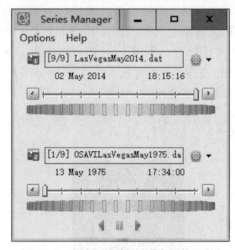

图 17.9　包含两个序列的【序列管理器】

（7）查看关联影像数据，在【序列管理器】中拖动滑动针来逐步浏览时间序列影像，因为两幅图像是按时间链接的，所以同一日期的 TM 图像会与对应的优化土壤调节植被指数图像同时显示，也可以单击【向前播放】 ▶，动态显示两幅序列影像。

（8）浏览完毕后，可以在【图层管理器】中右击含有优化土壤调节植被指数图像的视图选择【Remove View】（移除视图），只留 Landsat 图像的视图继续以下操作。

17.2.2　添加标注

如果每幅影像包含了其对应的影像获取时间，可以通过标注工具在影像显示窗口中展示。在创建文本标注以前，为了显示更美观，进行以下参数的设置。

（1）从 ENVI 主菜单中，单击【文件】→【首选项】。

（2）单击【Annotations】（标注）下的"Text"（文本），修改文本显示参数。

（3）文本标注具体参数设置如下：

——Color（颜色），白色。

——Font（字体），Arial Narrow。

——Font Style（字体类型），Bold。

——Font Size（字体大小），24。

——Fill Background(填充背景)，No。

(4)单击【确定】，完成文本参数设置，如图 17.10 所示。

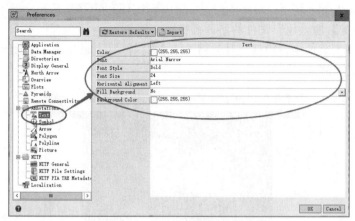

图 17.10　文本参数设置界面

(5)右击【图层管理器】中的影像文件，选择【缩放到图层范围】。

(6)在【序列管理器】对话框中单击【选项】下拉菜单，然后选择【Annotate】→【Date and Time】(标注→日期和时间)，在显示视图中将会自动添加影像数据及获取时间。

(7)在显示窗口中拖拽此时间标注到影像显示适当位置，如影像上方正中位置，如图 17.11 所示。

图 17.11　时间标注

(8)单击【动画播放】按钮 ▶，可以看到随着影像的动态变化，时间序列数据及对应获取时间也在不断地更新变化。

(9)右击【图层管理器】中【Series Metadata】(序列元数据)图层，选择【另存为】，选择输出文件标注的保存路径以及文件名称，单击【确定】，完成保持标注文件的操作。

17.2.3　创建视频文件

(1)单击【选项】下拉菜单，选择【Save Video Animation】(保存视频动画)，弹出【Save Video】(保存视频)对话框，如图 17.12 所示。

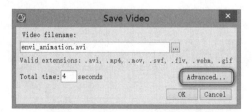

图 17.12　【保存视频】对话框

（2）单击【Advanced】（高级）按钮，在【Select Format】（选择格式）列表中选择 MP4（MPEG-4 Part 14）。

（3）在【Select Codec】（选择编解码器）列表中选择"Default"（默认）。

（4）单击【浏览】，输入保存文件的路径及视频文件名。

（5）从 ENVI 主菜单中，选择【文件】→【打开】，打开 envi_animation. MP4，查看保存的视频文件，如图 17.13 所示。

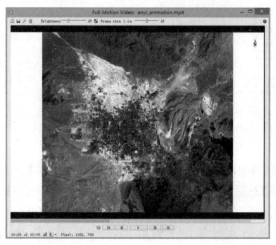

图 17.13　查看保存的视频文件

17.3　ENVI API 代码

该程序用于陆地卫星图像预处理，为时间序列分析做准备，可以根据自己的需要修改该脚本，例如在 File_Search 行更改文件名中的磁盘名和目录。

```
PRO PreprocessLandsatSeries
COMPILE_OPT IDL2
; Start the application
e = ENVI()
; Select input files. Select the * MTL. txt files for,选择
; Landsat TM, - 8, and some MSS images distributed
;by the USGS. For Landsat MSS images in . met format,
; change this line to search for '*. met' files.
files = File_Search('C:\Data', '* MTL. txt')
Foreach file, files DO BEGIN
    Raster = e. OpenRaster(file)
    VisNIRBands = Raster[0]
    ; This is the area of interest:
    UpperLeftLat = 36. 4
    UpperLeftLon = - 115. 4
    LowerRightLat = 35. 94
```

```
LowerRightLon = - 114.8
; Convert these coordinates from degrees to map
; coordinates in meters. Then define a spatial subset
;around the area of interest for the multispectral raster.
SpatialRef = VisNIRBands.SpatialRef
SpatialRef.ConvertLonLatToMap, UpperLeftLon, $
UpperLeftLat, MapX, MapY
SpatialRef.ConvertLonLatToMap, LowerRightLon, $
LowerRightLat, MapX2, MapY2
Subset = ENVISubsetRaster(VisNIRBands, $
SPATIALREF = SpatialRef, $
SUB_RECT = [MapX, MapY2, MapX2, MapY])
; Calibrate to top-of-atmosphere reflectance
RCTask = ENVITask('RadiometricCalibration')
RCTask.Input_Raster = Subset
RCTask.Calibration_type = 'Top-of-Atmosphere Reflectance'
RCTask.Output_Raster_URI = e.GetTemporaryFilename()
RCTask.Execute
; Perform QUAC atmospheric correction
QUACTask = ENVITask('QUAC')
QUACTask.Input_Raster = RCTask.Output_Raster
QUACTask.Sensor = 'Unknown'
QUACTask.Output_Raster_URI = e.GetTemporaryFilename()
QUACTask.Execute
; Create a spatial grid definition
; Coordinate system: UTM Zone 11N, WGS-84
; Spatial extent: 35.94N to 36.4N, 114.8W to 115.4W
; Pixel size: 30 meters
CoordSys = ENVICoordSys(COORD_SYS_CODE = 32611)
Grid = ENVIGridDefinition(CoordSys, $
EXTENT = [MapX, MapY, MapX2, MapY2], $
PIXEL_SIZE = [30.0D, 30.0D])
; Reproject each raster to the common spatial grid
RegridTask = ENVITask('RegridRaster')
RegridTask.Input_Raster = QUACTask.Output_Raster
RegridTask.Grid_Definition = Grid
RegridTask.Output_Raster_URI = e.GetTemporaryFilename()
RegridTask.Execute
ReprojectedRaster = RegridTask.Output_Raster
; Get the year from the file name. For
; Landsat TM and - 8 filenames, use this format:
```

```
    year = Fix(Strmid(File_BaseName(file), 9, 4))
      ; For Landsat MSS images with a .met metadata file:
    ;year = Fix(Strmid(File_BaseName(file), 10, 4))
      ; Export the reprojected raster to disk in the
      ;system's temporary directory
    outFile = Filepath('LasVegasMay' + StrTrim(year,2) + '.dat',/TMP)
      ReprojectedRaster.Export, outFile, 'ENVI'
      ReprojectedRaster.Close
    Endforeach
END
```

Build and Animate a Time Series

Once the images have been pre-processed and saved to ENVI format (from the first code example), use the following program to build a time series and to animate the series. The ENVI API does not currently support annotations, so this video only shows the images in the time series.

```
PRO BuildAnimateTimeSeries
COMPILE_OPT IDL2
; Start the application
e = ENVI()
; Select input files
Files = File_Search('C:\Data\', 'LasVegasMay * .dat')
; Build a time series
Task = ENVITask('BuildTimeSeries')
Task.Input_Raster_URI = Files
Task.Output_Rasterseries_URI = e.GetTemporaryFilename('series')
Task.Execute
Series = Task.Output_RasterSeries
; Create a time series layer
View = e.GetView()
Layer = View.CreateLayer(Series)
View.Zoom, /FULL_EXTENT
; Animate the series and export a video file
VideoFile = e.GetTemporaryFilename('mp4')
View.ChipToVideo, VideoFile, 'mp4', $
  SERIES_LAYER = Layer, DURATION = 18.0
```

第18章 分类方法

本章主要介绍如何使用非监督分类和监督分类方法对美国科罗拉多州卡农市的 Landsat TM 遥感数据进行分类,然后对这两种分类结果进行检查和后期分类处理,并对聚类、筛分、合并类和精度评估等模块进行说明。

18.1 打开图像

打开图像的操作步骤如下:

(1)从 ENVI 主菜单中,选择【文件】→【打开】。

(2)选择 can_tmr.img,然后单击【打开】,图像会出现在【图层管理器】中,默认的组合是 321,图像将会显示在主窗口中。

(3)在【图层管理器】中右击该图像选择【Remove】(移除),在工具栏中单击【数据管理器】,会出现【数据管理器】的窗口。

(4)通过单击波段名称,从该对话框顶部的波段列表中依次选择 Band 4、Band 3、Band 2,波段的名称将自动输入到【Band Selection】(波段选择)的红、绿和蓝通道中。

(5)单击【Load Data】(加载数据)加载影像,【图层管理器】中会出现一个新的图层。

(6)查看显示窗口中的影像,在视图中如果拉伸方式是"No Stretch"(不拉伸),则可以在工具栏中选择"Linear 2%"(2%线性拉伸)将图像进行增强显示(一般来说,Linear 2%拉伸方式是默认的)。

图 18.1 显示的影像相当于彩色合成图片,即使是在一个简单的三波段影像中,也可以很容易地看到有一些具有相似的光谱特征的区域。在影像上的亮红色区域,无论是耕地或沿河流两岸,都代表高红外反射率,通常对应健康的植被。一般在稍微崎岖的地形略显暗红色的区域主要对应针叶林。几种不同裸露岩石的地貌类型以及城镇也显而易见。

图 18.1 标准假彩色图像

18.2 使用光标值

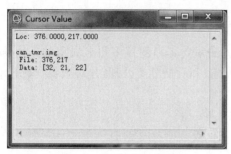

图 18.2 【光标值】对话框

使用 ENVI 的光标值功能可以预览影像的数据值。操作步骤如下：

（1）从 ENVI 主菜单中，选择【Display】→【Cursor Value】（显示→光标值），如图 18.2 所示。

（2）沿着影像周围移动光标，观察对话框中的特定位置的数据值，并注意影像颜色和数据值之间的关系。

（3）单击【光标值】对话框右上角的关闭按钮，关闭该对话框。

18.3 查看光谱剖线和光谱特征空间

使用 ENVI 光谱分析功能可以查看影像的光谱特性。

18.3.1 光谱曲线

（1）从 ENVI 主菜单中，选择【Display】→【Profiles】→【Spectral】（显示→剖线→光谱曲线），开始提取光谱曲线。

（2）在窗口中任意位置单击鼠标左键，检查上面使用【光标值】对话框中预览的影像区域，注意影像的色彩和光谱形状之间的关系。单击选项工具按钮 Options，选择"RGB Bars"（RGB 颜色条），要注意影像波段在光谱曲线的位置，通过红、绿、蓝颜色条进行标记（图 18.3）。

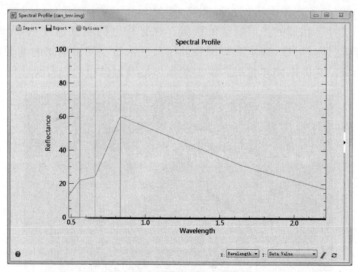

图 18.3 【光谱曲线】对话框

（3）单击【光谱曲线】对话框中右上角的关闭按钮，关闭对话框。

116

18.3.2　光谱特征空间

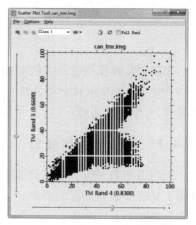

图 18.4　【散点图工具】对话框

（1）单击【Scatter Plot Tool】（散点图）工具图标 ，或者选择【Display】→【2D Scatter Plot】（显示→2D 散点图），打开【散点图工具】对话框，如图 18.4 所示。

（2）要突出显示散点图中的像素分布，将光标移到图像窗口上方时单击并按住鼠标左键。散点图中与光标下图像的值相对应的点将使用当前类颜色在散点图中突出显示。

（3）要在主图像窗口中突出显示像素分布，在散点图上移动光标时按住 Ctrl 键＋鼠标左键，或者单击并按住鼠标左键在散点图中拖动。图像中与光标下的值相对应的像素将使用当前类颜色在图像窗口中高亮显示。

（4）在散点图中，绿色波段是默认的 X 波段，红色波段是默认的 Y 波段。可以选择来自同一图像的不同波段或来自另一图像的波段来创建散点图，步骤如下：

——要从当前图像中选择不同的波段，在【散点图工具】中移动 X 和 Y 滑块条以选择新的波段，或者在具有滑块条的字段（末端）中输入波段序号。

——要从不同的影像中选择波段，请从【散点图工具】菜单中选择【File】→【Select New Band】→【X-Axis】（文件→选择新波段→X 轴），同样的步骤确定【Y-Axis】（Y 轴）。在出现的【选择文件】对话框中，选择新波段，然后单击【确定】。注意：第二幅影像必须与散点图显示的当前图像的空间大小一致。

（5）可以通过在散点图中选择一组或多组突出显示图像窗口中相关像素的点来创建类。散点图类显示在【图层管理器】中"classes"（类别）文件夹下。可以更改类名和颜色，步骤如下：

——单击【Add New Class】（添加新类）按钮 。

——默认情况下，类名被指定为 Class n（类 n），其中数字 n 随着创建的每个新类而递增。若要更改类名（例如，更改为 Water），从下拉列表中选择类名，键入一个新名称，并按回车键接受更改。

——默认情况下，类的颜色是指定的。要更改颜色，单击【Current Class Color】（当前类颜色）按钮 ，打开调色板。可以在标准选项卡中选择 ENVI、System 或预定义的自定义颜色，或者在调色板上选择【常规】选项卡来创建自定义颜色。

（6）清除及删除类的步骤：

——若要清除所选类的散点图和图像窗口，右键单击散点图或图像窗口并选择【Clear Class】（清除类）。要清除所有类的定义，右键单击散点图并选择【Clear All】（清除全部）。所有用于定义类的多边形和感兴趣区域都将被清除，但是之前给类指定的颜色和名称不会更改。

——要删除选中的类及其记录，单击【Delete Class】（删除类）按钮 或者单击右键。要删除所有已定义的类并将散点图工具重置为其原始状态，单击【Delete All Class】（删除所有类）按钮 或者右键单击散点图并选择【删除所有类】。这将删除除 Class 1 之外的所有类，并清除所有类定义。

18.4　非监督分类方法

非监督分类仅用统计方法对数据集中的像元进行分类,它不需要用户定义任何训练分类。ENVI 中可用的非监督分类方法有 K-均值和 ISODATA。分类结果地物类型名称需要根据目视解译、人机交互来确定,这需要分析者有相关的专业基础知识。

18.4.1　应用 K-均值分类

K-均值非监督分类通过计算数据空间上均匀分布的最初类均值,然后用最小距离技术把像元重复地聚集到最近的类中。每次迭代重新计算均值,且用这一新的均值对像元进行再分类。除非指定了标准偏差和距离的阈值,否则所有像元都被归到与其最临近的一类里。在这种情况下,如果一些像素不满足所选择的标准,则可能无法参与分类。这一过程持续到每一类的像元数变化少于选择的像元变化阈值或已经达到最大迭代次数。

(1)从【工具箱】中,选择【Classification】→【Unsupervised Classification】→【K-Means Classification】(分类→非监督分类→K-均值分类)。

(2)选择 can_tmr.img 文件,然后单击【确定】,出现【K-均值分类参数】对话框,如图 18.5 所示。

(3)对话框中【Number of Classes】(分类数量)默认值是 5,该数值需要根据待分类影像目视解译的结果而定,一般该数值比实际类别数量要大。

(4)设置分类计算过程的终止条件:【Change Threshold】(变化阈值)是分类计算的终止条件,变化阈值是 0～100%,默认值是 5%,意义是每一次迭代运算之后每一类别变化的像元数小于阈值时结束迭代过程。【Maximum Iterations】(最大迭代次数)也是迭代运算的终止条件,默认数值是 1,一般可以设置为 10。分类的迭代过程达到阈值或迭代达到最多次数时分类将会结束。

(5)设置参与分类的像元:【Maximum Stdev From Mean】(距离类别均值的标准差)和【Maximum Distance Error】(最大距离误差)文本框的数值是可选参数,用于设置距离类别均值的标准差和所允许的最大距离误差,默认值为空。如果这些可选参数的数值都已经输入,分类计算就会用两者中较小的一个来判定将参与分类的像元。如果两个参数都没有输入,则所有像元都将被分类,一般情况下保持默认设置即可。

(6)结果输出并显示:选中【文件】前的复选框,单击【选择】选择输出路径并输入文件名称,输出文件名称建议为"k-means _can",然后单击【确定】,结果将会输出,也将自动加载到【数据管理器】并显示在视窗中,也可以选择【内存】将结果临时放在内存中。

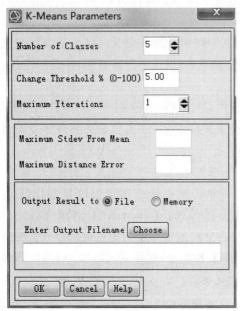

图 18.5　【K-均值分类参数】对话框

(7)非监督分类结果常常需要用到类别合并,方法如下:从【工具箱】中,选择【Classification】→【Post Classification】→【Combine Classes】(分类→分类后处理→合并类别),出现【Combine Classes Input File】(输入合并类别文件)对话框,选择"k-means _can",然后单击【确定】,出现【Combine Classes Parameters】(合并类别参数)对话框,例如要将 Class 4 合并到 Class 5 中,在【Select Input Class】(选择输入类别)栏中选择"Class 4",在【Select Ouput Class】(选择输出类别)栏中选择"Class 5",单击【Add Combination】(添加合并项),然后单击【确定】,将 Class 4 与 Class 5 合并,将【Remove Empty Class】(清除空白分类)选择为【是】。

(8)结果输出:选择输出路径并设置输出文件名为"comk-means _can",然后单击【确定】,影像会自动加载到【数据管理器】。

以下内容是检查分类效果的两种方法:

(1)在【图层管理器】中选中原影像文件 can_tmr.img 及分类结果使其保持在显示状态,关闭其他文件,在 ENVI 工具栏中单击【View Blend】(视图混合)或【View Flicker】(视图闪烁)或【View Swipe】(视图滑动)来检查分类结果。

(2)检查分类效果的另一个方法是,在【图层管理器】中选中原影像文件 can_tmr.img 及分类结果使其保持在显示状态,使分类结果影像在【图层管理器】的位置位于原影像数据之上,可以实现自动叠加,勾选各种类别可以检查分类结果,用这种方法还可以用来给出不同类别的名称。

18.4.2　应用 ISODATA 分类

ISODATA 非监督分类计算数据空间中均匀分布的类均值,然后用最小距离技术将剩余像元重复地聚集到最近的类中。每次迭代重新计算平均值,并相对于新的平均值重新分类像素。重复此过程,直到达到在每个类的变化像素小于所选择的像素变化阈值或最大迭代次数。操作步骤如下:

(1)从【工具箱】中,选择【分类】→【非监督分类】→【IsoData Classification】(IsoData 分类)。

(2)选择 can_tmr.img 文件,单击【确定】,出现【ISODATA 参数】对话框(图 18.6)。

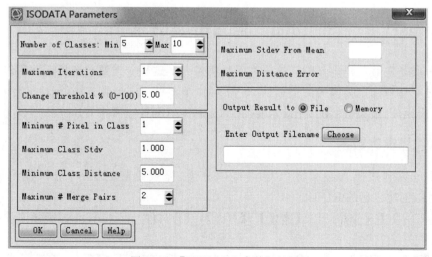

图 18.6　【ISODATA 参数】对话框

（3）【分类数量】是一个范围，因为 ISODATA 算法基于输入阈值参数分割和合并类，计算过程中数量会发生变化，不保持固定。

（4）【最大迭代次数】和【变化阈值】（0～100％）意义与 K-均值方法参数相同，是分类计算过程的终止条件，当任意一个条件满足时，分类计算将结束。

（5）【Minimum # Pixels in Class】（类别中像元的最少数量），默认值为"1"，可以根据具体应用实际分类情况将该值设置得稍微大一点。如果在分类过程中某个类别的像素数量少于该值，那么 ENVI 将删除该类并将类中的像素归到最接近它们的类别中。

（6）【Maximum Class Stdv】（最大的类别标准差）字段中输入类别最大标准差，如果一个类的标准差大于这个阈值，则该类将被分成两个类。

（7）【Minimum Class Distance】（最小类别距离）字段输入两个均值之间的最小距离阈值，如果类均值（分类中心）之间的距离小于输入的最小值，那么两个类别将被合并。

（8）【Maximum # Merge Pairs】（最大的合并对数）字段输入被合并类别对数的最大数量阈值。

（9）【距离类别均值的标准差】和【最大距离误差】参数的设置参照 K-均值方法。对具有不同数目的类别进行试验，改变阈值、标准差、最大距离误差值和类像素特性值，来比较它们的分类效果。分类效果检查的方法参照"应用 K-均值分类"部分。

（10）若需类别合并，步骤参照 18.4.1 小节。选择输出路径并设置输出文件名为"comisodata _can"，然后单击【确定】，影像会自动加载到【数据管理器】。

（11）选择输出路径并输入文件名称，输出文件名称建议为"isodata _can"，然后单击【确定】，分类结果将自动加载到【数据管理器】中。

（12）结果输出：选中【文件】前的复选框，单击【选择】选择输出路径并输入文件名称，输出文件名称建议为"k-isodata_can"，然后单击【确定】，结果将会输出，也将自动加载到【数据管理器】并显示在视图中，也可以选择"内存"将结果临时放在内存中。

ISODATA 法分类过程中类别的数目根据分类设置时的参数在不断发生变化，这是它与K-均值方法的不同。

18.5　监督分类方法

监督分类是按照用户定义的训练分类器收集像元。这种分类要求选择训练区作为分类基础。通过分类计算确定某像元的类别。ENVI 提供了多种不同分类方法，包括平行六面体、最小距离、马氏距离、最大似然法、光谱角制图、二进制编码和神经网络等。

18.5.1　选择训练数据

ENVI 可以利用感兴趣区域（ROIs）提取分类、掩模或其他操作，可以使用预定义的ROIs，也可以创建自己的 ROIs。

（1）从 ENVI 主菜单中，选择【文件】→【打开】，打开文件 can_tmr.img，影像文件将会显示在视图中。

（2）在【图层管理器】中选择 can_tmr. img 文件右键单击，选择【New Region of Interest】（新感兴趣区域），在该图像文件下出现"Region of Interest"（感兴趣区域）文件夹，文件夹下显示 ROI ♯1(第一个感兴趣区域),同时弹出【Region of Interest(ROI)Tool】(感兴趣区域工具)对话框,如图 18.7 所示。

(3)对话框中第一个选项卡是【Geometry】(几何形状),用来确定感兴趣区域的几何形状,默认形状是多边形,可以通过单击选择长方形、圆形、线和点,保持默认设置,将鼠标在影像中要选做训练区的区域周围多处左键单击后,单击右键选择【Complete and Accept Polygon】(完成并接受多边形),第一个感兴趣区域随即生成,可以在对话框中的【ROI Name】(ROI 名称)中修改感兴趣区域的名字,默认名字是 ROI ♯1、ROI ♯2。

(4)在对话框中,单击建立新的感兴趣区域图标后。利用上述步骤生成多个感兴趣区域。

(5)感兴趣区域选择完毕后,在对话框中选择【文件】→【另存为】,弹出【Save ROIs to .XML】(保存感兴趣区域为 XML 文件)对话框,选择你需要保存的感兴趣区域或者选择【Select All Items】(选择所有项目)输出所有感兴趣区域。选择输出路径并命名文件,建议文件名称为"classes. xml",如图 18.8 所示。

图 18.7 【感兴趣区域工具】对话框

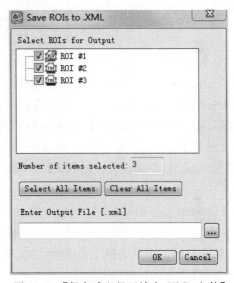

图 18.8 【保存感兴趣区域为.XML 文件】
对话框

(6)从 ENVI 主菜单中,选择【文件】→【退出】关闭所有影像。

18.5.2 应用平行六面体分类

平行六面体分类使用简单的判定规则来分类多光谱数据。判定边界在影像数据空间中形成一个 N 维平行六面体进行分类。平行六面体的维数由每一种所选类别平均值的标准偏差的阈值确定。如果像元值位于 N 个被分类波段的低阈值与高阈值之间,则将它归于这一类;如果像元值落在多个类里,那么 ENVI 将这一像元归到最后一个匹配的类里;没有落在平行六面体的任何一类里的区域被指定为未分类。操作步骤如下:

(1)从主菜单中选择【文件】→【打开】,或者单击工具栏上的【打开】工具打开 classes. xml。

(2)从【工具箱】中,选择【Classification】→【Supervised Classification】→【Parallelepiped

Classification】(分类→监督分类→平行六面体分类),选择 can_tmr.img 文件,然后单击【确定】,出现【Parallelepiped Parameters】(平行六面体分类参数)对话框,如图 18.9 所示。

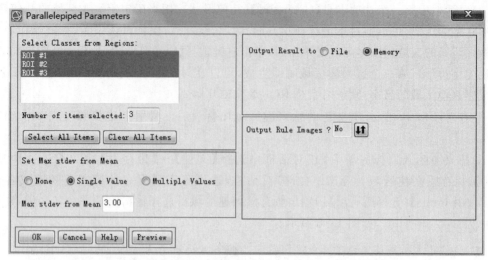

图 18.9 【平行六面体分类参数】对话框

(3)单击【Select All Items】(选择所有项目)按钮,将作为训练数据的感兴趣区全部选中。

(4)利用【Set Max stdev from Mean】(设置距离均值的最大标准差)选择一种阈值选项:如不使用标准差,选【None】(无);要对所有的类别使用同一个阈值,选【Single Value】(单一值),在【Max stdev from Mean】(距离均值的最大标准差)文本框中输入用于限定相对于均值的标准差的大小;如果要为每一类别设置不同的阈值,选【Multiple Values】(多个值),在出现的【Assign Max stdev from Mean】(分配距离均值的最大标准差)对话框中,单击任意一个类别选中它,然后在对话框底部的文本框中输入阈值。为每个类别重复该步骤。

(5)【Output Result to】有两种单选框,可选择"内存"将结果输出并暂时存储在内存中。【Output Rule Images】(输出规则影像)切换按钮默认设置是【是】,可以通过选择"文件"或"内存"输出规则影像。如果选择不输出,单击按钮选择【否】,然后单击【确定】,分类结果将加载到【数据管理器】并显示在视窗中。

(6)分类效果检查的方法参考 18.4.1 小节。

18.5.3 应用最大似然法分类

最大似然法分类假定每个波段每一类统计呈正态分布,并计算给定像元属于某一特定类别的可能性。除非选择一个概率阈值,否则所有像元都将参与分类。每个像元被分配给具有最高概率(即最大似然法)的类中。操作步骤如下:

(1)使用上述步骤为指导,执行最大似然法分类(图 18.10)。

(2)在对话框中,利用【Set Probability Threshold】(设置似然度阈值)选择一种似然度阈值选项:【无】表示不适用似然度;【单一值】表示对所有的类别使用同一个似然度阈值,在【Probability Threshold】(概率阈值)文本框中输入限定似然度阈值大小,低于该值的像素将不会被分到某类别;如果要为每一类别设置不同的阈值,单击【多个值】,在出现的【Assign Probability Threshold】(分配概率阈值)对话框中,单击任意一个类别选中它,然后在对话框底部的文本框中输入阈值。为每个类别重复该步骤。尝试使用默认参数和各种概率阈值。

(3)选择"文件"或者"内存"单选按钮将结果输出。

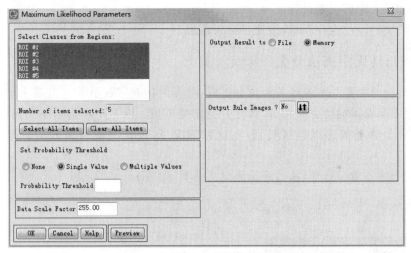

图 18.10 【最大似然法参数】对话框

18.5.4　应用最小距离法分类

最小距离法分类用到每一个感兴趣区均值矢量,计算每一个未知像元到每一类均值矢量的欧几里得距离。除非用户指定标准偏差或距离的阈值,否则所有像元都划分给最接近的感兴趣区类别。不满足所选择标准的像元将成为未分类像元。操作步骤如下:

(1)使用上述步骤为指导,执行最小距离分类,如图 18.11 所示。

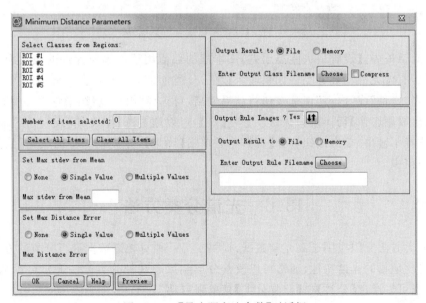

图 18.11 【最小距离法参数】对话框

(2)在对话框中,【设置距离均值的最大标准差】和(设置最大距离误差)文本框的数值用于设置距离类别均值的标准差和(或)所允许的最大距离误差,默认为空。如果这些可选参数的数值都已经输入,分类计算就会用两者中较小的一个来判定参与分类的像元。如果两个参数都没有输入,则所有像元都将被分类,一般情况下保持默认设置即可。尝试使用默认参数、各种标准偏差和最大距离误差进行试验。

(3)选择"文件"或"内存"单选按钮将结果输出。

18.5.5 应用马氏距离法分类

马氏距离法分类是一个灵敏的距离分类器,分类时用到了统计。它与最大似然分类有些类似,但是假定所有类的协方差相等,因此分类速度更快。除非用户指定距离阈值,否则所有像元都被归到最临近的感兴趣区类别,在这种情况下,像元将成为未分类像元。操作步骤如下:

(1)使用上述步骤为指导,执行马氏距离法分类,如图 18.12 所示。

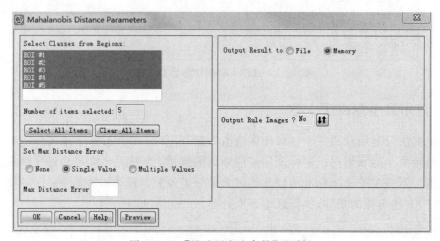

图 18.12 【马氏距离法参数】对话框

(2)在对话框中,【设置最大距离误差】文本框的数值用于设置所允许的最大距离误差,默认为空,即所有像元都将被分类。如果输入数值,分类计算就会判定参与分类的像元。

(3)选择"文件"或"内存"单选按钮将结果输出,可选择"内存"将结果输出并暂时存储在内存中。【输出规则影像】切换按钮默认设置是【是】,可以通过选择"文件"或"内存"输出规则影像。如果选择不输出,单击按钮选择【否】,然后单击【确定】,分类结果将加载到【数据管理器】并显示在视窗中。

18.6 光谱分类方法

光谱分类方法专门应用于高光谱数据,提供了另一种对光谱数据进行分类的方法,它可以很容易地对比地物的光谱特性,通常可以改善分类结果。这种分类方法通常可以从端元对话框中启动,也可以通过【分类】→【监督分类】菜单来启动。

18.6.1 采集端元光谱

端元收集平行六面体对话框是从 ASCII 文件、ROIs、光谱库和统计文件中对监督分类收

Name

CONTINUE

集光谱的标准化手段。操作步骤如下：

（1）从【工具箱】中，选择【分类】→【Endmember Collection】（端元收集），出现分类文件输入对话框。

（2）单击 can_tmr.img 文件，然后单击【确定】。

（3）出现【Endmember Collection：Parallel】（端元收集：平行）对话框，默认选中的分类方法是平行六面体法，所以对话框出现时 Endmember Collection 后面是"Parallel"。对话框中【Algorithm】（算法）菜单列出了可用的分类和制图方法。在下面的实例将使用此对话框中的分类方法（图 18.13）。

图 18.13　【端元收集】对话框

18.6.2　应用二进制编码分类

二进制编码分类技术将数据和端元波谱编码为 0 和 1（由波段值是低于还是高于波谱平均值确定）。"异或"逻辑函数用于对每一种编码的参照波谱和数据波谱进行比较，生成一幅分类影像。所有像元被分类到与其匹配波段最多的端元类别中，除非指定了一个最小匹配阈值（此时不符合标准的像元将不参与分类）。操作步骤如下：

（1）在【端元收集】对话框中，选择【算法】→【Binary Encoding】（二进制编码）或在 can_tm 目录中打开 can_bin.img 文件查看预先计算的分类结果。这些结果使用的最小编码阈值为 75%。

（2）在本实例中，将使用之前的 classes.xml 文件中预先定义的感兴趣区域。如果该文件已被关闭，从主菜单中选择【文件】→【打开】或者单击工具栏上的【打开】打开 classes.xml。

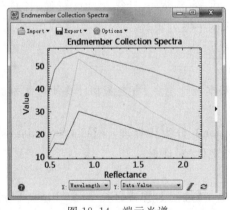

图 18.14　端元光谱

（3）在【端元收集】对话框中，选择【Import】→【from ROI/EVF from input file】（输入→文件中的 ROI/EVF），在弹出的【Select Regions for Stats Calculation】（选择统计计算的区域）对话框中选择感兴趣区域，选择所需的感兴趣区域或单击【选择所有项】按钮，选择所有的感兴趣区域，之后单击【确定】。

（4）在【端元收集】对话框中，单击【Select All】（选择所有），然后单击【Plot】（绘图），查看感兴趣区域对应的端元光谱（图 18.14）。

（5）在【端元收集】对话框，单击【应用】，弹出【Binary Encoding Parameters】（二进制编码参数）对话框。

（6）在【二进制编码参数】对话框，选择"文件"或者"内存"单选按钮将结果输出。

18.7　规则影像

规则影像是在分类最终完成之前产生的中间结果图像。例如,用于最大似然分类的规则影像将是图像本身的似然度,用于图像分类的每个感兴趣区都有一幅规则影像。在规则影像中,具有最大似然度的像元将被分到对应的类别中。似然度本身只保留在规则影像中,而不包含在分类后的图像中。【输出规则影像】切换按钮可以选择是否输出规则影像。要输出一幅规则图像,选择【是】,然后通过"文件"或"内存"选择输出位置或者保存在内存中。如果【输出规则影像】切换按钮被设置为【否】,规则影像将不被保存。

分类结束后,规则影像将出现在【数据管理器】中,使用 ENVI 的像元位置或值功能可以进行查询。规则影像对于不用类型的地物类型将使用不同的像素值表示,如表 18.1 所示。

表 18.1　分类方法以及对应像元值

分类方法	规则影像像元值
平行六面体	满足平行六面体标准的波段数
最小距离	类别均值向量间的距离
最大似然	最大似然度
马氏距离	最小类间距离
二进制编码	二进制编码匹配精度百分比
光谱角匹配	以弧度表示的光谱角(角度越小表明与参考光谱越匹配)

18.8　分类后处理

分类后的影像需要进行处理以评估分类的准确性,之后才可输出影像地图和矢量到地理信息软件中。后处理结果可以用于规则影像分类,计算类别的统计数据和混淆矩阵,对分类结果影像进行主次要分析、聚类分析、过滤处理和子类合并、分类叠加、计算缓冲区影像、计算分割影像、分类结果转矢量。ENVI 提供了满足这些需求的一系列工具。

18.8.1　提取分类统计信息

此功能可以提取分类结果影像的统计信息,包括基本统计信息、直方图和计算所选类别的平均光谱值。操作步骤如下:

(1)在【工具箱】中,选择【分类】→【Post Classification】(分类后处理)→【Class Statistics】(分类统计),弹出【Classification Input File】(输入分类文件)对话框。

(2)单击【打开】下拉菜单按钮,选择【新文件】。

(3)选择之前得到的分类结果文件,单击【打开】,单击【确定】,弹出【Statistics Input File】(输入统计文件)对话框。

(4)选择 can_tmr. img,单击【确定】,弹出【Class Selection】(类别选择)对话框。

(5)单击【选择所有项】按钮,单击【确定】,弹出【Compute Statistics Parameters】(计算统计参数)对话框。

(6)在【计算统计参数】对话框的复选框中单击【Basic Stats】(基本统计)、【Histograms】

（直方图）、【Covariance】（协方差）、【Covariance Image】（协方差影像），计算所有可选的统计数据。

（7）单击【确定】，计算统计信息，弹出分类统计视图，如图 18.15 所示。

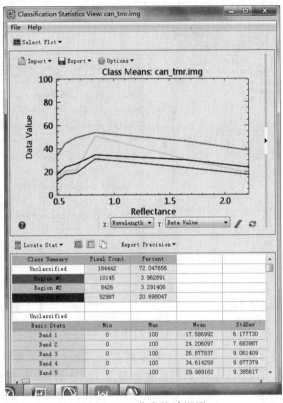

图 18.15　分类统计视图

18.8.2　生成混淆矩阵

ENVI 混淆矩阵功能允许两个分类影像（分类结果和"真实"影像）进行对比或对分类结果与感兴趣区进行对比。真实影像可以是另一幅分类影像或经过实地踏勘后创建的地表真实影像。在本小节中将采用平行六面体分类结果作为地面真实影像，比较平行六面体法的结果 groundtruth.img 与最大似然法分类的结果 classification.img。

（1）在【工具箱】中，选择【分类】→【分类后处理】→【Confusion Matrix Using Ground Truth Image】（使用地面真实影像的混淆矩阵），弹出【输入分类文件】对话框。

（2）选择 classification.img 文件，单击【确定】，弹出【Ground Truth Input File】（输入地面真实影像文件）对话框。如果此前地面真实影像文件已打开，则直接跳到步骤（5）。

（3）单击【打开】下拉菜单，选择【新文件】。

（4）选择 groundtruth.img，单击【打开】。

（5）在【输入地面真实影像文件】对话框中选择 groundtruth.img，单击【确定】，弹出【类别匹配参数】对话框，如图 18.16 所示。

（6）通过选择两个列表中类别的匹配组合并单击【添加组合项】，将地面实况类与分类结果类相匹配。类别组合显示在对话框底部的列表中。如果地面实况类和分类结果具有相同的名称,则它们将会自动匹配。若要从列表中移除类匹配,在底部的列表中单击组合名称,这两个类别名称将重新出现在对话框顶部的列表中。单击【确定】,弹出【Confusion Matrix Parameters】(混淆矩阵参数)对话框,如图 18.17 所示。

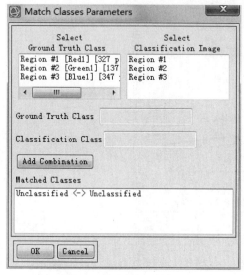

图 18.16 【类别匹配参数】对话框

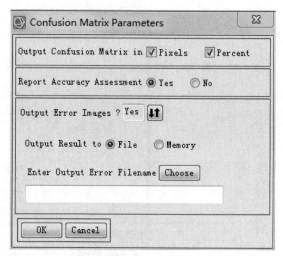

图 18.17 【混淆矩阵参数】对话框

(7)【Output Confusion Matrixin】(输出混淆矩阵)标签旁边,选择像素和(或)百分比复选框。如果同时选中这两个复选框,以百分比和像素数目表示的混淆矩阵将出现在同一个窗口中。在【Report Accuracy Assessment】(报告精度评估)标签旁边,选择【是】或【否】,如果想输出精度评价结果,选择【是】。

注意:该报告显示了每个类的总体精度、kappa 系数、混淆矩阵、错分误差(类中其他像素的百分比)、漏分误差(被遗漏的该类像素的百分比)、生产者精度和用户精度。生产者精度是如果地面真实类别为 x 时,分类结果图像中该像元为 x 类的概率。用户精度是如果分类结果图像中一个像素为 x 类,而地面真实类别为 x 时的概率。

(8)在【Output Error Images】(输出误差影像)标签旁边,单击切换按钮,选择【是】或【否】。

注意:输出误差影像是掩模图像,每个类一个,其中所有正确分类的像素值为 0,错误分类的像素值为 1。误差影像最后一个波段显示了所有类组合的错误分类像素。

(9)选择"文件"或"内存"单选按钮将结果输出。

(10)可选操作:浏览混淆矩阵、精度评价结果和误差影像。通过使用动态覆盖、光谱剖面和光标位置比较分类影像与原始的反射率影像,确定误差来源。

18.8.3 过滤处理和聚类处理

过滤处理和聚类处理用于归纳分类影像。通常先进行过滤处理,通过设置像元数阈值来消除这些被隔离的分类像元,然后进行聚类处理,通过合并相邻类似的类别区域增加已有类别的空间连续性。

1. 过滤处理

利用过滤处理来解决分类图像中出现的孤立像素问题。过滤处理使用 blob 分组删除独立的分类像素。可以使用低通或其他类型的过滤来删除这些区域，但是类信息会受到相邻类的污染。过滤处理方法查看相邻的 4 或 8 个像素，以确定一个像素是否与相同类的像素分组。如果被分组类中的像素数量小于输入的值，那么这些像素将从类中删除。当使用筛选从类中删除像素时，该像素将被标记为黑色（未分类像素）。具体步骤如下：

（1）从【工具箱】中，双击【分类】→【分类后处理】→【Sieve Classes】（过滤处理），弹出【选择文件】对话框。

（2）选择一个输入文件，执行任何可选的空间子集，然后单击【确定】，显示分类筛选对话框。注意：过滤处理（以及其他所有的分类后处理操作）只能对分类图像进行，ENVI 通过图像头文件中"ENVI 分类"的文件类型进行识别。在对话框中选择 can_sam.img 文件，弹出【Classification Sieving】（过滤处理）对话框，如图 18.18 所示。

（3）从【Pixel Connectivity】（像素连通性）下拉列表中选择"4"或"8"。此选项指定在确

图 18.18 【过滤处理】对话框

定类组中的像素数量时要查看的相邻像素数量（4 或 8）。一个像素周围的 4 个邻域由 2 个相邻的水平邻域和 2 个相邻的垂直邻域组成。一个像素周围的 8 个邻域由所有相邻的像素组成。

（4）可以使用【Class Order】（类别顺序）列表来确定将应用过滤的类列表中的类添加、删除或重新排序。如果保留默认设置，没有进行任何更改，则所有类都应用了过滤处理，从头到尾的所有类别都进行了处理。

（5）指定【Minimum Size】（最小尺寸）以确定要保留的 blob 分组的最小数量。默认值为"2"。

（6）使用【Output Raster】（输出栅格文件）指定输出位置和文件名，然后单击【确定】，影像会自动加载到【数据管理器】中。

2. 聚类处理

因为分类图像往往缺乏空间连续性（分类区域存在斑点或洞）。聚类处理使用形态学运算符将相邻的相似分类区域组合在一起。低通滤波可以用来平滑这些图像，但是类信息会受到相邻类的污染。分组类解决了这个问题。通过先对分类图像执行扩展操作，然后使用参数对话框中指定的大小内核对分类图像进行侵蚀操作，将选中的类聚集在一起。具体步骤如下：

（1）可以对过滤处理的结果练习聚类处理，从【工具箱】中，双击【分类】→【分类后处理】→【Clump Classes】（聚类），弹出【选择文件】对话框。

（2）选择一个输入文件，然后单击【确定】，显示【Classification Clumping】（聚类处理）对话框，如图 18.19 所示。注意：只能对分类图像进行聚类。

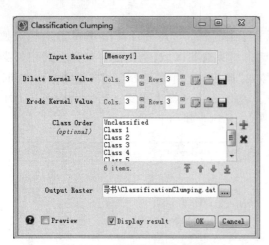

图 18.19　【聚类处理】对话框

（3）指定【Dilate Kernel Value】（膨胀内核值），该字段表示用于扩展图像中包含形状的结构元素。默认数组大小为"3×3"，元素值为"1"。指定【Erode Kernel Value】（侵蚀内核值），该字段表示用于减少图像中包含形状的结构元素。默认数组大小为"3×3"，元素值为"1"。

（4）使用【类别顺序】列表来确定哪些类将应用聚类处理，列表中的类可以添加、删除或重新排序。

（5）使用【输出栅格文件】指定输出位置和文件名，然后单击【确定】，影像会自动加载到【数据管理器】中。

（6）比较三幅影像（原始影像、聚类结果和过滤结果）。

（7）可选操作：对预先计算的过滤结果、过滤后聚类结果与分类影像进行比较。

18.8.4　类别合并

类别合并功能在分类图像中有选择地进行类别合并，该功能通过合并类或删除未分类类别可以有效地删除那些单独的类。操作步骤如下：

（1）从【工具箱】中，双击【分类】→【分类后处理】→【类别合并】，弹出【输入类别合并文件】对话框。

（2）选择一个分类结果图像，例如 classification.img 文件，单击【确定】，弹出【类别合并参数】对话框，如图 18.20 所示。

（3）从【选择输入类别】列表中选择一个用于输入的类，所选的类名出现在【Input Classes】（输入类）字段中，单击【选择输出类别】列表中的类名来选择输出类，选中的类别将会出现在【Output Classes】（输出类）字段中，然后单击【添加组合】以完成选择，要创建的新组合类显示在对话框底部的组合类列表中。例如，选择 Class 2 作为输入，选择 Class 1 作为输出，组合类列表中会出现 Class 2→Class 1，即将分类结果图像中的类别 2 合并到类别 1 中。同样的方法完成类别合并的组合，单击【确定】。

（4）弹出【Combine Classes Output】（类别合并输出）对话框，选择输出路径，然后单击【确定】，图像会自动加载到【数据管理器】中。

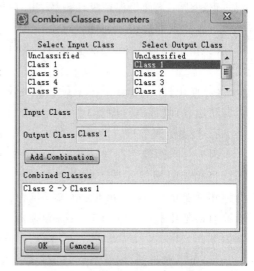

图 18.20　【类别合并参数】对话框

18.8.5　分类叠加

分类叠加利用彩色合成图像或灰度背景图像生成一幅图像,叠加的类用不同的颜色标识,最终创建了一个三波段的 RGB 图像。由于类别叠加的性质,在叠加之前,背景图像将会被拉伸并保存为字节图像。操作步骤如下:

(1)从【工具箱】中,双击【分类】→【分类后处理】→【Overlay Classes】(分类叠加),弹出【Input Background RGB Input Bands】(输入背景影像 RGB 波段)对话框。依次单击用于背景图像的红色、绿色和蓝色波段。输入文件必须是字节图像(即包含 0 至 255 之间的文件)。如果需要灰度背景,为 RGB 输入选择相同的波段。单击【确定】。

(2)【Class Overlay to RGB Parameters】(覆盖到 RGB 影像的类别参数)对话框出现,通过单击列表中的类名,选择要覆盖在背景图像上的类,例如 Class 1。选择输出到"文件"或"内存",单击【确定】,类别叠加图像创建并自动显示。

18.8.6　多数(少数)分析

使用多数(少数)分析将多数或少数分析应用于分类图像。使用多数分析将大型单个类中的虚假像素更改为该类。输入一个内核大小,内核中的中心像素将被替换为内核中大多数像素所具有的类值。如果选择少数分析,那么内核中的中心像素将被替换为内核中少数像素所具有的类值。具体步骤如下:

(1)从【工具箱】中选择【分类】→【分类后处理】→【Majority/Minority Analysis】(多数/少数分析),出现【分类输入文件】对话框。

(2)选择分类输入文件和任意可选的空间和光谱子集,然后单击【确定】,出现【Majority/Minority Parameters】(多数(少数)参数)对话框,如图 18.21 所示。

(3)在类列表中,选择要应用多数(少数)分析的类。如果中心像素来自选择类列表中没有选择的类,ENVI 不会改变该像素。但是,如果未选中的类是内核中的多数类,ENVI可以将选中类的中心像素变为未选中类。

(4)选择【Analysis Method】(分析方法),单击相应的按钮。

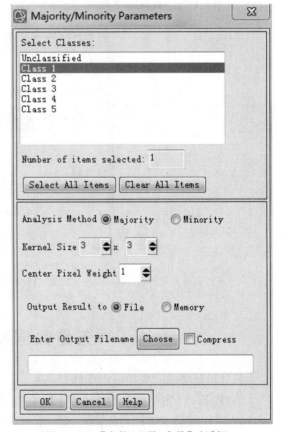

图 18.21　【多数(少数)参数】对话框

(5)输入【Kernel Size】(内核大小),核大小是奇数,核大小越大,分类图像平滑程度越高。

(6)如果选择多数分析,输入中心像素权重。中心像素权重是用来确定哪个类占多数时,中心像素类次数的权重。例如,如果输入的权重为1,ENVI 将只计算中心像素类一次;如果输入 5,ENVI 将计算中心像素类 5 次。

（7）选择输出到"文件"或"内存"，单击【确定】，ENVI 将结果输出、添加到【图层管理器】并显示。

18.8.7 编辑分类颜色

编辑分类颜色的操作步骤如下：

（1）在 ENVI 主菜单中，选择【文件】→【打开】。

（2）选择一个分类结果图像，例如 classification. img，单击【打开】，图像会出现在【图层管理器】并显示在视图中。

（3）在分类图像中任意一个类别上右击选择【Edit Class Names and Colors】（编辑类别名称和颜色），弹出【编辑类别名称和颜色】对话框，如图 18.22 所示。

（4）在【Class Names】（类别名称）中单击要修改的类别，在【Edit】（编辑）字段中修改类别名称，在【Class Colors】（类别颜色）中单击要修改的类别，在下方修改类别颜色。

（5）单击【确定】，保存更改内容。

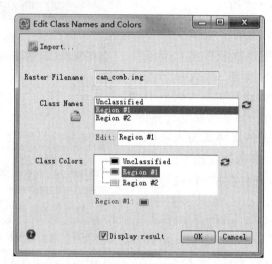

图 18.22 【编辑类别名称和颜色】对话框

18.9 矢量数据和栅格数据互操作

矢量和栅格图层叠加操作步骤如下：

（1）从 ENVI 主菜单中，选择【文件】→【打开】，打开分类结果图像，例如 classification. img。

（2）采用相同的方法打开 can_v1. evf 和 can_v2. evf 文件，使用 Shift 键可以同时选择 can_v1. evf 和 can_v2. evf 文件，单击【打开】。

分类结果转矢量操作步骤如下：

（1）从【工具箱】中，双击【分类】→【分类后处理】→【Classification to Vector】（分类结果转矢量），弹出【Raster to Vector Input Band】（栅格转矢量波段输入）对话框。

（2）在这个对话框的选择输入文件部分中选择分类结果图像，然后单击【确定】，弹出【Raster to Vector Parameters】（栅格转矢量）对话框。

（3）在【Select Input Class】（选择输入类别）中选择需要栅格转矢量的类别。

（4）选择输出路径并输入文件名称，在此名称建议为"canrty"，然后单击【确定】，开始转换，转换得到的结果是 ENVI 软件标准的矢量格式".evf"文件。

（5）在主菜单中选择【文件】→【打开】，选择 canrty 并单击【打开】，图像自动加载到显示窗口中并将叠加到原分类结果图像上（保持该文件打开状态）。

（6）在【图层管理器】中，右击矢量文件选择【Properties】（属性）可以修改不同类别的属性，例如颜色、线的粗细程度等，如图 18.23 所示。

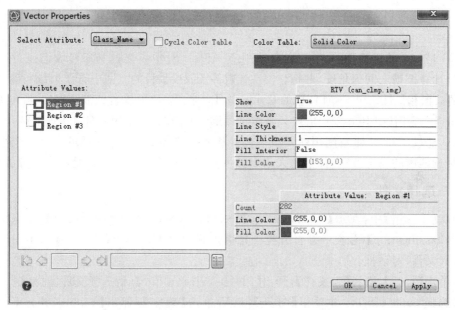

图 18.23　矢量图层属性设置

第19章 光谱角制图和光谱信息离散度分类

本章介绍了光谱角制图（spectral angle mapper，SAM）和光谱信息离散度（spectral information divergence，SID）的监督分类方法，并比较两种方法对同一影像的分类效果。

19.1 光谱角制图分类方法

SAM 是一个基于物理的波谱分类，使用 N 维角度对像素光谱和参考波谱进行匹配。该算法通过计算波谱之间的角度，并将它们在维数等于波段数目的空间中看作矢量来确定两个波谱之间的波谱相似性。由 SAM 使用的端元波谱可以来自 ASCII 文件或波谱库，或者也可以直接从影像中提取它们（如 ROI 平均值或 Z-波谱剖面廓线）。在此将使用来自波谱库的端元波谱。

SAM 比较了在 N 维空间中端元波谱矢量和每个像素波谱矢量之间的角度。较小的角度表示更接近匹配的参考波谱，像素远大于以弧度指定的最大角度的阈值是不参与分类的。

19.1.1 选择文件

（1）从【工具箱】中，双击【Classification】→【Supervised Classification】→【Spectral Angle Mapper Classification】（分类→监督分类→光谱角制图分类），弹出【Classification Input File】（分类输入文件）对话框。

（2）单击【打开】，选择【新文件】，弹出【Please Select a File】（请选择文件）对话框。

（3）选择 cup95cff. int 并单击【打开】，然后单击【确定】，弹出【Endmember Collection：SAM】（端元选择：SAM）对话框。

19.1.2 采集端元波谱

（1）从【端元选择：SAM】对话框菜单中，选择【Import】→【from Spectral Library File】（导入→从波谱库文件），弹出【Spectral Library Input File】（波谱库输入文件）对话框。

图 19.1 【端元选择：SAM】对话框

（2）单击【打开】，然后选择【Spectral Library】（波谱库），弹出【请选择文件】对话框。

（3）选择在安装路径 …\Exelis\ENVI5x\classic\spec_lib\下的 jpl1. sli，单击【打开】，然后单击【确定】，弹出【Input Spectral Library】（输入波谱库）对话框。

（4）使用【Ctrl＋click】（控制＋单击）选择下列输入波谱：
——ALUNITE SO-4A（明矾石）；
——KAOLINITE WELL ORDERED PS-1A（高岭石）。
单击【确定】，这些选择将被添加到【端元选择：SAM】对话框。

（5）在每个【Color】（色彩）单元单击右键选择每个波谱的颜色（图 19.1），将 ALUNITE SO-4A 的光谱颜色选择为

"Coral"（珊瑚色），将 KAOLINITE WELL ORDERED PS-1A 的光谱颜色选择为"Aquamarine"（碧绿色），单击【选择全部】。

（6）单击【应用】，弹出【Spectral Angle Mapper Parameters】（光谱角制图参数）对话框。

19.1.3 设置 SAM 参数

【光谱角制图参数】对话框如图 19.2 所示，进行如下设置：

（1）在【Set Maximum Angle（radians）】（设置最大角度（rad））中使用默认值【Single Value】（单一值），保持【Maximum Angle（radians）】（最大角度（rad））的默认设置为"0.100"。这个参数定义了端元波谱矢量和像素矢量（在 N 维空间）之间的最大可接受角度，将 SAM 不会大于该值的像素进行分类。

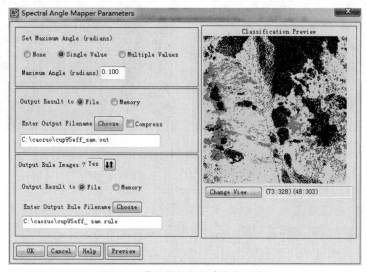

图 19.2 【光谱角制图参数】对话框

（2）输出分类结果，选中【文件】，单击【选择】选择输出路径并输入文件名"cup95eff_sam.out"。

（3）设置【Output Rule Images?】（是否输出规则图像?）切换按钮为【是】，单击【选择】选择输出路径并输入文件名"cup95eff_ sam.rule"。

（4）单击【Preview】（预览），从输出分类影像的中心查看一个 256×256 的空间子集。

（5）单击【确定】，ENVI 添加 cup95eff_sam.out 和 cup95eff_sam.rule 文件到【图层管理器】，如图 19.3 所示。

图 19.3 添加文件到【图层管理器】

cup95eff_sam.out 文件是分类影像，cup95eff_sam.rule 文件是规则文件，其中包含一个明矾石影像（ALUNITE SO-4A）和一个高岭石影像（KAOLINITE WELL ORDERED PS-1A）。

19.1.4　SAM 输出

在【数据管理器】中选择 cup95eff_sam. out 下的 Sam（cup95eff. int），然后单击【Load Data】（加载数据）。同样，单击 cup95eff_sam. rule 下的 Rule（ALUNITE SO-4A），然后选中【Load in New View】（加载到新的视图），单击【加载数据】，这将打开 SAM 分类影像和规则影像的视图，如图 19.4 所示。

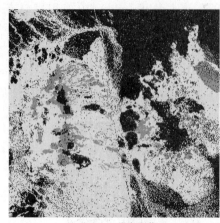 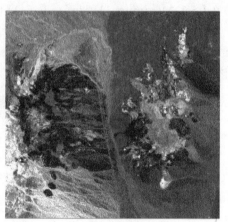

（a）SAM 分类影像　　　　　　　（b）SAM 规则影像

图 19.4　显示分类影像

在 SAM 明矾石规则影像中，该规则影像的像素值是从每一类的参考波谱弧度中表示的光谱角度。较低的光谱角度表示规则影像与端元波谱更好的匹配。区域满足了将分类区域延续到分类影像的选择的弧度阈值标准。在 SAM 分类影像显示分类为明矾石（珊瑚色）和高岭土（碧绿色），未分类的区域是黑色的。

注意：如果发现它不能直观地展现出最匹配的端元波谱，如更亮的像素值（相对于暗值，这是 SAM 默认值），请按照下列步骤操作：从【图层管理器】中选择 cup95eff_sam. rule，右键选择【Change RGB Bands】（改变 RGB 波段）。在【Change Bands】（改变波段）中选择要更改的波段，然后单击【确定】，比较不同波段显示出来的影像。

19.2　光谱信息离散度分类方法

SID 是使用离散度测量方法对像素和参考波谱进行匹配的波谱分类方法。离散度越小，像素的相似性越大。如果被测量像素大于指定的最大离散度阈值则不被分类。由 SID 使用的端元波谱可以来自 ASCII 文件或波谱库，也可以直接从影像中提取它们。在此将使用来自波谱库的端元波谱。

19.2.1　选择文件

（1）从【工具箱】中，双击【分类】→【监督分类】→【Spectral Information Divergence Classification】（光谱信息离散度分类），弹出【分类输入文件】对话框。

（2）选择 cup95eff. int 文件，单击【确定】，弹出【Endmember Collection：SID】（端元选择：

SID)对话框。

19.2.2 采集端元波谱

(1)从【端元选择：SID】对话框菜单中，选择【导入】→【从光谱库文件】，弹出【波谱库输入文件】对话框。

(2)单击【打开】，然后选择【波谱库】，弹出【请选择文件】对话框。

(3)选择 jpl1.sli，然后单击【确定】，弹出【输入波谱库】对话框。

(4)通过按住 Ctrl 键并单击鼠标选择下列输入谱：

——ALUNITE SO-4A；

——KAOLINITE WELL ORDERED PS-1A。

单击【确定】。这些选择将被添加到【端元选择：SID】对话框。

(5)在每个【色彩】单元单击右键选择每个波谱的颜色，将 ALUNITE SO-4A 的光谱颜色选择为"珊瑚色"，将 KAOLINITE WELL ORDERED PS-1A 的光谱颜色选择为"碧绿色"，如图 19.5 所示。

(6)单击【选择全部】，单击【应用】，弹出【Spectral Information Divergence Parameters】（光谱信息离散度参数)对话框。

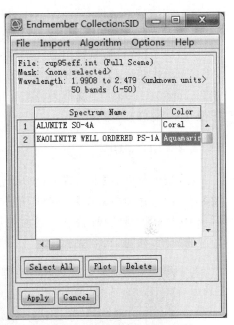

图 19.5 【端元收集：SID】对话框

19.2.3 设置 SID 参数

【光谱信息离散度参数】对话框如图 19.6 所示，进行如下设置：

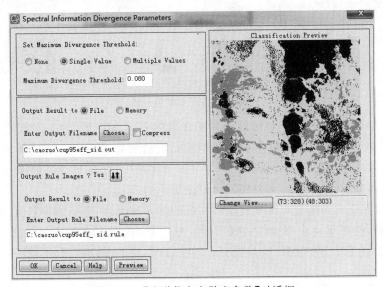

图 19.6 【光谱信息离散度参数】对话框

（1）使用默认的阈值选择【单一值】，并将【Maximum Divergence Threshold】（最大离散度阈值）更改为"0.080"。这是端元波谱矢量和像素矢量之间的最小允许偏差。默认值是"0.050"，但它在不同相似性度量的性质上有所不同。对一对波谱矢量区分以及阈值可能过于灵敏，对另一对由于其概率分布的相似或不同的性质而不够灵敏。对于这项工作的目的，"0.080"设置提供了一个类似于由 SAM 产生的一个 SID 结果。

（2）然后输入文件名"cup95eff_sid.out"，输出分类文件。

（3）设置【是否输出规则影像？】切换按钮为【是】，输入文件名"cup95eff_ sid.rule"。

（4）单击【预览】，从输出分类影像的中心查看一个 256×256 的空间子集。

（5）单击【确定】。ENVI 添加 cup95eff_sid.out 和 cup95eff_sid.rule 文件到【数据管理器】。cup95eff_sid.out 文件是分类影像；cup95eff_sid.rule 是规则文件，其中包含一个明矾石影像和一个高岭石影像。

19.2.4 SID 输出

在【数据管理器】中选择 cup95eff_sid.out 下的 Sid（cup95eff.int），选中【加载到新的视图】，然后单击【加载数据】。同样，单击 cup95eff_sid.rule 下的 Rule（ALUNITE SO-4A），然后选中【加载到新的视图】，单击【加载数据】，这将打开载有明矾石 SID 规则影像和 SID 分类影像的视图，如图 19.7 所示。

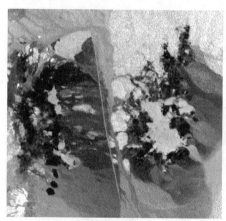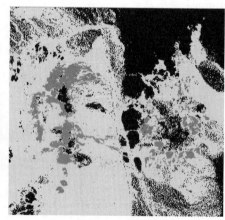

（a）SID 规则影像　　　　　　　　　　　　（b）SID 分类影像

图 19.7　显示分类影像

在 SID 明矾石规则影像中，该规则影像的像素值表示 SID 值（为一对波谱矢量方程的输出定义 SID）。较低的波谱离散度测量表示与端元波谱更好的匹配。区域满足了将分类区域延续到分类影像的选择的弧度阈值标准。在下面的实例中，在 SID 分类影像显示分类为明矾石（珊瑚色）和高岭土（碧绿色），未分类的区域是黑色的。

注意：如果发现它不能直观地展现出最匹配的端元波谱，如更亮的像素值（相对于暗值，这是 SID 默认值），按照下列步骤操作：从【图层管理器】中选择 cup95eff_sid.rule，右键选择【改变 RGB 波段】。在【改变波段】中选择要更改的波段，然后单击【确定】，比较不同波段显示出来的影像。

19.3 比较 SAM 和 SID 输出结果

当查看 SID 和 SAM 并列的分类影像时,会发现结果是相似的,但是 SAM 输出似乎有更多的噪声,如图 19.8 所示。

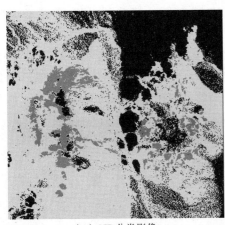 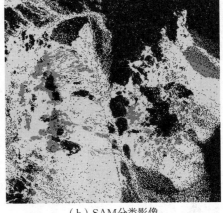

（a）SID 分类影像 　　　　　　　　　（b）SAM 分类影像

图 19.8　对比 SAM 和 SID 的分类结果

接下来,将检查三个区域的原始影像,比较波谱剖面原始影像中已知的明矾石 SO-4A 波谱特征的波谱库。

(1)在【数据管理器】中,选中【加载到新的视图】。

(2)在【数据管理器】中,打开【Band Selection】(选择波段)。

(3)上下滚动【数据管理器】到 cup95eff.int 影像并选择波段 174＝R、波段 188＝G,以及波段 200＝B,然后单击【加载数据】。

(4)选中原始影像,在 ENVI 主菜单中,选择【Display】→【Cursor Value】(显示→光标值),弹出【光标值】对话框。

(5)从 ENVI 主菜单中,选择【Display】→【Profiles】→【Spectral】(显示→剖面图→波谱),弹出 Spectral Profile:cup95eff.int 波谱图。

(6)从 ENVI 主菜单中,选择【Display】→【Spectral Library Viewer】(显示→波谱库查看器),弹出【波谱库查看器】对话框。

(7)打开 jpl1.sli,然后单击 ALUNITE SO-4A,弹出明矾石波谱库图。

(8)在波谱库图的右侧单击三角框,【Polt parameters】(绘图参数)对话框出现在右侧。

(9)在【General】(通用)中把 X 的范围改为"2.0"到"2.5",【Polt Title】(绘图标题)改为"Alunite SO-4A"。单击其他任意位置,然后关闭对话框。

(10)从 ENVI 主菜单中,选择【Views】→【Link Views】(视图→链接视图),弹出【链接视图】对话框。

(11)选择链接 1、3、5(SAM 分类影像、SID 分类影像和原始影像),然后单击【确定】。

19.3.1　检查一个分类为明矾石的地区

检查的第一个区域是一个 SAM 和 SID 均分类为明矾石的地区。

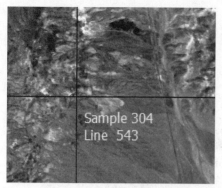

图 19.9 十字准丝(304,543)在影像中显示
样本和线条

（1）在 ENVI 工具栏中,选中光标值按钮（稍低一点的版本中选择十字准线 ），然后在【Go To】(转到)框中,输入"(304,543)",按回车键。十字准丝移动到视图 1、3 和 5 中的指定区域。比较 SAM 和 SID 视图,可以看到该像素均被分类为明矾石,显示为珊瑚色。在原始影像中该像素显示为紫色,如图 19.9 所示。

（2）比较此像素和波谱库中为明矾石的波谱,特征彼此相似,确认 SAM 和 SID 在将这个像素分类为明矾石是正确的,如图 19.10、图 19.11 和图 19.12 所示。

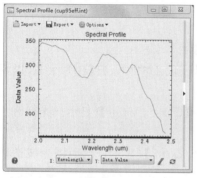

（a）SAM分类结果　　（b）SID分类结果　　（c）原始影像

图 19.10 分类结果比较和原始影像

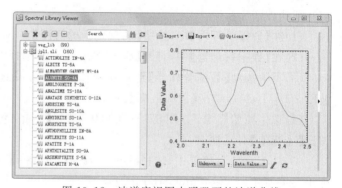

图 19.11 原始影像(304,543)点处
波谱曲线

图 19.12 波谱库视图中明矾石的波谱曲线

19.3.2 检查一个没有分为明矾石的地区

检查的第二个区域是 SAM 和 SID 分类均不是明矾石的地区。

（1）在【转到】框中,输入"(519,395)",按回车键。十字准丝移动到视图 1、3 和 5 中的指定区域中。比较 SAM 和 SID 视图,可以看到,两种方法都没有将这个像素分类为明矾石,相反,这两种方法将这一像素归类为高岭石。在原始影像中,该像素不显示为紫色,如图 19.13 所示。

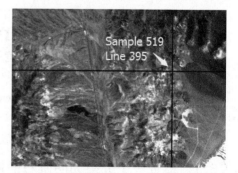

图 19.13 十字准丝(519,395)在影像中显示
样本和线条

（2）比较此像素和波谱库中为明矾石 SO-4A 的波谱。特征彼此不相似，确认 SAM 和 SID 将这个像素没有分类为明矾石是正确的。如果打开一个包含高岭石的新的波谱库图，会发现，该波谱剖线更像是高岭石，如图 19.14、图 19.15 和图 19.16 所示。

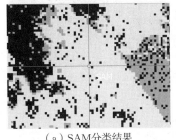 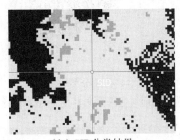 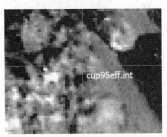

（a）SAM分类结果　　　　　（b）SID分类结果　　　　　（c）原始影像

图 19.14　分类结果比较和原始影像

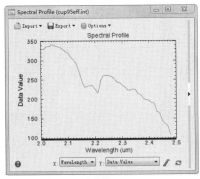 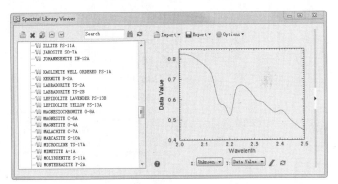

图 19.15　原始影像(519,395)点处波谱曲线　　　　　图 19.16　波谱库视图高岭石的光谱曲线

19.3.3　检查一个 SAM 和 SID 分类不同的地区

检查的最后一个区域是在影像的右上角的一个大的面积，SAM 分类为明矾石，但 SID 没有。

（1）在【转到】框中，输入"(570,420)"，按回车键。十字准丝移动到视图 1、3 和 5 中的指定区域中。比较 SAM 和 SID 视图，可以看到，SAM 明确地将这个像素归类为明矾石，但 SID 没有分类这个像素，显示为黑色。在原始影像中，该像素不显示为紫色，如图 19.17 所示。

（2）比较此像素和波谱库中为明矾石 SO-4A 已知特征的波谱库，特征彼此不相似。SAM 将这个像素归类为明矾石，但结果不对。SID 没有对像素分类是正确的，因为它既不是明矾石，也不是高岭石，如图 19.18 和图 19.19 所示。

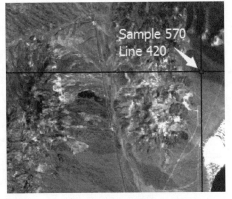

图 19.17　十字准丝(570,420)在影像中显示样本和线条

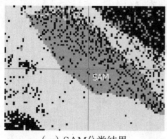 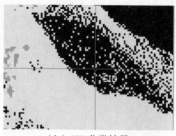 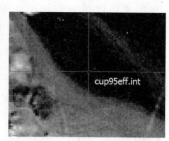

（a）SAM分类结果　　　　　（b）SID分类结果　　　　　（c）原始影像

图 19.18　分类结果比较和原始影像

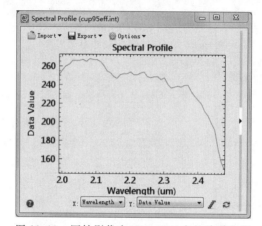

图 19.19　原始影像中(570,420)点的波谱曲线

第 20 章 决策树分类

单个决策树是一个典型的多级分类器,可以运用到单独一幅影像上,或者多幅叠置影像上,它由一系列二叉决策树构成,这些决策树将用来确定每一个像素的所属正确类型。决策树能够基于数据集中任何可用的属性特征进行搭建。例如,有一幅高程影像,以及两幅不同时间采集的多光谱影像,这些影像中的任意一幅都能够为同一个决策树贡献决策。

ENVI 提供了决策树工具来设计实现决策规则,本章主要介绍 ENVI 决策树分类器的功能,包括如何建立一个决策树,探究决策树的各种不同显示选项,以及修剪决策树、修改使用决策树分类后影像的类别属性等。

20.1 构建决策树输入

在 ENVI 中,一幅影像或者同一地区的影像集都能输入决策树分类器中。如果影像带有地理坐标,那么即使这些影像所采用的地图投影方式和像素大小不同,ENVI 也会在处理过程中,把它们自动叠置在一起。在 ENVI 中,决策树能够应用到多个数据集上。

本例中所用的影像为 Landsat-5 的 TM 影像的一个子集,它是美国科罗拉多州博尔德地区的影像。该影像已做过几何校正,可以同 10 m 分辨率的 SPOT 影像相匹配,所以现在该影像空间分辨率也为 10 m。同时也会用到 USGS❶ DEM 数据的一个子集,该子集包括了 Landsat 子集所对应的区域,高程影像的像素大小是 30 m。两幅影像采用了不同的投影方式, Landsat 影像为 State Plane,而 DEM 影像为 UTM。

本例中所使用的决策树分类规则描述如下:将影像的像素分为两类:一类 NDVI 值大于 0.3,另一类 NDVI 值小于或等于 0.3。然后 NDVI 值高的那些像素再分为两类:一类坡度大于或等于 20°,另一类坡度小于 20°。接着坡度小的像素继续分为两类:阴坡和阳坡。而 NDVI 值高、坡度大于或等于 20 的像素就不再往下细分了。同样,NDVI 值小于或等于 0.3 的那些像素也被分为两类:一类波段 4 的值小于 20,另一类波段 4 的值大于或等于 20。然而,波段 4 的值等于 0 的像素与波段 4 的值小于 20 的那些像素不是同一类的,此外波段 1 中值小于波段 1 均值的那些像素与 NDVI 小于等于 0.3 的那些像素也不是同一类的,因此要对这些像素进一步细分。

同样,该决策树也可以使用下列的准则进行描述:

——类别 1:NDVI 值大于 0.3,坡度大于或等于 20°。

——类别 2:NDVI 值大于 0.3,坡度小于 20°,阴坡。

——类别 3:NDVI 值大于 0.3,坡度小于 20°,阳坡。

——类别 4:NDVI 值小于或等于 0.3,波段 4 的值大于或等于 20。

——类别 5:NDVI 值小于或等于 0.3,波段 4 的值小于 20。

——类别 6:波段 4 的值等于 0。

---

❶ USGS:United States Geological Survey,美国地质调查局。

——类别 7:波段 1 的值小于均值的像元。

20.1.1 打开并显示影像

(1)从 ENVI 主菜单中,选择【文件】→【打开】,选择 bouldr_tm. dat,单击【打开】,数据打开并且自动加载彩红外影像。

(2)从 ENVI 主菜单中,选择【文件】→【打开】,选择 bouldr_dem. dat,单击【打开】,数据打开并且自动加载在视窗中。

20.1.2 输入表达式

(1)在【工具箱】中,双击【Classification】→【Decision Tree】→【New Decision Tree】(分类→决策树→新决策树),弹出【ENVI 决策树】对话框。在默认情况下,决策树工具一开始是一个空的决策节点,这个节点将会把数据分为两类,如图 20.1 所示。

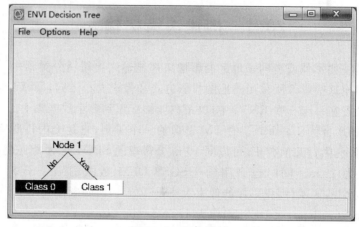

图 20.1　新决策树

(2)第一个决策是基于 Landsat 影像的,为了定义这个决策,单击决策节点"Node 1",会弹出【Edit Decision Properties】(编辑决策属性)对话框,如图 20.2 所示。

(3)在【Name】(名称)字段中,输入"NDVI>0.3",这个文本信息将弹出在决策树图形视图的决策节点上。

(4)在【Expression】(表达式)字段中,输入"{ndvi} gt 0.3",然后单击【确定】,会弹出【Variable/File Pairings】(变量/文件匹配)对话框,该表达式将会计算输入变量或者文件的 NDVI 并查找大于 0.3 的像素,如图 20.3 所示。

NDVI 是被普遍使用的植被指数,它是从多光谱影像的红波段和近红外波段计算出来的。决策树将逐像素地计算每个像素的 NDVI 植被指数,查找所有满足值大于 0.3 的像素。NDVI 值大于 0.3 的像素都应该至少含有部分绿色植被,所以符合条件的定义为绿色植被。该表达式"{ndvi} gt 0.3"就是利用 ENVI 将像素分为两类,一类为绿色植被,另一类为非植被。表达式中如果不加"{}",那么需要事先手动计算 NDVI,并且利用"b1 gt 0.3"的表达式,其结果是一样的。

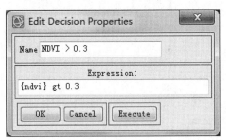

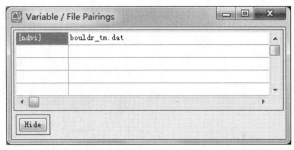

图 20.2 【编辑决策属性】对话框　　　　图 20.3 【变量/文件匹配】对话框

20.1.3 表达式变量与文件的匹配

(1)在【变量/文件匹配】对话框中,单击{ndvi}变量。弹出【Select File to Associate with Variable】(选择要与变量关联的文件)对话框。

(2)选择 bouldr_tm.dat 影像,单击【确定】。这一步告诉决策树,当计算这个决策表达式时,NDVI 值将会从 bouldr_tm.dat 影像中计算出来。

因为波长是已知的,ENVI 将会找出计算 NDVI 所需的波段。如果影像在所选的头文件中没有包含波长信息,那么 ENVI 就会进行提示,以确定 NDVI 计算中所需的红波段和近红外波段。

20.1.4 输入附加的规则

上述步骤得到的决策树是一个非常简单的决策树分类器,像素值中 NDVI 大于 0.3 的将会包含在"Class 1"中,并且 NDVI 小于等于 0.3 的像素将被包含在"Class 0"中,可以输入额外的决策规则来进行更复杂的分类,步骤如下:

(1)使用鼠标右键单击"Class 1"的节点,然后从弹出的快捷菜单中选择【Add Children】(添加子节点)来将 NDVI 值高的那类细分为子节点,ENVI 自动地在"Class 1"下创建两个新的类。

(2)之前标记为"Class 1"的节点现在变成空白。单击该节点,会弹出【编辑决策属性】对话框。

(3)在【名称】字段中输入"Slope<20"(坡度<20°)。

(4)在【表达式】字段,输入"{slope} lt 20",然后单击【确定】。这个决策将会基于坡的陡峭程度划分 NDVI 值较高的像素。

(5)右击"Class 2"并选择【添加子节点】,将把 NDVI 值高、坡度小的那些像素分为坡面北朝向和坡面北朝向不显著两类。

(6)之前标记为"Class 2"的节点现,在变成空白。单击该节点,会弹出【编辑决策属性】对话框。

(7)在【名称】字段中输入"North"(北向)。

(8)在【表达式】字段,输入"{aspect} lt 20 and {aspect} gt 340",然后单击【确定】。

(9)右击"Class 0"(空白的终节点),选择【添加子节点】将具有低 NDVI 值的像素再细分为波段 4(近红外波段)中值小于 20 的像素(这些像素对应水体)。

(10)之前的"Class 0"变为空白,单击该节点,会弹出【编辑决策属性】对话框。

(11)在节点字段中输入"Low B4"(B4 波段低值像元)。

(12)在【表达式】(表达式)字段中,输入"b4 lt 20",然后单击【确定】,如图 20.4 所示。

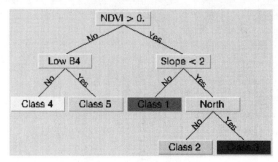

图 20.4　构建的决策树

20.2　执行决策树

现在已经生成了决策树,但是在它被执行前,所有决策树表达式中使用的变量必须同影像文件相匹配。

(1)单击菜单【Options】→【Show Variables/Files Pairing】(选项→显示变量/文件匹配),在【变量/文件匹配】对话框中,单击{b4}变量,会弹出【选择要与变量关联的文件】对话框。

(2)从 bouldr_tm.dat 影像中选择波段 4,单击【确定】。

(3)按照上述步骤(1)和(2)中的说明,配置以下变量、文件或波段:

{slope} = boulder_dem.dat;{aspect} = boulder_dem.dat

(4)从 ENVI 决策树主菜单中,选择【选项】→【Execute】(执行),或在【ENVI 决策树】对话框的空白背景处右击选择【执行】,弹出【决策树执行参数】对话框。

(5)在【Select Base Filename and Projection】(选择基础影像和投影)列表框下,选择 bouldr_tm.dat 影像作为基础影像,其他影像的地图投影、像素大小和范围将会自动匹配。

(6)单击【Choose】(选择),选择输出文件的路径,键入分类影像的输出文件名,单击【确定】,如图 20.5 所示。当分类处理完成后,分类结果会自动加载到显示窗口中。

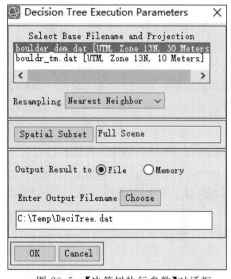

图 20.5　【决策树执行参数】对话框

20.3　查看决策树

在输出的决策树分类结果中,给定像素的颜色是由分类指定的端元节点的颜色确定的。例如,在决策树分类结果中黄色(上述决策树中的 Class 4)的像素值没有被分到水体或者植被中去,因为它们有较低的 NDVI 值并且在第 4 波段有较高的值,这就意味着它们既不是水体也不是植被。

(1)再次检查 ENVI 的决策树，注意默认视图，默认的决策树并没有包括所有的应该显示出来的信息。

(2)在【ENVI 决策树】对话框的空白背景上，单击右键选择【Zoom In】（放大），现在每个节点标签都会显示像素的个数以及所包含像素占总影像像素的百分比。

(3)将光标放置在决策树中的每一个节点上，注意弹出在【ENVI 决策树】对话框底部文本框中的节点信息。特别是在当决策树没有展开，没有显示节点详细信息时，这是另一个快速获取决策树中节点相关信息的有效方法。

20.4 添加新的规则

当完成决策树分类并查看分类结果后，也许会发现附加决策规则可能会更有效些。例如，在这个决策树中，波段 4 的值小于 20 的那些像素中，某些像素位于图像边缘属于背景像素，它们的值为 0，因为它们的值小于 20，所以它们是以天蓝色显示出来，但事实上这些像素与在波段 4 值较低的其他天蓝色的那些像素是不同的。

(1)右击"Class 5"的终节点（波段 4 的值小于 20 的那些像素）选择【添加子节点】。

(2)在事先标记的"Class 5"中空白的节点重命名为"B4＝0"（波段 4 的值等于 0），然后输入表达式"b4 eq 0"，单击【确定】。

(3)在【ENVI 决策树】对话框背景处单击右键选择【执行】，再次执行该决策树。在输出影像中，边缘像素有自己的类别，只是洋红色的边缘看起来很奇怪。

20.5 改变类的颜色和名称

(1)单击"Class 6"（红色终节点），弹出【Edit Class Properties】（编辑类属性）对话框。

(2)在【名称】（名称）字段中输入"Border"（边界）。

(3)单击【Color】（颜色）按钮，显示颜色列表然后选择【Colors】→【Colors 1-20】→【Black】（颜色→颜色 1-20→黑色）。

(4)单击【确定】，如图 20.6 所示。

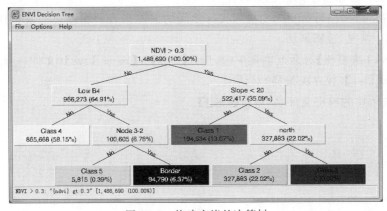

图 20.6 构建完毕的决策树

（5）要将改变的颜色运用到决策树分类结果中，需要再次执行决策树，边缘将以黑色显示。

20.6 修剪决策树

在使用决策树的过程中，经常需要测试某个指定的子节点是否对决策树的分类结果有效。ENVI 的决策树工具提供了两种方法来移除已经添加的子节点：

（1）Delete（移除）从决策树中将子节点永久地移除。

（2）Prune（修剪）临时去除子节点，并且可以在不重新定义规则和节点属性的情况下恢复使用。

在本例中，可以练习一下如何从决策树中修剪子节点，然后恢复它们，修剪和恢复子节点，比较决策树有无特定子节点的结果变化。

（1）右击"Low B4"节点并且选择【Prune Children】（修剪子节点）。注意到，虽然还可以看到这些子节点，但是它们不再带有颜色，而且也没有连接到决策树上，这表明它们已经被修剪了，当执行决策树时，它们不会再被使用。

（2）右击"Class 7"节点选择【Restore Pruned Children】（恢复修剪的子节点），可以看到决策树恢复原状。

20.7 将树中保留的节点保存为掩模

将树保存为掩模的选项可以保存树中的每一个节点，所以可以将树中保留的任一位置的像素保存为掩模。

（1）右击树中的"Class 1"，选择【Save Survivors to Mask】（将保留树存为掩模）。这个选项将生成一个二值掩模影像。该类所包含的像素都被赋值为 1，而其他不包含在这个类中的像素都被赋值为 0，然后弹出【Output Survivors to Mask Filename】（输出保留树的掩模文件名）对话框。

（2）键入保留树的输出掩模文件名，单击【确定】，结果掩模影像会在【数据管理器】中列出。

（3）加载这个新的掩模影像到一个新的灰阶显示窗口中，注意到掩模影像中的白色像素都相应的为决策树分类影像中的红色像素。

可以保存决策树，包括所有的变量和文件之间的匹配组合。保存过的决策树可以在以后的 ENVI 操作中恢复，重新调用。

（1）在【ENVI 决策树】对话框主菜单中，选择【File】→【Save Tree】（文件→保存树）。弹出【Save Decision Tree】（保存决策树）对话框。

（2）键入决策树的输出文件名，单击【确定】。

第 21 章　利用分类流程进行遥感分类

本章将使用分类工作流程将图像中的像素分类为多个像素类。第一部分是非监督分类，仅基于统计信息进行聚类实现分类；第二部分是监督分类，交互式地创建训练数据并使用它执行分类。

21.1　非监督分类

非监督分类的 ISODATA 法从分布在数据空间中类均值开始计算，然后使用最小距离迭代地对其余像素进行聚类。每次迭代都根据新的方法重新计算平均值并对像素进行重新分类。此过程直到迭代期间更改类的像素百分比小于变化阈值或达到最大迭代次数，这两个参数在分类过程中由用户设置。操作步骤如下：

(1)从【工具箱】中选择【Classification】→【Classification Workflow】(分类→分类工作流程)，出现【选择文件】对话框。

(2)单击【浏览】，出现【选择文件】对话框。

(3)单击【打开文件】，【打开】对话框出现。

(4)导航到数据文件夹，选择图像 Phoenix_AZ.tif，单击【打开】，这是 QuickBird 的真彩色影像。

(5)在【选择文件】对话框中单击【下一步】，出现【Classification Type】(分类类型)对话框。

(6)选择【No Training Data】(无训练数据)，它将指导通过非监督分类工作流程步骤。

(7)单击【下一步】，出现【非监督分类】对话框。

(8)输入"7"作为要定义的类别数量，在【Advanced】(高级)选项卡上的设置不需要改变，单击【下一步】，开始分类。

分类完成后，分类后的图像将加载到视图和【Clean up】(清理)对话框中。

下面是非监督分类结果的部分区域，练习得到的结果看起来可能会略有不同。注意住宅区域出现的斑点数量，如图 21.1 所示。

(9)清理是一个可选步骤，但是将在本例中使用它来确定分类结果精度是否提高。清理选项为平滑，它可以去除斑点和聚集，去除小区域。在【清理】对话框中，保留默认设置。

(10)启用【Preview】(预览)选项。【预览】窗口打开，显示当前设置下分类清理的结果。单击预览窗口中【选择】工具（位于主工具栏中的箭头图标），并将其拖动到图像周围以查看区域如何受到清理步骤的影响。

图 21.2 显示了使用清理步骤的效果，可以看到大部分的斑点噪声已经被平滑的区域所取代。

(11)单击【下一步】，出现【Export】(导出)对话框。

(12)仅启用【Export Classification Image】(导出分类图像)复选框，使用默认的输出图像类型,并为分类图像输入路径和文件名。

(13)单击【完成】。

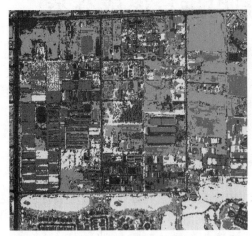

图 21.1　非监督分类结果

图 21.2　非监督分类平滑处理效果

21.2　监督分类

执行监督分类需要做如下准备:

(1)选择【文件】→【数据管理器】,打开【数据管理器】。

(2)选择刚刚创建的分类文件,然后单击【关闭】按钮。保留【数据管理器】对话框并打开文件 Phoenix_AZ. tif。

监督分类方法包括最大似然法、最小距离法、马氏距离法和光谱角制图法。在本例中,将使用光谱角制图法。

(1)在【数据管理器】中,单击 Phoenix_AZ. tif 文件。如果使用的是 Windows 操作系统,可以将文件名拖到【工具箱】的【分类】中。另外,可以双击【分类】工具开始,出现【选择文件】对话框,其中 Phoenix_AZ. tif 作为栅格输入文件。

(2)单击【选择文件】对话框中的【下一步】,出现【分类类型】对话框。

(3)选择【Use Training Data】(使用训练数据),开始监督分类工作流程步骤。

(4)单击【下一步】,出现【Supervised Classification】(监督分类)对话框。

(5)在【Algorithm】(算法)选项卡下,从下拉列表中选择"光谱角制图法"。光谱角制图法是一种光谱分类技术,它使用 n-D 角来匹配像素训练数据。该方法通过计算光谱之间的角度,并将其作为在向量维数等于波段数的空间中处理,来确定两个光谱之间的光谱相似性,较小的角度表示与参考光谱更接近,像素被分配给角度最小的类。当与校准后的反射率数据一起使用时,光谱角制图法对光照和反照率的影响相对不敏感。

(6)可以从现有的矢量文件定义训练数据,但是对于本例,将使用 ENVI 的多边形注记工具,交互式地创建多边形训练数据。

当选择【使用训练数据】时,启用【Polygon Annotation】(多边形注记)按钮并新建一个名为【Training Data】(训练数据)的层添加到【图层管理器】。至少定义两个类,每个类至少有一

个区域,这是执行监督分类所需的最小类数。按照以下步骤添加训练数据:

(1)在【监督分类】对话框中,单击【Properties】(属性)选项卡并更改类名"Class 1"至"Undeveloped"(未开发区域),保持类的颜色为红色。

(2)定位图像中未开发区域类别的不同区域,注意不应该包含建筑物、草和道路。在其中三个区域内绘制多边形。画一个多边形,单击未开发区域,绘制时按住鼠标左键。当接近起始点后,双击以接受多边形。多边形注记被添加到训练数据层树下的【图层管理器】中。图 21.3 所示是一个多边形的例子。

(3)单击【Add Class】(添加类)按钮创建第二个类。

(4)将类名从"Class 2"更改为"Vegetation"(植被),保持类的颜色为绿色。

(5)在图片中找出显示健康植被的不同区域,如高尔夫球场、树木、草坪等。在其中三个区域内绘制多边形。图 21.4 所示是放大的图像的例子。

(6)单击【添加类】按钮,创建第三个类。

(7)将类名从"Class 3"更改为"Buildings"(建筑物),保持类的颜色为蓝色。

(8)在图片中找到有屋顶的不同区域。在其中三个区域内绘制多边形,最好是不同亮度的屋顶。图 21.5 所示是放大的图像显示的另一个例子。

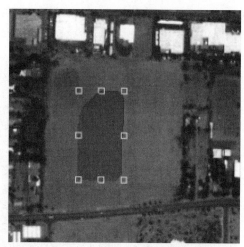

图 21.3　选择未开发区域多边形

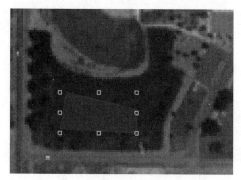

图 21.4　选择健康植被区域多边形

图 21.5　选择房屋多边形

21.3　分类预览

根据提供的训练数据预览分类结果的操作步骤如下:

(1)启用【预览】选项,以打开一个预览窗口,显示使用创建的训练数据的分类结果。图 21.6 显示了一个示例。

预览窗口显示出道路被划分为了建筑物。需要添加公路为第四类。

（2）禁用【预览】选项。

（3）单击【添加类】按钮。

（4）将类名从"类别 4"更改为"Roads"（道路），保持类的颜色为黄色。

（5）使用多边形标注工具在三种不同的道路类型中绘制多边形，包括高速公路。可能需要使用主工具栏中的缩放工具来缩放，以便绘制道路内的多边形。

（6）再次启用【预览】。

（7）道路训练区似乎在分类道路方面做得更精确，但它也将有些屋顶重新分为灰色的，有点像高速公路。图 21.7 显示了一个的例子。

（8）选择"道路"类，然后单击【Delete】（删除）按钮。预览窗口更新视图。

 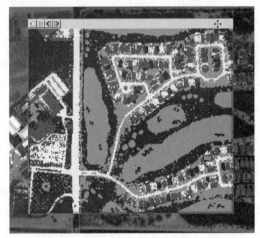

图 21.6　分类结果预览　　　　　　　　图 21.7　道路重新分类

接下来，将删除道路区域，将"建筑物"区域重命名为"Developed"（已开发区域），并添加三个道路训练区域到"已开发区域"。

（9）选择"建筑物"类，并将其类名更改为"已开发区域"。

（10）使用多边形注记工具在三个路段内绘制多边形，确保一定要标出至少一段高速公路。

预览窗口应该显示道路和建筑物是新的"已开发区域"类的一部分。

21.4　分类方法比较

启用【预览】选项后，在【算法】选项卡下尝试每种分类方法。以下是其他各种方法的简单介绍：

最大似然法假设每个波段中每个类的统计量是正态分布的，计算给定像素属于特定类的概率，将每个像素分配给具有最高概率（即最大值）的类。分类结果如图 21.8 所示。

最小距离法使用每个类的均值向量，计算从每个未知像素到每个类的均值向量的欧氏距离，像素被分类到最近的类。分类结果如图 21.9 所示。

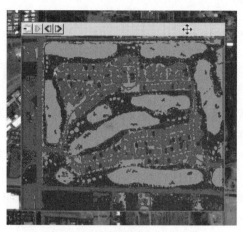

图 21.8　最大似然法分类结果

图 21.9　最小距离法分类结果

马氏距离法是一个方向敏感的距离分类方法,它为每个类使用统计数据。它与最大似然法分类相似,但假设所有类的协方差都相等,因此是一种更快的方法,所有的像素都被分类到最近的训练数据。分类结果如图 21.10 所示。

21.3 节光谱角制图法分类结果如图 21.11 所示。

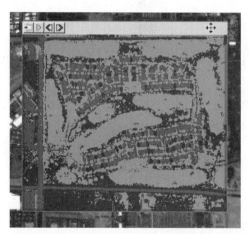

图 21.10　马氏距离法分类结果

图 21.11　光谱角制图法分类结果

结果表明,最大似然法或光谱角制图法都能提供最佳的分类结果。对于本例中,保留光谱角制图法作为算法,然后单击【下一步】。

21.5　监督分类结果清理

完成监督分类后,分类后的图像加载到图像窗口中,【清理】对话框出现。操作步骤如下:

(1)在【清理】对话框中,禁用【Enable Smooth】(使光滑)选项。选择并保留默认设置。

(2)【预览】窗口保持打开,显示与当前设置类似的分类清理的视图。单击【预览】窗口,并拖动它周围的图像查看清理步骤如何影响分类区域。

(3)单击【下一步】,分类过程完成后,将出现【导出】对话框。

21.6 分类结果输出

在【导出】对话框中，可以将分类结果保存为图像，将分类多边形保存为一个矢量文件，并将统计信息转换为文本文件。

(1)在【Export Files】(导出文件)选项卡下，启用【导出分类图像】选项并保持 ENVI 为输出图像类型，为分类图像选择或者输入一个路径和文件名。

(2)启用【Export Classification Vectors】(导出分类向量)选项，保持【Shapefile】(矢量文件)作为输出向量文件类型，并为矢量文件输入一个有效的路径和文件名。

(3)在【Additional Export】(附加导出)选项卡下，启用【Export Classification Statistics】(导出分类统计信息)选项，选择或者输入一个统计文本文件的有效路径和文件名。

(4)单击【完成】，ENVI 创建一个输出结果，打开图像中的分类和向量层，并将文件保存到指定的目录中。可以通过在文本编辑器中打开该文件来查看统计数据。

(5)选择【文件】→【退出】，关闭 ENVI。

第 22 章　基于智能数字化仪的线性特征提取

本章介绍使用 ENVI 的【Intelligent Digitizer】(智能数字化仪)来提取线性特征,如道路、海岸线、湖泊边界和河流的矢量数据。

22.1　智能数字化仪简介

智能数字化仪是通过用户沿着特征路径放置种子点,ENVI 自动查找中间点进行特征提取。智能数字化仪可以减少用于提取特征的鼠标单击次数,从而节省时间,并提高传统单机数字化仪的准确性。也可以根据需要在智能模式和 ENVI 标准矢量工具模式之间随时切换,例如当对比度较低或线性特征存在较大干扰时,为确保特征选择准确,可以使用单波段或多波段提取特征。在正确选择的多波段上使用智能数字化仪可以提高测量结果的准确性。

智能数字化仪可以执行自动后处理程序来提高特征提取的质量,与 ENVI 的标准矢量工具一样,可以手动管理矢量数据,执行基本的矢量编辑,并将矢量转换为外部格式,如 Shapefile。当提取线性特征时,最好为不同的特征类型创建单独的图层。本章实例中将创建一个图层用于从多波段图像中提取海岸线,以及从单个波段图像中提取另一个图层。这两个实例都使用折线提取功能。如果想要提取面的特征,如湖泊边界,可以使用多边形模式。

22.2　海岸线提取

海岸线提取的操作步骤如下:

(1)从【工具箱】中,双击【Vector】→【Intelligent Digitizer】(矢量→智能数字化仪),弹出【智能数字化仪输入文件】对话框。

(2)单击【打开】,然后选择【新文件】,弹出【选择文件】对话框。

(3)选择 Coastline_extraction_data. bil,然后单击【确定】,弹出【File Spectral Subset】(文件光谱子集)对话框。

(4)ENVI 自动选取用于智能数字化仪的波段(波段 6、11 和 20),保持默认设置,单击【确定】。图像在包括三个显示窗口的显示组中打开,同时【Vector Parameters】(矢量参数)对话框也打开。【矢量参数】对话框中增加了一个新的图层,名为 Intelligent Digitizer:New Layer(智能数字化仪:新建图层),如图 22.1 所示。

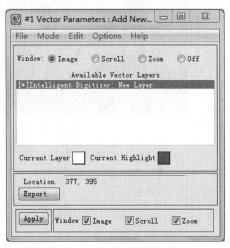

图 22.1　【矢量参数】对话框

22.2.1　打开多波段文件

如果图像具有 3 个或更少的波段,则图像在显示组中打开,所有波段均被选择用于智能数字化仪。

如果图像具有 3 个以上的波段,将弹出预先选中波段的【文件波谱子集】对话框,建议选择 6 个或更少的波段,使用 6 个以上的波段会降低系统的性能。

ENVI 预先选择波段情况如下:

(1)如果图像具有 4 个波段,ENVI 会选择波段 3 和 4,通常是红色和近红外波段。

(2)如果图像多于 4 个波段,也具有波长信息,ENVI 将选择波段的彩色-红外组合。

(3)如果图像多于 4 个波段,但不具有波长信息,ENVI 将选择波段 $[NB/3,NB/2,NB \times 2/3]$ 为红色、绿色和蓝色。其中,NB 是波段数。

22.2.2　提取海岸线

使用名为"智能数字化仪:新建图层"的图层进行海岸线的提取,实例将展示如何选择种子点以确定海岸线,以及如何重命名图层。

当提取特征为海岸线或湖泊边界时,可以在【Intelligent Digitizer Parameters】(智能数字化仪参数)对话框中把提取宽度更改为"1.00"。操作方法如下:在【矢量参数】对话框中选择【模式】→【智能数字化仪参数】,打开【智能数字化仪参数】对话框,将【Linear Feature Width】(线性特征宽度,以像素表示)值更改为"1.00",单击【确定】即可。

提取海岸线的操作步骤如下:

(1)从显示组菜单中,选择【Tools】→【Pixel Locator】(工具→像元定位器)。弹出【像元定位器】对话框。

(2)输入【Sample】(列)为 1,【Line】(行)为 501,单击【应用】,光标将移动到海岸线的开始处(图 22.2)。

图 22.2　海岸线提取开始处种子点设置示意

(3)在图像窗口中,间隔单击左键添加标记海岸线的种子点。ENVI 自动将一个种子点连接到下一个种子点。

这里有一些提取技巧:

——对于沿着海岸线的尖锐曲线,在曲线拐点处选择种子点。

——如果种子点的放置未按需要提取特征,单击鼠标中键移除最后一个种子点,然后选择一个更接近删掉的种子点的新种子点。可以通过多次单击中键以按相反顺序移除种子点,一次一个。

——如果海岸线的光谱突然变化,选择超出表面变化几个像素的种子点。

(4)继续添加种子点,直到定义整个海岸线,右键单击设置最终种子点后,然后再次单击右键并选择【Accept New Polyline】(接受新折线)(图22.3)。

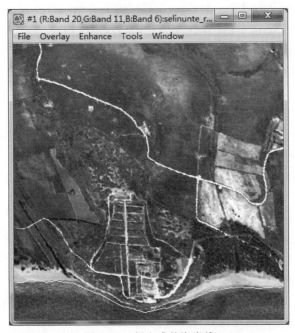

图 22.3　新生成的海岸线

(5)从【矢量参数】对话框菜单中,选择【Edit】→【Save Changes Made to Layer】(编辑→保存对图层的更改)将修改保存到内存中,然后关闭【矢量参数】对话框。

22.3　道路提取

22.3.1　打开文件

(1)从【工具箱】中,双击【矢量】→【智能数字化仪】,弹出【智能数字化仪输入文件】对话框。

(2)单击【打开】,然后选择【新文件】,弹出【选择文件】对话框。

(3)选择 Road_extraction_data.tif,单击【打开】,然后单击【确定】。图像在显示组中打开,【矢量参数】对话框也打开,启用智能数字化仪的菜单选项。ENVI 添加了一个名为"Intelligent Digitizer:New Layer"的新图层,新图层被添加到【矢量参数】对话框中的可用矢量图层区域。

22.3.2　提取道路

本实例将展示如何创建一个新的图层,并提取有十字路口和高速公路的道路。

参照 22.2.2 小节将【线性特征宽度】重置为 15.00。

(1)在滚动窗口中,将图像框移动到包含道路的区域,最好是相交的道路。可以使用【工具】菜单下【像素定位器】工具找到要提取的区域。提取的区域包括以下内容：

　　【Sample】(列)＝4 532,【Line】(行)＝2 479,公路的一个区域,包含立交桥;

　　【Sample】(列)＝1 301,【Line】(行)＝3 349,为街道和路口的一个区域;

　　【Sample】(列)＝3 263,【Line】(行)＝4 470,为街道和路口的一个区域;

　　【Sample】(列)＝2 863,【Line】(行)＝1 631,为街道和路口的一个区域。

　　(2)单击图像窗口标题栏中的【Window】→【Maximize Open Displays】(窗口→将打开的显示最大化)按钮,放大图像窗口。

　　(3)从【矢量参数】对话框菜单中,选择【文件】→【创建新图层】,弹出新的【矢量参数】对话框。

　　(4)在图层名称字段中输入名称"Roads"。

　　(5)选择输出文件,并在输入输出文件名【.evf】字段中输入文件名"Roads.evf"。

　　(6)单击【确定】,新图层将出现在【矢量参数】对话框中。

　　(7)在图像窗口中,间隔单击左键添加要提取道路的种子点,ENVI会自动将一个种子点连接到下一个种子点。

　　这里有一些提取技巧:

　　——对于道路中心线提取,选择道路中心线附近的种子点。

　　——对于急弯的道路,在急弯处选择种子点。

　　——如果选择种子点后未按需要提取特征,单击鼠标中键移除最后一个种子点,然后选择一个更接近先前种子点的新种子点,单击更靠近先前种子点的位置将可能给出更好的结果,可以多次单击鼠标中键以反向顺序移除种子点,一次一个。

　　——当要提取路口处的线性特征时,需要将开始或结束节点延伸到两条道路相交的点之外,产生的悬空线将在后续步骤中使用自动后处理工具除去。

　　——当特征与其背景之间的对比度较小,或在具有立交桥的道路区域中,按住 Shift 键,暂停使用智能模式,然后单击左键以通过该区域定义特征。当经过该区域后,释放 Shift 键,以继续使用智能模式(图 22.4)。

图 22.4　通过立交桥时暂停智能模式效果

(8)一条道路提取完成时,单击右键以设置最终种子点,然后再次单击右键并选择【接受新折线】。如果正在提取已经提取的另一条道路(或道路)附近的道路,则可以将节点捕捉到最近的折线,操作方法为使用右键单击选择【Snap Start Node to the Nearest Polyline】(捕捉开始节点到最近的折线)、【Snap End Node to the Nearest Polyline】(将最终折线节点拖动到最近的折线)或【Snap Both Ends to the Nearest Polylines】(将两端都锁定到最近的折线)。

(9)为需要提取的每条道路添加种子点。

(10)从【矢量参数】对话框菜单中,选择【编辑】→【保存对图层的更改】。

22.3.3 使用自动后处理工具

在提取折线特征后,可以用 ENVI 自动后处理工具来创建相互交叉的折线之间的交点,以及更正过长(悬空)折线。操作步骤如下:

(1)在【矢量参数】对话框中,右键单击 Roads 图层并选择【Linear Feature Cleanup】(线性特征清理),弹出【线性特征清理参数】对话框。

(2)【Dangle Length Tolerance (Pixels)】(悬空长度容差(像素))默认值是 20.00,在自动线性功能清理期间,ENVI 可以移除所有短于此值的悬空折线。如果需要可以在对话框中更改此值。

(3)单击【确定】,ENVI 可以移除所有悬空折线,并创建交叉折线之间的交叉点。完成后,ENVI 将会在原始图层上覆盖修改后的图层(使用不同的当前图层颜色)。在【矢量参数】对话框中,ENVI 会将新的名为 Roads_clean 的图层添加到可用矢量图层列表中。图 22.5 显示了使用线性特征清理之前和之后的对比效果。

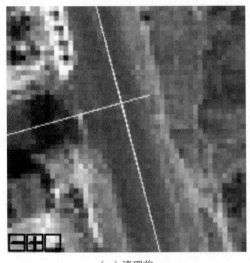 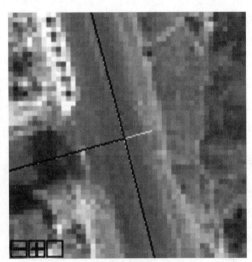

(a)清理前　　　　　　　　　　　　　(b)清理后

图 22.5　线性特征清理对比

(4)图 22.6 显示了自动后期处理完成后提取的道路网络的大型场景。原始图像提取含有悬空的折线,在线性特征清理步骤中被移除。

(5)通过单击右键【矢量参数】对话框中的图层名称并选择【Remove Active Layer】(移除活动图层),可以关闭原始图层。

图 22.6　道路网

22.3.4　使用手动后处理工具

手动后处理功能可以进一步清理提取的折线,如可以将一折线锁定到另一折线,可以扩展以前提取的折线,还可以使用 ENVI 的标准矢量工具来调整节点。

1. 捕捉节点到折线

ENVI 采用 30.00 像素的默认设置将节点捕捉到折线。当选择的是距离折线 30.00 或更少像素的节点时,ENVI 会将该节点锁定到折线。可以从【矢量参数】菜单中选择【模式】→【智能数字化仪参数】并编辑【Snap Tolerance(Pixels)】(捕捉容差(像素))字段来修改捕捉设置,还可以通过将【捕捉容差(像素)】设置为 0.0 来禁用捕捉(图 22.7)。操作步骤如下:

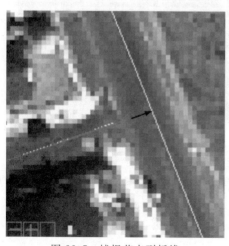

图 22.7　捕捉节点到折线

(1)在【矢量参数】对话框菜单中,选择【模式】→【Edit Existing Vectors】(编辑现有矢量)。

(2)选择要编辑的图层。

(3)在图像窗口中,找到提取折线不完全符合的区域。选择要与附近的折线连接的折线。折线节点出现,折线颜色发生变化。

(4)单击右键并选择【捕捉终端节点到最近的折线】。ENVI 将端点连接到最近的折线。

2. 扩展折线

扩展折线的操作步骤如下:

(1)在【矢量参数】对话框菜单中,选择【模式】→【编辑现有矢量】。

（2）从可用矢量图层区域中选择要编辑的图层。

（3）在图像窗口中，选择要扩展的折线。折线节点出现，折线颜色发生变化。

（4）右键单击要扩展的结束节点，并选择【Extend Selected Vector】（扩展选定矢量）。折线节点消失，折线颜色返回到当前图层颜色。ENVI自动更改为添加新矢量模式。确认在【工具箱】中已启用智能数字化仪。

（5）当提取特征时添加新的种子点。ENVI自动继续从末端节点提取，并将矢量视为一条连续的折线。

（6）选择最后一个种子点后，右键单击进行设置，然后再次单击右键并选择【接受新的折线】。

3. 计算提取的特征长度

ENVI可以计算提取的特征长度，并将结果作为属性包含在图层属性表中。属性的默认单位是米。

（1）在【矢量参数】对话框中，右键单击 Roads_clean 图层，然后选择【Calculate Length Attribute】（计算长度属性）。

（2）ENVI计算特征的矢量线段长度，然后将结果显示在【Layer Attributes】（图层属性）表的 evf_length 字段中。

第 23 章 HDF 数据的多光谱分析

HDF(hierarchical data format)是用于在机器之间传送图形和数字数据的文件格式。ENVI Classic 支持 HDF 数据,包括栅格格式影像,存储为二维或三维的科学数据格式的影像,以及以一维科学数据格式存储的绘图。

23.1 短波红外分析

本节介绍如何在 ENVI Classic 中打开 MASTER HDF 文件,对 HDF 数据集提取子集,执行经验反射率校准,提取影像光谱并与库光谱进行比较,以及对 MASTER 数据执行光谱角制图。

23.1.1 打开 HDF 文件并选择数据集

打开 HDF 文件并选择数据集的操作步骤如下:

图 23.1 【HDF 数据集选择】对话框

(1)在安装后程序组里的【Tools】(工具)文件夹中找到并启动 ENVI Classic 5.5(64 bit)。在 ENVI Classic 主菜单中,选择【File】→【Open External File】→【Generic Formats】→【HDF】(文件→打开外部文件→通用格式→HDF),弹出【选择文件】对话框。

(2)选择 Hdf_data.hdf。单击【打开】,弹出【HDF 数据集选择】对话框(图 23.1),可用 HDF 数据集的文件显示在列表中。

(3)选择标有(50x1):Left50%ResponseWavelength 的 HDF 数据集,然后单击【确定】,在 HDF1-D 数据集窗口绘制数据,此数据集包含 MASTER HDF 数据的中心波长。

(4)从 HDF1-D 数据集绘图窗口菜单中选择【Edit】→【Data Parameters】(编辑→数据参数),弹出【数据参数】对话框。

(5)从【Symbol】(符号)下拉列表中选择一个符号,通过在 HDF1-D 数据集绘图窗口拖动窗口的一个角来放大曲线为初始大小的 2 倍或 3 倍,以便可以看到单点中心的标记。

(6)单击并拖动绘图窗口内部读取波长值。当移动光标时,波段中心值显示在绘图底部,两组数字中的右边数字代表以微米为单位的所选波段的波段中心,MASTER 数据的范围为 0.4~14 μm。

(7)完成后关闭绘图窗口。

23.1.2　显示影像

显示影像的操作步骤如下：

（1）按照 23.1.1 小节所述步骤再次选择并打开 Hdf_data.hdf，在【HDF 数据集选择】对话框中，选择"（716×50×2028）：Calibrated Data"，然后单击【确定】，弹出【HDF Dataset Storage Order】（HDF 数据集存储顺序）对话框。

（2）在【HDF 数据集存储顺序】对话框中，选择【BIL】单选按钮，然后单击【确定】，将影像数据加载到【Available Bands List】（可用波段列表）对话框中，此数据集包含了内华达赤铜矿区的 MASTER HDF 数据的影像数据。

（3）在【可用波段列表】中，选择"（716×50×2028）：CalibratedData：Band 4"，然后单击【加载波段】，ENVI Classic 会自动读取 HDF 数据。

23.1.3　使用 MASTER HDF 读取器打开 HDF 文件

以下打开 HDF 文件的方法与 23.1.1 小节步骤不同，因为未显示【HDF 数据集选择】对话框。操作步骤如下：

（1）在 ENVI Classic 主菜单中，选择【文件】→【打开外部文件】→【Thermal】（热红外）→【MASTER】，弹出【选择文件】对话框。选择 Hdf_data.hdf，然后单击【打开】。50 个 MASTER 波段和与其相关的波长显示在【可用波段列表】对话框中。

（2）选择【可用波段列表】对话框中的【RGB 颜色】单选按钮，然后按顺序选择波段 5、波段 3 和波段 1。单击【Load RGB】（加载 RGB），显示真彩色影像。

23.1.4　裁切数据

裁切数据的操作步骤如下：

（1）移动滚动窗口中的影像框，使之移动到赤铜矿区（图 23.2）。

（2）以下步骤将会显示如何同时裁切空间和光谱子集。从 ENVI Classic 主菜单中，选择【Basic Tools】→【Resize Data（Spatial/Spectral）】（基本工具→调整数据大小（空间/光谱）），在随后弹出的对话框中，选择 Hdf_data.hdf，但暂时不要单击【确定】。

（3）单击【Spatial Subset】（空间子集），弹出【Select Spatial Subset】（选择空间子集）对话框。

（4）单击【Image】（影像），弹出【Subset by Image】（影像裁切）对话框。

（5）红色框显示当前在影像窗口中查看的需要裁切的区域，如果要裁切这个区域，单击【确定】。如果想改变红框大小，可以拖拽红框右下角；如果想改变红框的位置，可以左键单击其中心位置拖动，松开鼠标后红框将会被移动。确定裁切区域后在【选择空间子集】对话框中单击【确定】。实例中选择裁切图像的右下角部分，如图 23.3 所示。

（6）在【调整数据大小输出文件】对话框中，单击【Spectral Subset】（光谱子集），弹出【File Spectral Subset】（文件光谱子集）对话框。

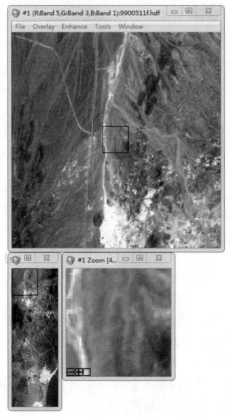

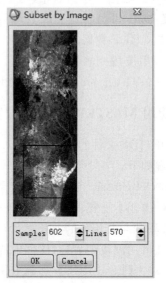

图 23.2　移动滚动窗口中移动影像框至
赤铜矿区（图像）

图 23.3　【影像裁切】对话框

（7）因为默认设置是所有波段都被选中，所以在此单击【Clear】（清除），然后选波段 1，按住
Shift 键，然后选择波段 25，单击【确定】，最后在【调整数据大小输出文件】对话框中单击【确
定】，弹出【Resize Data Parameters】（调整数据大小参数）对话框。

（8）在【Enter Output Filename】（输入输出文件名）字段中，选择输出路径并输入文件名
称，输出文件名称建议为"resized_image"，然后单击【确定】。

23.1.5　经验反射率校正法

经验反射率校正法的操作步骤如下：

（1）在【可用波段列表】中，选择【RGB 颜色】单选按钮，在 resized_image 影像下选择波段
5、波段 3 和波段 1，然后单击【加载 RGB】。

（2）从显示组菜单中，选择【工具】→【Profiles】（剖线）→【Z Profile（Spectrum）】（Z 剖线
（光谱））, 弹出【Spectral Profile】（光谱剖线）绘图窗口，显示 MASTER 波段 1～25 的光谱
（0.46～2.396 μm）曲线。注意光谱的形状，以及大气吸收作用对太阳光谱形状造成的影响，
如图 23.4 所示。

（3）从【光谱剖线】菜单中选择【文件】→【取消】。接下来将使用平场域纠正进行快速（粗
略）的大气纠正，做法是选择感兴趣区域作为光谱平场域，然后将影像中每个像元的光谱除以

该场域的平均光谱。

（4）从显示组菜单中，选择【Overlay】→【Region of Interest】（覆盖→感兴趣区域），弹出【ROI Tool】（ROI工具）对话框。

（5）在图像窗口内绘制多边形感兴趣区域，在接近影像底部中心的白色区域，单击鼠标左键定义多边形形状，然后单击右键关闭多边形，再次右键单击以接受多边形感兴趣区域（图23.5）。

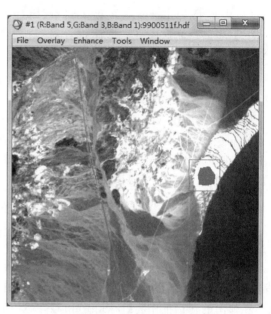

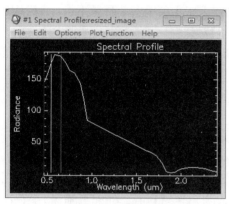

图23.4 光谱剖线   图23.5 多边形ROI

（6）在【ROI工具】对话框中，选择【Off】（离开）单选按钮，关闭感兴趣区域鼠标控制。

（7）从 ENVI Classic 主菜单中，选择【Basic Tools】→【Preprocessing】→【Calibration Utilities】→【Flat Field】（基本工具→预处理→定标实用程序→平场域法），弹出【校准输入文件】对话框。

（8）选择 resized_image 文件，然后单击【确定】，弹出【平场域法校正参数】对话框。

（9）【Select ROI for Calibration】（选择ROI进行定标）选择 Region ♯1。在【输入输出文件名】字段中选择输出路径，输入输出文件名称。单击【确定】，开始平场域法校正，生成的图像将会加载到【可用波段列表】中。

23.1.6 彩色合成显示并提取光谱

彩色合成显示并提取光谱的操作步骤如下：

（1）在【可用波段列表】中，选择【RGB颜色】单选按钮，在平场域法校正生成的影像中选择波段5、波段3和波段1，单击【加载RGB】。

（2）从显示组菜单中，选择【工具】→【剖线】→【Z剖线（光谱）】，打开【光谱剖线】绘图窗口，显示 MASTER 波段 1-25(0.46~2.396 μm)的光谱曲线。注意纠正光谱同表观反射率或相对反射率（与平场域光谱有关）相对应。

（3）将光标在影像窗口中拖动并检查光谱。将光标移动到影像中的一些红色区域，这对应于铁的吸收特征接近 $0.87~\mu m$(波段 9),并检查其光谱。

(4)在【光谱剖线】窗口中单击并按住鼠标中键,在 $2.0\sim2.4~\mu m$ 的范围内绘制一个框。将光标在影像中拖动,分别观察由黏土和碳酸盐引起的 $2.2~\mu m$ 和 $2.3~\mu m$ 附近的吸收特征。

23.1.7　影像光谱与光谱库比较

(1)从 ENVI Classic 主菜单中,选择【Spectral】→【Spectral Libraries】→【Spectral Library Viewer】(光谱→光谱库→光谱库查看器),弹出【Spectral Library Input File】(光谱库输入文件)对话框。

(2)单击【打开】下拉按钮,然后选择【光谱库】,弹出【选择文件】对话框。

(3)选择 usgs_min. li,然后单击【打开】。

(4)在光谱库输入文件中选择 usgs_min. sli(一般在 ENVI 程序安装目录下:⋯⋯\ENVI55\classic\spec_lib),然后单击【确定】,弹出【光谱库查看器】对话框。

(5)选择 alunite1. spc Alunite GDS84 Na03,弹出【Spectral Library Plots】(光谱库绘图)窗口,显示明矾石光谱。然后选择以下光谱:

budding1. spcBuddingtoniteGDS85 D-206(水铵长石);

calcite1. spcCalciteWS272(方解石);

kaolini1. spcKaoliniteCM9(高岭石)。

(6)在【光谱库绘图】窗口右键单击并选择【Stack Plots】(堆栈图),右键单击【Plot Key】(制图键),该图应该类似于图 23.6(a),在菜单选择【Edit】(编辑)→【Plot Parameters】(制图参数),在弹出的对话框中将【Background】(背景)颜色改为白色,【Foreground】(前景)颜色改为黑色,效果看起来会好⋯点,如图 23.6(b)所示。

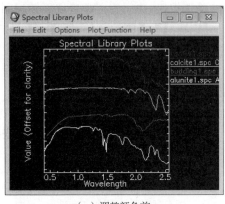
（a）调整颜色前

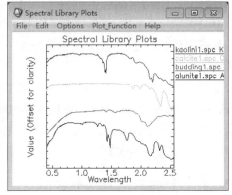
（b）调整颜色后

图 23.6　光谱库光谱制图

(7)接下来将从 MASTER 影像中选择相同矿物质的光谱。从显示组菜单中,选择【工具】→【Pixel Locator】(像元定位器)。

(8)在【像元定位器】对话框中,输入像元位置"521,1587",这是一个明矾石,单击【应用】光标将会跳到这个像元位置。

(9)在【光谱剖线】窗口中右键单击并选择【Collect Spectral】(收集光谱)。

（10）在【像元定位器】对话框中输入下面的像元位置，每次均单击【应用】：

（424，1 578）—水铵长石；（239，1 775）—方解石；（483，1 674）—高岭石。

（11）在【光谱剖线】窗口中右键单击并选择【堆栈图】。

（12）再次右键单击并选择【绘图键】。

（13）在【光谱剖线】窗口和【光谱库绘图】窗口中，缩放到 $2.0 \sim 2.4\ \mu m$ 范围，使用鼠标中键在该范围周围绘制一个框。

（14）将影像光谱与波谱库光谱进行比较，注意在 $2.2\ \mu m$ 和 $2.3\ \mu m$ 附近矿物对于电磁波的吸收功能，如图 23.7 所示。

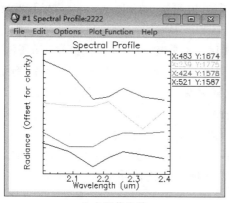 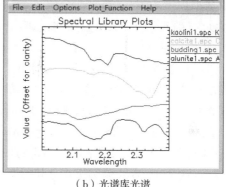

（a）影像光谱　　　　　　　　　　（b）光谱库光谱

图 23.7　影像光谱与光谱库光谱对比

（15）要进行更直接的比较，则从【光谱剖线】窗口中选择【Options】→【New Window：Blank】（选项→新窗口：空白），单击并将光谱名称从光谱配置文件窗口拖动到 ENVI Classic 绘图窗口。然后，单击并将相应的光谱名称从光谱库曲线窗口拖动到 ENVI Classic 曲线窗口。高岭土的光谱曲线如图 23.8 所示。

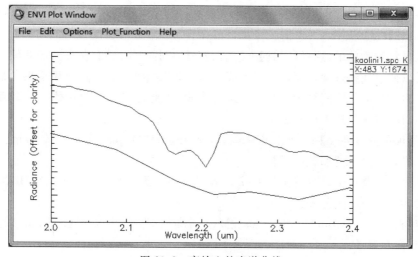

图 23.8　高岭土的光谱曲线

23.1.8 使用 SAM 进行影像处理

使用影像光谱对 MASTER 影像数据进行光谱角制图（SAM）分类。SAM 将测量 N 维空间的未知光谱和参考光谱之间的相似性。被看作 N 维空间矢量的光谱之间的角度称为光谱角。该方法假定数据已经被简化为表观反射率数据，且只使用了光谱的方向，而不使用其长度，因此 SAM 分类对亮度影响不是很敏感。操作步骤如下：

（1）从 ENVI Classic 主菜单中，选择【Classification】→【Supervised】→【Spectral Angle Mapper】（分类→监督→光谱角制图），弹出【分类输入文件】对话框。

（2）选择校准文件，然后单击【确定】，弹出【Endmember Collection：SAM】（端元集合：SAM）对话框。

（3）单击【端元集合：SAM】对话框菜单中的【Import】（输入），选择该菜单下的【from Plot Windows】（从绘图窗口中），弹出【Import from Plot Windows】（从绘图窗口导入）对话框，在【Select Spectral】（选择波谱）字段下的窗口中选择采集的光谱（例如 X：483，Y：1 674），单击【确定】，导入之前在【光谱剖线】中各种矿物的光谱。

（4）单击【Select All】（全选）和【Plot】（绘图），以确认有正确的端元光谱。

（5）单击【应用】，弹出【Spectral Angle Mapper Parameters】（光谱角制图参数）对话框。

（6）在【输入输出文件名】字段后单击【选择】，选择输出路径并输入"sam_class_out"作为输出文件名，这是在 SAM 分类中将创建的影像。

（7）在【Enter Output Rule Filename】（输入输出规则文件名）后单击【选择】，选择输出路径并输入"sam_rule_out"，单击【确定】，这是将要创建 SAM 规则影像集。

（8）在【可用波段列表】中，单击 Display ♯1，选择【New Display】（新建显示）。

（9）在【可用波段列表】中，根据 sam_class_out 选择 Sam。选择【Gray Scale】（灰度）按钮，然后单击【加载波段】。类别的颜色编码与谱图颜色相同：

高岭石—蓝色；方解石—绿色；明矾石—白色；水铵长石—红色。

（10）将分类图与真彩色影像进行比较。从显示组菜单中选择【工具】→【Link】（链接）→【Link Displays】（链接显示）。单击影像窗口以在真彩色影像和分类图之间切换。

（11）从显示组菜单中，选择【工具】→【剖面】→【Z 剖面（光谱）】，验证光谱匹配。

（12）可以使用规则影像来评估光谱匹配。当首次显示时，规则影像显示黑色的最佳匹配（小角度）。由于将最佳匹配显示为更亮的值更直观，因此可以反转规则影像中的颜色。步骤（13）至步骤（15）将解释这个过程。

（13）在【可用波段列表】中，单击"Display ♯2"和选择"Display ♯1"。在 sam_rule_out 下选择规则波段，然后单击【加载波段】。

（14）从显示组菜单中，选择【工具】→【Color Mapping】（颜色绘图）→【ENVI Classic Color Tables】（ENVI Classic 颜色表）。

（15）将【Stretch Bottom】（拉伸底部）滑块一直向右移动，然后将【Stretch Top】（拉伸顶部）滑块一直向左移动。

（16）从显示组菜单中，选择【工具】→【链接】→【链接显示】，弹出【链接显示】对话框。单击【确定】，链接"Display ♯1"（规则影像）和"Display ♯2"（分类影像）。

（17）单击影像窗口以在规则图形和分类影像之间进行切换，检查具体矿物质的空间位置。

(18)完成后,从 ENVI Classic 主菜单中选择【Window】→【Close All Display Windows】(窗口→关闭所有显示窗口)。

23.2　长波红外分析

本节将在长波红外(LWIR)光谱中检查 MASTER HDF 影像,范围是 $8\sim14~\mu m$。检查 LWIR 光谱以定义关键光谱波段,执行彩色合成的去相关拉伸以增强 LWIR 光谱差异,并比较 SWIR 和 LWIR 制图结果。

23.2.1　查看 LWIR 颜色合成和子集数据

查看 LWIR 颜色合成和子集数据的操作步骤如下:

(1)在【可用波段列表】中选择【RGB 颜色】单选按钮,然后选择 Hdf_data. hdf 下的波段 46、波段 44 和波段 41,单击【加载 RGB】,显示彩色合成影像。

(2)在【可用波段列表】中,单击"Display #1",选择【新建显示】。

(3)在【可用波段列表】中,选择【Resized_image】(之前创建的子集)下的任何波段,选择【灰度】单选按钮,然后单击【加载波段】。

(4)从 ENVI Classic 主菜单中,选择【基本工具】→【调整数据大小(空间/光谱)】,弹出【调整数据输入文件大小】对话框,选择 Hdf_data. hdf,但不要单击【确定】。

(5)单击【空间子集】,弹出【选择空间子集】对话框,将使用与之前创建裁切数据的相同空间子集,但使用不同的光谱子集。

(6)单击【文件】,弹出【选择文件】对话框。

(7)选择 resized_image 并单击【确定】,然后在【选择空间子集】对话框中单击【确定】。

(8)在【调整数据输入文件大小】对话框中,单击【光谱子集】,弹出【文件光谱子集】对话框。

(9)单击【清除】,选择波段 41,按住 Shift 键,然后选择波段 50,单击【确定】,然后在【调整数据输入文件大小】对话框中单击【确定】,会弹出【调整数据参数】对话框。

(10)在【输入输出文件名】字段中,选择输出路径,输入输出文件名称,建议该名称为"resized_image_lwir",然后单击【确定】。

23.2.2　将 LWIR 波段动画演示

将 LWIR 波段动画演示的操作步骤如下:

(1)在【可用波段列表】中,在 resize_image_lwir 中选择波段 41,选择【灰度】单选按钮,然后单击【加载波段】。

(2)激活所有子集的 LWIR 波段并检查其变化。从显示组菜单中,选择【工具】→【Animation】(动画),弹出【Animation Image Parameters】(动画影像参数)对话框,单击【确定】接受默认值。10 个 LWIR 波段加载并进行动画显示。大部分差异是由加热不均匀引起的,而不是由波段之间的光谱差异引起的。理想情况下,这些数据应该被大气校正并转换成发射率以增强光谱差异。然而,在本章替换使用长波红外光谱关键影像波段的选择,并使用去相关拉伸来进行增强。

23.2.3 查看 LWIR 光谱特性

ENVI Classic 光谱库包括来自约翰霍普金斯大学的光谱库,其中包含 $0.4 \sim 14~\mu m$ 选定材料的光谱。这个区域在岩石和土壤的表观无缝反射光谱是用两种不同的仪器产生的,都配备了用于测量方向半球反射率的积分球。

在大多数情况下,这些数据的红外部分可以基于基尔霍夫定律用于计算发射率。然而,在此可以认为来自光谱库的反射光谱的高值等同于发射率光谱中预期的低值。

查看 LWIR 光谱特性的操作步骤如下:

(1)从 ENVI Classic 主菜单中,选择【光谱】→【光谱库】→【光谱库查看器】,弹出【光谱库输入文件】对话框。

(2)单击【打开】下拉按钮,然后选择【光谱库…】,弹出【选择文件】对话框,选择 minerals. sli(一般在 …ENVI55\classic\spec_lib\jhu_lib 目录下),单击【打开】。

(3)在【光谱库输入文件】对话框中选择 minerals. sli,然后单击【确定】,弹出【光谱库查看器】对话框。

(4)选择【Quartz SiO₂】(石英)第一个选项,弹出【光谱库绘图】窗口,其中显示石英的光谱,然后选择【Calcite CaCO₃】(方解石)第二个选项。

(5)从【光谱库绘图】窗口菜单中,选择【编辑】→【绘图参数】。

(6)设置【Range】(范围)为 $8 \sim 13~\mu m$,然后单击【应用】。石英显示出最大值接近于 $9~\mu m$,而方解石没有。使用此信息可以通过 MASTER 数据帮助找出所有富含石英的区域,如图 23.9 所示。

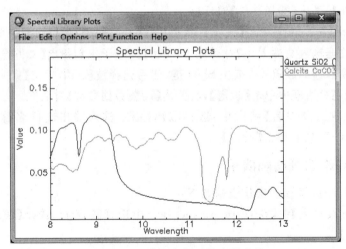

图 23.9　石英和方解石的光谱曲线

23.2.4 设计和显示不同彩色组合方案

设计和显示不同彩色组合方案的操作步骤如下:

(1)单击【光谱库绘图】窗口来检查两个光谱的性质。查看 $8 \sim 14~\mu m$ 之间的对比度,其中涉及 MASTERL LWIR 光谱波段。

(2)波段 46、44 和 41(分别为 $10.085~\mu m$、$9.054~\mu m$ 和 $7.793~\mu m$)包括邻近 $9.0~\mu m$ 波段

能够突出石英。在【可用波段列表】中,选择【RGB 颜色】单选按钮,在 resized_image_lwir 选择波段 46、波段 44 和波段 41,选择"Display ♯1"(显示窗口 1),然后单击【加载 RGB】。

(3)根据光谱库将影像颜色与预期的相对贡献相关联。颜色不能很好地匹配预期的颜色,因为温度的影响淹没了光谱差异。该波段是高度相关的,因为岩石和土壤的受热程度不同。

23.2.5　执行去相关拉伸

使用去相关拉伸能够增强颜色的差异。去相关拉伸提供了一种移除数据之间高度相关的手段,这些高度相关常常存在于长波红外多光谱数据中。ENVI Classic 提供了一个去相关拉伸工具,也可以通过计算正向主成分分析、进行对比度拉伸和计算逆主成分分析来获得类似的结果。

(1)去相关拉伸需要输入三个波段(经过拉伸的彩色合成影像),将使用当前显示的彩色波段。

(2)从 ENVI Classic 主菜单中,选择【Transform】→【Decorrelation Stretch】(变换→去相关拉伸),弹出【Decorrelation Stretch Input File】(去相关拉伸输入文件)对话框。选择"Display ♯1",然后单击【确定】,弹出【Decorrelation Stretch Parameters】(去相关拉伸参数)对话框。

(3)在【输入输出文件名】字段中,选择输出路径并输入文件名"lwir_stretched",然后单击【确定】。

(4)在【可用波段列表】中,选择【RGB 颜色】单选按钮。选择 RDS,GDS 和 BDS(去相关处理后得到的波段名字),然后单击加载【加载 RGB】,也可以尝试其他颜色组合(图 23.10)。

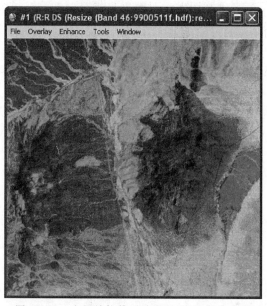

图 23.10　去相关拉伸后波段 RGB 彩色合成图

23.2.6　比较 LWIR 和 SWIR 结果

将 SAM 结果与去相关的 LWIR 影像进行比较。

（1）在【可用波段列表】中，单击"Display ♯1"，选择【新建显示】。

（2）选择 sam_class_out 的 Sam，选择【Gray Scale】（灰度）单选按钮，然后单击【加载波段】。请注意，这些类的颜色编码如下：

高岭石—蓝；方解石—绿；明矾石—白；水铵长石—红。

（3）从显示组菜单中，选择【工具】→【链接】→【链接显示】，然后单击【确定】链接两个影像。

（4）单击 Image（影像）窗口可在两幅影像之间进行切换。将 SWIR 影像数据获取的矿物分布制图结果与去相关影像中石英的分布图（红色区域）进行比较。

23.2.7 SWIR/LWIR 组合分析

在 ENVI Classic 的高光谱处理流程之后，可以使用 MASTER 数据的 SWIR／LWIR 进行组合分析（分别使用 1～25 和 41～50 波段）（操作可选），常用步骤如下：

（1）从文件 Hdf_data.hdf 中，提取 SWIR 和 LWIR 波段的光谱和空间子集，建立组合数据集。

（2）创建最小噪声分离（minimum noise transform，MNF）输出文件，并通过查看光谱波段和特征值绘图重复执行 MNF 分析。选择减少数量的 MNF 波段进行进一步分析。

（3）运行 10 000 次迭代快速像元纯度指数（fast pixel purity index，PPI）分析，寻找主要的端元光谱，从而减少光谱维数。将 PPI 影像阈值处理生成的感兴趣区域的大小限制为约 5 000 个像元。

（4）使用 N-D Visualizer（N 维可视化）选择端元。在高维度空间中旋转散点图，以及在 N-D 可视化绘制感兴趣区域，并将其导出为影像的感兴趣区域选择极端像元。

（5）使用 ENVI Classic 光谱制图方法对数据集组合制图，将这些结果与上述的 SWIR 和 LWIR 结果进行比较。

第 24 章　DEM 提取模块

本章介绍如何利用 DEM Extraction Module(DEM 提取模块)从立体影像中提取高程数据来创建数字高程模型。DEM 是代表表面高程值的栅格网格,在许多应用中都是至关重要的,如制图、正射校正和土地分类。利用 DEM 数据可以创建轮廓图和透视地图,以及不同类型的土地利用总体规划。

24.1　DEM 提取模块介绍

DEM 提取模块能够从扫描或数字航空影像及由一个顺轨道或交叉轨道推扫式的卫星影像提取高程数据,例如 ALOS PRISM、ASTER、CARTOSAT-1、FORMOSAT-2、GeoEye-1、IKONOS、KOMPSAT-2、OrbView-3、QuickBird、WorldView-1、SPOT 卫星。顺轨道立体影像的获取一般是通过同一轨道经过的具有不止一个传感器可以从各个角度拍摄地球的卫星。交叉轨道立体影像是由相同的传感器在多个轨道拍摄而得到的。DEM 的提取过程需要一对通过航拍或推扫式传感器定位的含有有理多项式系数的影像。RPC 用于生成连接点和计算立体像对的关系。DEM 提取模块是由一个 DEM 提取向导和三个 DEM 工具组成的,即 DEM 编辑工具、立体 3D 测量工具和核线 3D 光标工具。

24.2　DEM 数据提取向导

以下操作使用的文件是先进星载热发射和反射辐射计(advanced spaceborne thermal emission and reflection radiometer,ASTER) 1 级数据,该数据由日本陆上数据系统(ground data system,GDS)处理并且由位于 USGS EROS 数据中心(USGS EROS data center,EDC)的陆上处理分发存储中心存档。

DEM 提取是涉及许多参数设置的多步骤决策过程,这些步骤可以单独执行,或者在 DEM 提取向导内部执行。该向导将引导完成 9 个步骤,具有客观参数,如呈现感兴趣区域的最小最大仰角,以及依赖其他策略参数的地形起伏、影像质量、阴影和所需的操作速度等。图 24.1 所示是 DEM 提取流程,该向导指引用户一步步前进和后退,并且可以在任何步骤中进行保存,以便以后继续执行。

图 24.1　DEM 提取流程

24.2.1 输入立体像对

DEM 提取过程要从包含有 RPC 或与 RPC 相关联的立体像对开始,根据 DEM 提取向导提取出 ASTER L1A 产品的 DEM 数据。ASTER 使用可视化的近红外成像仪的普通视角(3N)和后向视角(3B)的波段。

在以下步骤中,将选择一对从顺轨或者交叉轨道卫星采集到的含有 RPC 定位的立体像对。

(1)从 ENVI 主菜单中,选择【File】→【Open As】→【EOS】→【ASTER】(文件→打开为→EOS 格式→ASTER 数据),弹出【选择文件】对话框。

(2)选择 AST_L1A.hdf 文件,单击【打开】,影像自动加载到视图中。

(3)从 ENVI 工具栏中,双击【Terrain】→【DEM Extraction】→【DEM Extraction Wizard:New】(地形→DEM 提取→DEM 提取向导:新建),打开【DEM Extraction Wizard】(DEM 提取向导)对话框,共分为 9 个子步骤。

(4)单击【Select Stereo Images】(选择立体影像)按钮,弹出【Select Left Stereo Pair Image】(选择左立体像对影像)对话框,在此使用 3B 波段为左影像,3N 波段为右影像。数据录入的顺序不重要,但可能会导致出现不同的连接点选择和计算误差,因为解决方案不同。

图 24.2 选择立体影像

(5)选择 ASTER VNIR Band 3N,然后单击【确定】,弹出【Select Right Stereo Pair Image】(选择右立体像对影像)对话框,选择 ASTER VNIR Band 3B,然后单击【确定】,ENVI 将使用相关的 RPC 信息和 World DEM 文件估计该影像的最小和最大海拔高程,World DEM 文件包括在 ENVI Classic 样本数据集(在 ENVI 安装目录下,例如 ENVI 5.5,一般在 \ Harris \ ENVI55 \ classic \ data 目录中),如图 24.2 所示。

(6)单击【下一步】,定义地面控制点。

24.2.2 定义地面控制点

在向导的第二个步骤中,将提供该选项定义或使用现有的地面控制点(ground control point,GCP)。在定义地面控制点时,下列选项可供选择,如图 24.3 所示。

——No GCPs(无地面控制点),此选项会产生相对 DEM,在地面或者水平面获得地理坐标系的位置、旋转和比例尺可能不同。

——Define GCPs Interactively(GCP 点手动选择),此选项需要手动输入、加载或者编辑控制点。将 DEM 映射到平面地图投影,这样将会得到绝对的 DEM 数据,一个绝对的 DEM 采用地面控制点,并具有依赖于大地坐标的水平和垂直方向的参考系统。

——Read GCPs From File(从文件中读取 GCP 数据),此选项要求人工从 GCP 文件中读取控制点数据。

以无地面控制点为例,则得到的是相对高度。

(1)单击【无地面控制点】选项,需要注意的是检查和编辑立体控制点的选项是不可用的,只有载入地面控制点才可使用,如图 24.3 所示。

(2)单击【下一步】。ENVI 将会跳过定义连接点直接执行编辑连接点。

图 24.3　地面控制点选择界面

24.2.3　定义连接点

立体像对的关系必须通过选择并产生连接点来定义。这些连接点用来定义核线几何和创建核线影像,可以用来提取 DEM,定义连接点后,可以选择下列选项,如图 24.4 所示。

——Generate Tie Points Automatically(自动生成连接点)。ENVI 可以根据地形影像中的功能来自动生成连接点。

——Define Tie Points Interactively(定义交互连接点)。此选项要求手动定义两个立体像对的连接点。

——Read Tie Points From File(在文件中读取连接点)。选择此选项要求从含有连接点的文件中读取连接点。

以自动生成连接点选项为例,自动生成连接点。

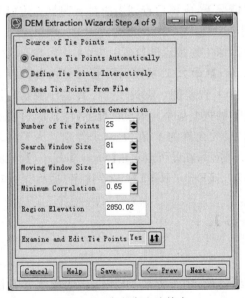

图 24.4　定义产生连接点

(1)单击【自动生成连接点】选项,自动连接点的生成需要四个参数:

——需要想要生成的【Number of Tie Points】(连接点的数目)。

——【Search Window Size】(搜索窗口的大小)和【Moving Window Size】(移动窗口的大小)。搜索窗口定义的是影像子集,移动窗口定义搜索之内的区域,用于扫描并找到一个连接点地形特征匹配的窗口。这些窗口的大小取决于数据的空间分辨率。例如,更高空间分辨率的数据,如亚米级别分辨率的 QuickBird 影像,为了能够探测移动窗口中立体像对间的相似特征,窗口需要设置较大的尺寸。

——【Region Elevation】(区域高程)是基于影像的主要高度区域的平均高程,它是由相关联的 RPC 信息估计而来的。

(2)增加【搜索窗口的大小】字段数目到"101"(使用增减按钮键入并替换字段中的当前数字)。注意【搜索窗口的大小】在矩形像素上必须是奇数,必须比【移动窗口的大小】大一些。

(3)增加【移动窗口的大小】字段数目到"19",这对于 15 m 分辨率的 ASTER 数据是合理的。

(4)确保【Examine and Edit Tie Points】(检查并修改连接点)的切换设置【是】,这样可以查看并且编辑那些非最佳连接点,单击【下一步】,生成这些连接点会花费一些时间,如图 24.5 所示。

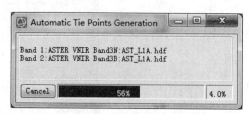

图 24.5　自动生成连接点进程

24.2.4　编辑连接点

一旦连接点生成,DEM 提取向导的查看和编辑连接点步骤将显示检查的影像和连接点。在这个步骤中将会探索并试验这些方案。

可以使用【Reset】(重置)按钮撤销上次的更改。

(1)尝试手动输入左右影像的 X、Y 坐标。

(2)使用【Current Tie Point】(当前连接点)箭头按钮检查每个点。

(3)单击【Likely Error Rankings】(可能的误差排名)。这将按照误差相对可能性的顺序列出连接点。列出的第一个连接点被认为是"最有可能"误差点。然而,排名第一的连接点可能具有非常小的误差,因为它是一种近似。在这种情况下,应该检查列表中具有明显错位但却具有较小的误差的像素。

(4)使用【Auto Predict】(自动预测)功能,估计影像中连接点的位置。

(5)检查向导屏幕上显示的【Maximum Y Parallax】(最大 Y 视差)值,看看是否有改善了连接点误差的量。任何时候更新连接点,都应该检查 Y 视差值。它提供了一种基于像素的估计,在 Y 方向上把两幅影像交换。调整连接点以使 Y 的视差最小。理想情况下,将显示 0,表示在 Y 方向上没有偏移,所有的偏移都在 X 方向上。最大允许的 Y 值为 10 个像素。为了继续 DEM 的提取步骤,必须把该值降到 10 以下,如图 24.6 所示,在此可以单击【Show Table …】(显示表)显示【Stereo Tie Points List】(立体结点列表),单击【Error Rank】(误差排序)后将误差较大的点进行调整或者删除较低最大 Y 视差值。

(6)一旦 Y 视差值降到 10 像素以内,单击【下一步】。

24.2.5　计算核线几何和影像

使用这些连接点,ENVI 会计算核线几何和核线影像,用于提取 DEM。这些核线影像描述立体像对之间的关系,可以利用 3D 立体眼镜观察到。

(1)对话框允许为左右核线影像输入名称,并且可以选择输出影像的方式和路径,如图 24.7 所示。

(2)还可以在该对话框中选择申请一个【Epipolar Reduction Factor】(核线缩放系数),这将降低提取 DEM 的分辨率。如果不需要一个完整的 DEM 解决方案或演示图,这对于 DEM 生成的时间的缩短会非常有帮助。例如,ASTER 立体影像具有 15 m 的分辨率,如果需要 30 m 的 DEM,可以选择【核线缩放系数】缩小 1/2 来实现。

(3)使用【Examine Epipolar Results】(检查核线结果)选项,在 DEM 提取之前查看核线影像。这些影像可以使用 3D 成像眼镜观察,也可以使用 RGB 三通道观察。第一个选项可以使用红色通道查看左核线影像,使用蓝绿通道查看右核线影像。第二个选项允许红色通道查看右核线影像,蓝绿通道查看左核线影像。单击【RGB=Left,Right,Right】。结果核线图会显示为 RGB 三线阵,如果使用立体镜观看,可以看到 3D 影像。取决于最初输入的是左影像还是右影像,RGB 组合的三线阵立体影像中山峰和山谷有时候会对调。

(4)单击【下一步】,继续后续操作。

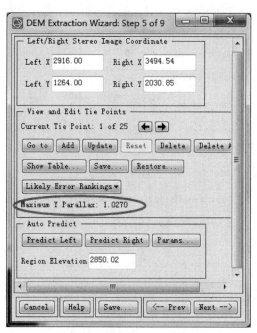

图 24.6　调整连接点误差

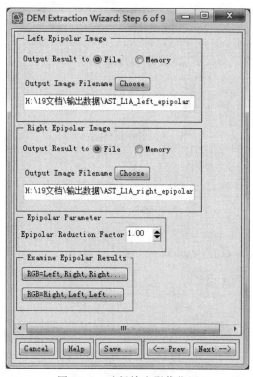

图 24.7　选择输出影像位置

24.2.6　设置参数

现在已经生成了核线影像,接下来就是制定 DEM 的输出投影方式和提取参数。

1. 设置输出 DEM 的投影参数

在 DEM 提取向导可以设置输出 DEM 的投影参数和地图范围,也可以改变一些参数选项,如输出投影方式、像素大小或者输出影像的大小。根据以下选项进行试验,如图 24.8 所示。

(1)可以将东向和北向字段(分别为 E 和 N)更改为纬度和经度,方法是单击地图投影字段旁边的以上下箭头标识的切换按钮。

（2）单击【Change Proj…】(更改投影)按钮可以改变投影单元的投影。

（3）输入【X Pixel Size】(X 像素)和【Y Pixel Size】(Y 像素)的大小。

（4）【Output X Size】(输出 X 大小)和【Output Y Size】(输出 Y 大小)值描述了输出的 DEM 大小(以像素为单位)，输出投影的重叠区域。

（5）【Options】(选项)可以设置输出大小单位，选择此选项时，可以改变像素尺寸，在向导的此步骤中恢复初始值，并且使用现有文件的地图。

（6）可以使用屏幕的默认值，单击【下一步】。

2．设置 DEM 提取参数

在 DEM 提取向导中可以指定 DEM 的提取参数，在这里可以定义阈值，设置要在其中进行影像匹配的区域的大小，确定地形的详细程度，并指定保存 DEM 结果，如图 24.9 所示。

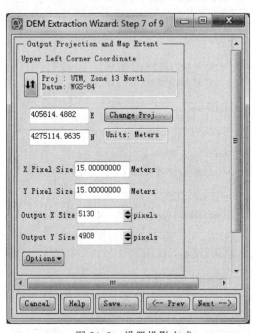

图 24.8　设置投影方式

图 24.9　设置输出 DEM 数据类型及位置

（1）【Minimum Correlation】(最小相关值)是相关系数阈值，它被用来决定移动窗口内的点是否很好地匹配。如果相关系数比最小值要小，则这个点不是很好的匹配点。一般情况下，相关值在 0.65～0.85 范围是合理的，对于更大的移动窗口尺寸，可以使用并不太严格的相关性。

（2）【Edge Trimming】(边缘修整)表示修整的标准化百分比要施加到输出 DEM 的外边缘。

（3）【移动窗口的大小】定义了一个区域可以用来计算两幅影像的相关系数。与自动连接点生成一样，为了增加在移动窗口中找到类似特征的可靠性，应当使用更大的窗口尺寸以获得更高分辨率的影像。

（4）在【Terrain Relief】(地形起伏)的下拉列表中，可以选择地形 DEM 最好类型的代表。

如果地形都是平坦区或者低地形起伏区选择"LOW"，DEM 会有平滑的效果。对于大多数的地形来讲，"Moderate"（适度）选项是默认选项。如果地形包括山区或者高地形起伏区，那么选择"HIGH"。具有大的地势位移的地形特征是不平坦的。

（5）DEM 提取使用影像匹配查找的立体像对左和右影像上的匹配特征，【Terrain Detail】（地形细节）的利用决定了如何在输出的 DEM 上精确地表示地形，该选项控制在进行影像匹配时的影像金字塔等级数目，其水平范围的等级在 Level 1～N，其中 N 是通过核线影像分辨率来确定的。Level 1 级地形细节只是完成了影像的粗级匹配，N 级表示影像在尽可能高的分辨率上匹配（核线影像分辨率），更高水平的地形细节要求更严格水平的影像匹配，并且会影响提取 DEM 的处理时间。

（6）可以为 DEM 结果设置参数，这些参数包括【Output Data Type】（输出数据的类型），允许在"Integer"（整数）（默认值）或"Floating Point"（浮点数）之间进行选择，也可以选择保存输出到"文件"（默认值）或者"内存"中，可以选择输出 DEM 的路径。

使用提供的默认值产生较为详细的 DEM 结果，步骤如下：

（1）检查默认的各个选项。

（2）键入或选择【Output DEM Filename】（输出的 DEM 文件名）。

（3）单击【下一步】，开始进行 DEM 的提取处理。所需的处理时间是可预知的，这取决于选择的【移动窗口的大小】和【地形细节】。当处理完成后，所创建的各种文件（左核线影像，右核线影像和高程结果）会显示在【数据管理器】中。

24.3　检查结果

DEM 提取过程完毕后，检查或者编辑得到的 DEM 结果。向导提供两种选择，分别是【Load DEM Results to Display】（加载 DEM 结果显示）和【Load DEM Result to Display with Editing Tool】（加载 DEM 结果和编辑工具）。两个选项都会将 DEM 结果加载到显示窗中，但是第二种方式可以打开 DEM 编辑工具对 DEM 进行编辑。在这一步中可以试验多个选项，来检查或者编辑结果 DEM。

24.3.1　输出并加载 DEM 结果到 3D 曲面视图

首先，使用原始 ASTER 影像的可见光波段，加载 DEM 结果进行 3D 显示来检查 DEM 的结果。

（1）单击【加载 DEM 结果显示】按钮（不要关闭 DEM 提取向导）。由于提取 DEM 一直使用 UTM 坐标系投影，则需要使用投影影像，以便进行叠置影像和数字高程模型。

（2）从 ENVI 工具栏中，双击【Geometric Correction】→【Georeference by Sensor】→【Georeference Aster】（几何校正→根据传感器提供的地理参考→根据地理参考校正 Aster 数据），此选项将参考 ASTER 1A 数据的 VNIR 波段。

（3）选择 AST_L1A.hdf 文件，然后单击【确定】，如图 24.10 所示。

（4）选择 UTM 然后单击【确定】，【Enter Output GCP File】（输出控制点文件）处可以选择不输出，保持空白。

（5）【Registration Parameters】（校正参数）对话框出现，在【Output Result】（输出结果）中

选择输出位置和文件名,在此选择"文件",键入或选择文件名和存储位置,其余保持默认,单击【确定】。

(6)加载彩色红外影像,在【数据管理器】中,右击新创建的文件,选择【Load CIR to (current)】(装载标准假彩色(当前视图)),移动影像框在窗口中滚动影像的区域。

(7)在 ENVI 工具栏中,双击【地形】→【3D SurfaceView】(3D 曲面视图)。

(8)选择新创建的 DEM 高程输入波段,然后单击【确定】,在弹出的【Associated DEM Input File】(链接 DEM 输入文件),选择新创建的 DEM 高程输入波段。

(9)接受默认参数,通过单击【确定】显示表面。使用【选项】菜单中的 3D 曲面视图窗口设置选项来观看影像,如图 24.11 所示。

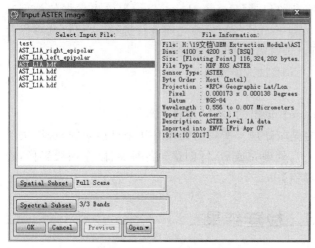

图 24.10　输出 ASTER 地理参考

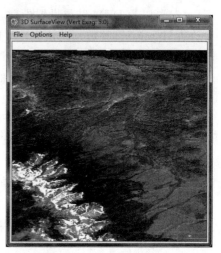

图 24.11　3D 曲面视图窗口

24.3.2　使用 DEM 编辑工具

DEM 编辑工具是 DEM 提取的一个部分,可以使用不同方法在感兴趣区域内进行像素编辑。

(1)在 DEM 提取向导中,单击【加载 DEM 结果和编辑工具】,将显示【DEM Editing Tool】(DEM 编辑工具),也可以用现有的 DEM 编辑工具打开 DEM。

(2)移动窗口中的影像框到影像中的一个位置。

(3)通过单击鼠标左键来绘制多边形感兴趣区域点,然后单击左键来顺序创建更多的点。通过单击右键关闭多边形。

(4)使用 DEM 编辑工具,可以使用单一值、平滑滤波器或者平均值等来更新感兴趣区域或者整个 DEM。在【DEM 编辑工具】对话框的【Method】(方法)下拉列表中可以尝试使用各种方法,如图 24.12 所示。

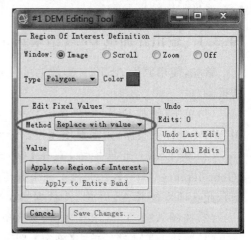

图 24.12　DEM 编辑

如果对编辑结果满意,可以把文件保存成新的值,如果对编辑效果不满意的话可以撤销操作。

DEM 编辑工具可以用来分离数据,或者编辑单波段影像的像素值。

(1)如不需要保存编辑,单击【取消】。

(2)单击【Save Change…】(保存改动),然后弹出是否要保存流程的目前状态以备后用,单击【否】来关闭 DEM 的提取向导。

24.3.3　立体 3D 测量工具使用

立体 3D 测量工具允许交互计算立体影像中的海拔,并且通过特定的连接点与 RPC 信息相关联。

(1)在 ENVI 工具栏中,双击【地形】→【DEM 提取】→【Stereo 3D Measurement】(立体 3D 测量),弹出【选择左立体像对影像】对话框。

(2)选择 ASTER VNIR Band 3N(ASTER VNIR 波段 3N)选项,然后单击【确定】。

(3)在【选择右立体像对影像】对话框中。选择 ASTER VNIR Band 3B(ASTER VNIR 波段 3B)选项,单击【确定】,此后将会弹出两个影像显示窗口组以及【Stereo Pair 3D Measurement】(立体像对 3D 测量)对话框,如图 24.13 所示。

(4)无论是在左或右影像窗口中,使用【立体像对 3D 测量】对话框中的按钮,通过移动缩放框来测量要收集的 3D 特征,单击【Predict Right】(预测右侧影像)或者【Predict Left】(预测左侧影像)使第二幅影像的缩放框位于影像的共轭点的中心。

(5)单击【Get Map Location】(获取地图坐标点),以 RPC 和选择点为基础来计算经纬度和海拔高度。区域海拔可以根据 RPC 信息来估计,但如果有一个更准确的海拔区域,那么可以在这里输入该值。

(6)可以用【Export Location】(导出位置)按钮选择收集这些点并将其保存为 ENVI 矢量文件或 3D 形状文件。

(7)单击【取消】,关闭对话框。

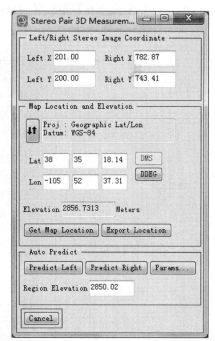

图 24.13　【立体像对 3D 测量】对话框

24.3.4　核线 3D 光标工具使用

核线 3D 光标工具允许在一个 3D 立体可视环境下基于现有的核线立体像对进行 3D 测量。可以通过查看核线立体影像和调整光标的高度来提取高程数据。从表面上查看,可以收集点,然后导出为点、线到 ASCII 文件、EVF 文件或 ArcView 的 3D Shape 多边形文件。

(1)在 ENVI 工具栏中,双击【地形】→【DEM 提取】→【Epipolar 3D Cursor】(核线 3D 光标),弹出【Select Left Epipolar Image】(选择左核线影像)。

(2)选择以上步骤中生成的左核线影像,单击【确定】,弹出【Select Right Epipolar Image】(选择右核线影像)。

(3)选择以上步骤中生成的右核线影像,单击【确定】,在新打开显示窗口显示核线立体影像,左影像显示的是红色波段,右影像显示的是蓝色波段。

(4)现在显示的是一个红色和一个蓝色光标,使用立体红蓝立体眼镜观看,会合并为一个单一的光标,可以使用特定的光标和键盘来控制 3D 光标。

——使用鼠标沿着立体像对移动 3D 光标。

——单击鼠标左键捕捉地上的 3D 光标。

——单击鼠标中键将该点的地图和高程导出到 ENVI 点集合表。

——使用键盘上的左右箭头移动 3D 光标到一个像素左边或右边。

——使用键盘上的向上或向下箭头键将 3D 光标向影像的顶部或底部移动一个像素。

——使用键盘数字键盘上的＋或－键提高或降低 3D 光标的视界高度。

(5)一旦探索完毕在【核线 3D 光标】对话框(图 24.14)中可用的选项,单击【取消】关闭该工具。

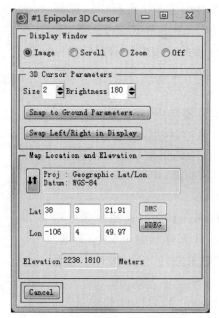

图 24.14 【核线 3D 光标】对话框

第 25 章　目标探测

本章介绍如何利用 ENVI 中的目标探测向导在高光谱或多光谱影像中找到目标,该目标可能是一种材料或感兴趣的区域,或者人造地物。

25.1　关于目标探测向导

从【工具箱】中,双击【Target Detection】→【Target Detection Wizard】(目标探测→目标探测向导),弹出【目标探测向导】对话框,如图 25.1 所示。

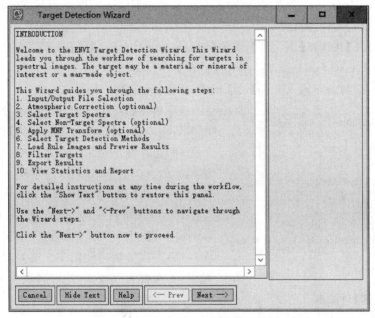

图 25.1　【目标探测向导】对话框

向导的简要说明如下:

——对话框介绍向导的整体工作流程,在向导的其余对话框中描述这一流程的每个步骤。

——向导左侧对话框显示每个步骤的简要说明,右侧对话框中包含该步骤的界面。

——可以单击【Hide Text】(隐藏文字)隐藏左侧对话框。如果左对话框是隐藏的,可单击【Show Text】(显示文字)以重新显示它。

——每个对话框包含【下一步】按钮继续下一步和【上一步】按钮恢复到上一步。如果在工作流程中提供足够的信息,【下一步】才会启用。对话框初始化之前会弹出一个处理状态对话框,也可以使用【下一步】和【上一步】按钮来再次执行和重复向导中的一系列步骤。

——在向导中单击【下一步】,继续操作。

25.2 使用 MTMF 方法进行目标探测分析

MTMF 使用最小噪声分离变换得到的文件进行匹配滤波（Matched Filtering，MF），结果中加了一幅不可行性影像。不可行性影像用来减少单独使用匹配滤波时发现的错误测试结果，具有高不可行性值的像素很可能是匹配滤波的误报。识别正确的像素将具有高于背景的匹配滤波值，它们分布在零和低不可行性值周围。不可行性值以 DN 值等级表示，随匹配滤波分数变化。

25.2.1 选择输入输出文件

在向导的步骤 1 中，选择用于目标检测的输入文件，并为所有目标检测输出文件提供一个根名称。

（1）单击【Select Input File】（选择输入文件），弹出【Target Detection Wizard Input File】（目标探测向导输入文件）对话框。

（2）单击【打开】并选择【新文件】，弹出【Please Select a File】（请选择文件）对话框。

（3）选择 self_test_rad.img，然后单击【打开】。

（4）在【目标探测向导输入文件】对话框中，单击【确定】。

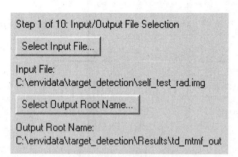

图 25.2 向导步骤 1

（5）单击【Select Output Root Name】（选择输出根名称），弹出【选择输出根名称】对话框。

（6）选择输出结果要存放的根目录并输入根名称（如"td_mtmf_out"）用于所有目标检测输出文件，然后单击【打开】，如图 25.2 所示。

（7）单击【下一步】，进入【Atmospheric Correction】（大气校正）对话框（步骤 2）。

（8）本次分析将使用一个感兴趣区域作为目标光谱，不需要大气校正，所以再次单击【下一步】，继续【选择目标光谱】对话框。

25.2.2 输入目标波谱

【目标检测向导】步骤 3 是选择光谱作为目标检测分析中所需的目标特征，因此需要选择光谱库中的光谱。

（1）在【选择目标光谱】对话框，单击【Import】（输入）并选择【from ROI/EVF from input file】（来自输入文件的 ROI/EVF），弹出【Enter ROI/EVF Filenames】（输入 ROI/EVF 文件名）对话框。

（2）选择 F1.roi。

（3）单击【打开】，弹出【ENVI Message】（ENVI 消息）对话框，单击【确定】，弹出【Select Regions for Stats Calculation】（选择区域进行统计计算）对话框。

（4）选择 Site 12-Full，然后单击【确定】，波谱即被添加到【选择目标光谱】对话框。

（5）在向导中单击【下一步】，弹出【Select Non-Target Spectra】（选择非目标光谱）对话框

（步骤4）。

（6）在本分析中，将不会包括非目标光谱，所以再次单击【下一步】。弹出【Apply MNF Transform】（应用 MNF 变换）对话框。

25.2.3　进行 MNF 变换

在【目标探测向导】步骤5中，对输入影像执行 MNF 变换。ENVI 使用 MNF 变换分离、均衡数据中的噪声，减少目标检测处理的数据维数。由此产生的 MNF 变换的数据波段由空间相干性降序排列。较低序位的 MNF 波段通常有空间结构信息并包含大部分信息，较高序位的 MNF 波段通常具有很少的空间结构并包含大部分噪声。

（1）【Apply MNF Transform？】（是否应用 MNF 变换？）切换为【是】。

（2）在向导中单击【下一步】，弹出【Target Detection Methods】（目标检测方法）对话框。

25.2.4　选择目标探测方法

在【目标检测向导】步骤6中，为查找每个选定目标的空间位置选择方法。

（1）选择"Mixture Tuned Matched Filtering（MTMF）"（混合调谐匹配滤波（MTMF））目标检测方法。

（2）在向导中单击【下一步】，弹出【Load Rule Images and Preview Result】（加载规则影像和预览结果）对话框。

25.2.5　加载和检查结果规则影像

在【目标探测向导】步骤7中，加载在目标检测处理过程中创建的规则影像。规则影像在【Target】（目标）和【Method】（方法栏）中列出，并自动加载到视图中（图25.3）。应用"Square Root"（平方根）拉伸。【Binary Preview】（二进制预览）模式会自动启用。可以看到检测到颜色（默认颜色为红色）突出显示的目标像素（在向导步骤3（选择目标光谱）中指定的），向导对话框中【Target Pixel Count】（目标像素数）后显示了 ENVI 中找到多少符合目标光谱的像素。

由于选择 MTMF 分析，也打开了二维全波段散点图，如图25.4所示。

图 25.3　加载规则影像

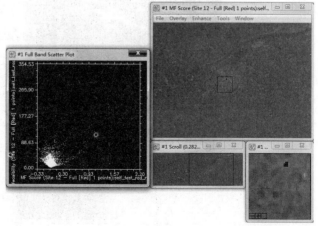

图 25.4　二维全波段散点图

在二维全波段散点图中,良好的可视化区域是通过由高检测分数和低不可行性值来确定的。全波段二维散点图的视图是根据整个波段做出的,而不仅仅是在影像窗口中可见的数据。当影像窗口中的视图发生变化时,在全波段散点图中的视图不变。当在全波段散点图中选择不同的区域时,在影像中突出显示的影像、滚动和缩放窗口会随之更新。

在二维绘图中可以使用下面的鼠标按键:

——使用左键绘制多边形。在散点图中单击左键来定义一个新的多边形的顶点,然后选择像素。右键单击关闭多边形。

——在关闭多边形之前可以单击鼠标中键来删除它。

——用鼠标中键来调整散点图。单击鼠标中键,抓住窗口的一角,并将其拖动到所需的大小。如果要重置该图到它的默认大小,在影像中用鼠标中键单击任一地方。

——调整散点图的大小会导致一些已绘制的多边形被重置。

——在散点图外侧单击鼠标中键可以删除已绘制的多边形。

(1)当完成预览输出图和影像,单击【下一步】,弹出【Target Filtering】(目标过滤)对话框(步骤 8)。

(2)通过单击【下一步】,接受默认设置,弹出【Export Results】(结果导出)对话框。

25.2.6　导出结果

在【目标探测向导】步骤 9 中,为 MTMF 目标检测方法选择将目标探测结果输出为一个文件(Shapefile)和感兴趣区域(ROI)。

(1)选中【ROI】、【Shapefile】(矢量文件)和【Display ROI】(显示 ROI)复选框。

(2)单击【下一步】,弹出【View Statistics and Report】(视图统计和报表)对话框。

对于 Shapefile 文件输出,ENVI 为每个选定的目标检测方法执行光栅矢量转换,并在可用的矢量列表列出输出结果。

弹出【ROI Tools】(ROI 工具)对话框,如图 25.5 所示。使用【ROI 工具】对话框找到 MTMF 感兴趣区域。

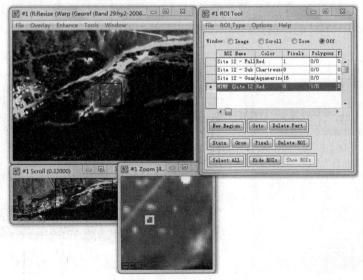

图 25.5　【ROI 工具】对话框

25.2.7 查看处理统计数据和总结报告

在【目标检测向导】步骤 10 中,【Statistics】(统计)选项卡显示每个选定的目标检测方法的统计信息,统计信息是可用的,因为在前面的步骤中输出一个感兴趣区域和一个 Shapefile 文件。要保存摘要报告,单击【Save Target Detection Summary】(保存目标检测总结),在弹出的【Output Report Filename】(输出报告文件名)对话框中输入一个文件名和路径。

【Report】(报告)选项卡显示在生成目标检测结果中设置的摘要,如图 25.6 所示。单击【完成】,关闭目标检测向导。

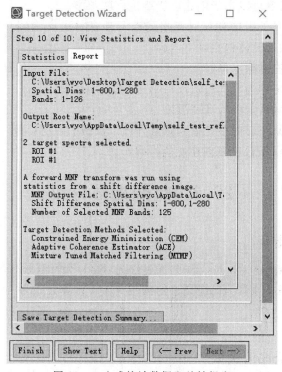

图 25.6 生成统计数据和总结报告

第 26 章　利用燃烧指数监测火灾

土地资源管理员和消防官员使用遥感仪器得到的燃烧严重性地图来预测潜在的火灾危险区域,对火灾周边环境进行制图,以及研究火后植被再生长的地区。传统上,Landsat 影像通常用于创建指数表明燃烧严重性程度,因为它可以重复覆盖、数据易于获得且具备合适的光谱波长。有多种不同的指数可以用于创建燃烧严重程度影像。

本章以 2014 年 5 月美国加利福尼亚州圣迭戈县森林火灾为例介绍如何使用 Landsat-8 影像创建各种燃烧指数。具体包括以下内容:

(1)创建二进制掩模排除水像素。

(2)将多光谱数据定标为大气层顶反射率(即表观反射率)。

(3)将热红外波段数据定标为亮度温度。

(4)创建一个包括修正后的多光谱和热红外波段数据的叠层影像。

(5)使用 ENVI 光谱指数工具创建燃烧指数影像。

26.1　燃烧指数介绍

26.1.1　燃烧面积指数

燃烧面积指数(burn area index,BAI)通过红光(Red)和近红外(NIR)波段突出燃烧过的区域。提取结果中较亮的像素为已燃烧过的区域。BAI 计算公式为

$$BAI = \frac{1}{(0.1 - Red)^2 + (0.06 - NIR)^2}$$

26.1.2　归一化燃烧比值指数

归一化燃烧比值指数(normalized burn ratio,NBR)指数也用于突出燃烧区域,该公式与归一化差异植被指数类似,不同的是使用近红外(NIR)和短波红外(SWIR)波段,计算公式为

$$NBR = \frac{NIR - SWIR}{NIR + SWIR}$$

归一化燃烧比值指数最初应用 Landsat TM 和 ETM+波段 4 和 7,但它适用于任意多光谱传感器(包括 Landsat-8)。注意:NIR 波段为 $0.76 \sim 0.9\ \mu m$,SWIR 波段为 $2.08 \sim 2.35\ \mu m$。

26.1.3　改进归一化燃烧比值

改进归一化燃烧比值(normalized burn ratio thermal 1,NBRT1)是在 NBR 指数基础上开发出来的,它使用热红外波段来增强 NBR,更好地分离燃烧和未燃烧的区域,计算公式为

$$NBRT1 = \frac{NIR - SWIR\left(\dfrac{Thermal}{1\,000}\right)}{NIR + SWIR\left(\dfrac{Thermal}{1\,000}\right)}$$

改进归一化燃烧比值指数最初开发应用 Landsat TM 和 ETM+波段 4,7 和 6,但是它可以适用于任意多光谱传感器(包括 Landsat-8),所用波段波长在以下范围内:

——NIR(近红外):$0.76\sim0.9\ \mu m$。

——SWIR(短波红外):$2.08\sim2.35\ \mu m$。

——Thermal(热红外):$10.4\sim12.5\ \mu m$。

26.1.4 设置首选项并打开火灾后影像

设置首选项并打开水灾后影像的操作步骤如下:

(1)从主菜单中,选择【File】→【Preferences】(文件→首选项)。

(2)单击首选项窗口左侧的【Directories】(目录)项。

(3)单击【Output Directory】(输出目录)旁边的白色区域。

(4)单击右箭头 。

(5)选择文件所在文件夹。

(6)在【首选项】对话框中单击【确定】。

(7)从主菜单中,选择【文件】→【打开】。

(8)选择文件 PostFireOLISubset.dat,并单击【打开】。

(9)在【图层管理器】中,右键单击图层名并选择【Zoom to Layer Extent】(缩放到图层范围)。

图 26.1 所示多光谱影像显示了加利福尼亚海岸从北部的圣克莱门特到南部的德尔马。在影像的左上方看到彭德尔顿营附近一些较大的燃烧痕迹,它们有明显的灰色。如果看不太清楚,可以从工具栏的下拉列表中选择不同的拉伸类型尝试图像拉伸。

图 26.1 实例中的原始影像

此影像是一个完整的 Landsat-8 场景的空间子集(图 26.1)。如果要打开整景影像,选择打开 *mtl.txt 元数据文件即可,数据包含 11 个波段,具体包括 7 个 OLI 波段和 2 个 TIR 热红外波段、1 个 Cirrus 波段和 1 个 Quality 波段。通过从菜单中选择【文件】→【另存为】,选择 OLI 波段组合,定义空间子集,并将结果保存为 ENVI 栅格格式,创建影像。热红外波段用同样的过程并用校准热红外波段保存到一个单独文件中。

26.2 图像预处理

预处理步骤是为了在计算燃烧指数之前能得到适当的掩模和校准,这些步骤并非在每个实践应用中是都必须使用的。

26.2.1 创建一个水掩模

首先应该标记影像中包含的海洋或其他大型水体等像素,因为它们会干扰校准和大气校正。Landsat-8 全景影像中含有黑色背景像素,ENVI 软件会自动设置为"No Data"值。在本章使用的实例影像已经被裁切,并且不包括任何背景像素。掩蔽大型水体也是使用快速大气校正工具的先决条件。

创建水掩模的有效方法是使用近红外波段创建波段阈值的感兴趣区域,水在近红外区域具有非常低的反射率,因此这些像素几乎是黑色的。可以使用 ROI 工具隔离这些像素。

(1)在【图层管理器】中,右键单击图层名(本例中为 PostFireOLISubset.dat),然后选【New Region of Interest】(新的感兴趣区)。

(2)把该 ROI 的名字改为"water"(水)。

(3)在 ROI 工具中,单击【Threshold】(阈值)选项卡。

(4)单击【Add New Threshold Rule】(添加新的阈值规则)按钮 。

(5)在【选择文件】对话框中,选择【Near Infrared(NIR)】(近红外(NIR))波段,然后单击【确定】。近红外波段的直方图显示在【Choose Threshold Parameters】(选择阈值参数)对话框中,可以通过选择直方图中低像素值的范围来识别水像素。

(6)单击并向右边拖动左边的红线图的边缘,覆盖数据值为 0～10 000,如图 26.2 所示。

(7)选中【预览】选项,落在此范围内的像素以红色突出显示,如图 26.3 所示。

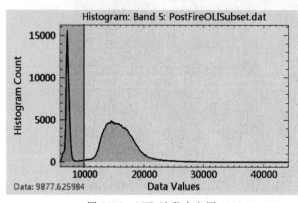

图 26.2　NIR 波段直方图

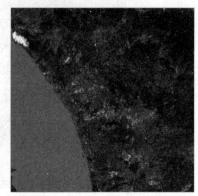

图 26.3　以红色突出显示近红外

(8)彭德尔顿营的一些燃烧痕迹像素也有极低的近红外光谱值,因此需要将直方图中的右侧滑块向左移动,以便突出显示水像素。为了做到这一点,按住鼠标中键在蓝色区域的直方图中绘制一个框,如图 26.4 所示,这将放大 6 000～10 000 的数据值范围,以便可以更详细地查看直方图。

(9)将最右侧的红色滑块向左移动,直到红色的"数据"标记大约为"7769",如图 26.5 所示。

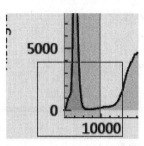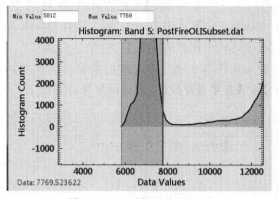

图 26.4　突出显示水像素　　　　图 26.5　显示标记为"7769"

还可以使用 ROI 阈值来突出显示云,这需要用直方图中的最高数据值,但是在本例中忽略零星的云层。

(10)在【选择阈值参数】对话框中单击【确定】。

(11)在【工具箱】的搜索窗口中,输入【Build raster mask】(构建掩模)(对于较低版本的 ENVI 是 Build mask),然后双击弹出的【构建掩模】工具。

(12)在【Build Mask Input File】(构建掩模输入文件)对话框中,选择 PostFireOLISubset. dat, 并单击【确定】。

(13)单击【Mask Definition】(掩模定义)对话框中的【Options】(选项)下拉列表,然后选择 "Import ROIs"(导入 ROI)。

(14)从列表中选择"Water ROI(水)",并单击【确定】。

(15)在【掩模定义】对话框中,再次单击【选项】下拉列表,然后选择"Selected Areas 'Off'"(选择区域"关闭")。通过这种方式,水像素将具有值 0,并且所有其他像素将具有值 1。

(16)输入"OLIMask. dat"的输出文件名。

(17)在【掩模定义】对话框中单击【确定】,显示掩模影像,如图 26.6 所示。

在进一步处理中,当把这个掩模应用到影像中,黑色像素(0)值将被排除,而白色像素的值(1)留待下一步进行处理。

(18)在【工具箱】的【Band Algebra】(波段代数运算)文件夹下找到【Band Math】(波段运算)工具,双击后出现【波段运算】对话框,如图 26.7(a)所示。

图 26.6　掩模影像

(19)在【波段运算】对话框中的【Enter an expression】(输入表达式)下的空白字段中输入 "b1 * b2"后,单击【Add to List】(加到列表中),表达式将会被加到【Previous Band Math Expression】(此前的波段运算表达式)下的空白字段中。

(20)单击"b1 * b2"后,单击【确定】。

(21)在随后出现的【Variables to Bands Pairings】(变量与波段配对)对话框中的

【Variables used in expression】（表达式中用到的变量）空白字段中选中"B1"，然后在【Available Bands List】（可用波段列表）中选择"Mask Band"，不要单击【确定】。

（22）在【表达式中用到的变量】空白字段中选中"B2"，单击【Map Variable to Input File】（地图变量输入文件），在随后弹出的波段输入文件对话框中选择 PostFireOLISubset. dat 并单击【确定】后，【变量与波段配对】对话框将会如图 26.7(b)所示。

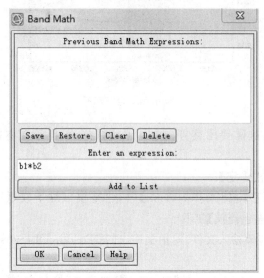 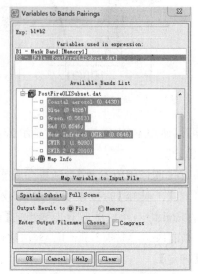

（a）【波段运算】对话框　　　　（b）【变量与波段配对】对话框

图 26.7　【波段运算】及【变量与波段配对】对话框

（23）单击【选择】选择输出路径，输入"PostFireOLISubsetMasked. dat"作为输出文件名。

（24）单击【确定】，接下来，需要告诉 ENVI 忽略这些 0 值。

（25）在【工具箱】中，输入【Edit ENVI】（编辑 ENVI），双击弹出的【Edit ENVI Header】（编辑 ENVI 头文件）工具。

（26）在弹出的【选择文件】对话框中，选择 PostFireOLISubsetMasked. dat，单击【确定】。

（27）在【Set Raster Metadata】（设置栅格元数据）对话框中，滚动到【Data Ignore Value】（数据忽略值）字段中，输入数据值为"0"（若没有数据忽略值字段，单击【Add Raster Metadata】（添加栅格元数据➕Add ）按钮，添加此字段）。

（28）在【设置栅格元数据】对话框中，单击【确定】，带着掩模的影像关闭并从显示屏上移除。

（29）关闭【ROI Tool】（ROI 工具）对话框。

（30）在【图层管理器】中的【View】（视图）条目上，单击右键并选择【Remove All Layers】（移除所有图层）。

26.2.2　校准 OLI 波段数据为反射率

为了创建诸如燃烧面积指数和归一化燃烧比值指数的光谱指数影像，源影像应该被校准为大气层顶反射率，其中像素值范围为 0～1.0 或 0～100。

注意事项

从多光谱影像创建燃烧指数影像时,通常不必使用严格的基于模型的大气校正方法,如 FLAASH 和 QUAC 来创建表观反射率影像。如果想创建一个表观反射率影像,利用如黑暗像元法,平场域法或内部平均相对反射率法等这样的工具通常就足够了。

(1)在【工具箱】的搜索窗口,输入【Calibration】(校准或定标)。双击弹出的【Radiometric Calibration】(辐射定标)工具。

(2)在【选择文件】对话框中,选择文件 PostFireOLISubsetMasked. dat,然后单击【确定】。

(3)在【Radiometric Calibration】(辐射定标)对话框中,从【Calibration Type】(定标类型)下拉列表中选择"Reflectance"(反射率)。

(4)保持所有其他设置的默认选项,不要单击【Apply FLAASH Settings】(应用 FLAASH 设置)按钮。

(5)输入"PostFireReflectance. dat"作为输出文件名,单击【确定】。

(6)在【Process Manager】(过程管理器)中等待【辐射定标】过程的完成,如图 26.8 所示。

图 26.8 【辐射定标】进度条

26.2.3 热红外波段数据定标为亮度温度

此步骤仅限用于创建本章实例所涵盖的归一化燃烧比值-热指数影像,由于 Landsat 热红外波段不用于燃烧面积指数或归一化燃烧比值指数,因此不需要校准热红外波段或对这些指数执行图层叠加,不需要创建热红外波段的水掩模。

执行以下步骤将热红外波段定标为亮度温度:

(1)从主菜单中,选择【文件】→【打开】。

(2)选择文件 PostFireTIRSubset. dat,单击【打开】,热红外 1 波段出现在显示屏中。

(3)在【工具箱】的搜索窗口中,输入"校准"。双击弹出的【辐射定标】工具。

(4)在【选择文件】对话框中,选择文件 PostFireTIRSubset. dat,单击【确定】。

(5)在【辐射定标】对话框中,在【定标类型】下拉列表中选择"Brightness Temperature"(亮度温度)。

(6)保持所有其他设置的默认选择,不要单击【应用 FLAASH 设置】按钮。

(7)输入"PostFireTIRCalibrated. dat"作为输出文件名,单击【确定】。

26.2.4 创建图层叠加影像

因创建归一化燃烧比值-热指数影像的需要,这一步将校准热红外波段和 OLI 波段并组合成一个文件。在计算燃烧面积指数或归一化燃烧比值指数时,不需要创建图层叠加影像。图层叠加不仅将不同的波段组成为一个单个的文件,而且确保其投影一致。

(1)在【工具箱】的搜索窗口中,输入【layer stack】(图层叠加)。双击弹出的【Layer Stacking】(图层叠加)工具。

(2)在【Layer Stacking Parameters】(图层叠加参数)对话框中,单击【Import File】(导入文件)按钮。

(3)按住 Ctrl 键选择 PostFireReflectance. dat 和 PostFireTIRCalibrated. dat,单击【确定】。

(4)从【Resampling】(重采样)下拉列表中,选择"Cubic Convolution"(立方卷积)。

(5)其余参数保留默认设置。

(6)输入"PostFireLayerStack. dat"作为输出文件名,并单击【确定】。

(7)当处理完成时,单击工具栏中的【数据管理器】图标。

(8)确认图层叠加包括 7 个 OLI 波段和 2 个 TIR 波段,如图 26.9 所示。

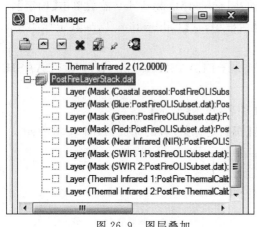

图 26.9　图层叠加

波段的名字并不是很有帮助,因为它们包含执行过的所有预处理步骤。可以重命名它们,操作步骤如下:

(9)在【工具箱】的搜索窗口中,输入"edit envi"。双击弹出的【编辑 ENVI 头文件】工具。

(10)选择文件 PostFireLayerStack. dat,并单击【确定】。

(11)在【Edit Raster Metadata】(栅格元数据编辑)对话框中,滚动到"Band Names"(波段名称)字段。

(12)选择列表中的第一个波段,并将它重命名为"coastal Aerosol"(沿海气溶胶)。

(13)选中下一个波段的名字。(注意:不要单击【确定】,因为这将完全退出对话框。)

(14)输入波段名依次如下:Blue;Green;Red;Near Infrared (NIR);SWIR 1;SWIR 2;Thermal Infrared 1;Thermal Infrared 2。

(15)在【栅格元数据编辑】对话框中单击【确定】,关闭影像并从显示框中移除。

26.3　创建燃烧指数影像

ENVI 的光谱指数工具创建的影像代表不同的指数,如植被、燃烧区、地质学和组合特征。每次创建指数影像时,都必须运行此工具。按照以下步骤来计算燃烧指数:

(1)在【工具箱】的搜索窗口中,输入"Spectral Indices",双击弹出的【光谱指数】工具。

(2)弹出【选择文件】对话框。

(3)选择文件 PostFireLayerStack. dat,单击【确定】。

(4)选择【Index】(指数)列表中的"Burn Area Index"(燃烧面积指数)。

(5)不要选择【Display Result】(显示结果)选项,稍后将在多个视图中查看指数。

(6)在【Output Raster】(输出栅格)字段中,输入文件名"BAI. dat",并单击【确定】。

根据以下指数重复步骤(1)至(6):

——normalized burn ratio(归一化燃烧比值指数)(输出文件名:PostfireNBR. dat);

——normalized burn ratio thermal 1(归一化燃烧比值-热指数 1)(输出文件名:NBRT1. dat)。

(7)从主菜单中,选择【Views】→【2×2 views】(视图→2×2 视图),显示屏中会显示 4 个空白视图。

(8)单击工具栏中的【数据管理器】图标 📋。

(9)将【数据管理器】中的"燃烧面积指数"波段名拖放到左上角的视图。

(10)将【数据管理器】中的"归一化燃烧比值指数"波段名拖放到右上角的视图。

(11)将【数据管理器】中的"归一化燃烧比值-热指数 1"波段名拖放到左下角的视图。

(12)从主菜单中,选择【Views】→【Link Views】(视图→链接视图)。

(13)选中【Geo link】(地理链接)选项后,单击【Link All】(链接所有),然后单击【确定】,此时所有三个视图中心将在同一地理位置。

(14)在工具栏中的【Go To】(转到)字段,输入像素坐标"631p,472p",然后按回车键。("p"是为了告诉 ENVI,这些是像素坐标,而不是地图或地理坐标)。视图中心在彭德尔顿营附近燃烧的地区,如图 26.10 所示。

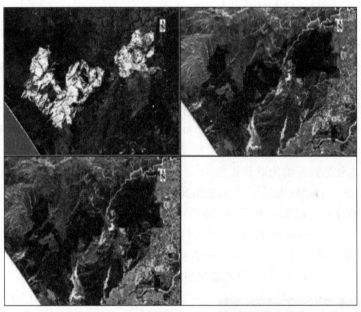

图 26.10　三个视图显示坐标"631p,472p"

注意,燃烧面积指数影像(左上角视图)中的较亮像素表示燃烧区域,而较暗的像素表示归一化燃烧比值指数影像中的燃烧区域。

(1)在【转到】字段中输入以下像素坐标以搜索其他燃烧区域:

——1214p,1214p(福尔布鲁克);

——1263p,1669p 和 873p,1260p(卡尔斯巴德);

——1246p,1246p(圣马科斯);

——58p,123p(彭德尔顿营)。

(2)使用工具栏中的导航、缩放和拉伸工具进一步浏览影像。

(3)完成后,在【图层管理器】中右键单击每个视图项目,然后选择【Remove View】(删除视图)。

26.4 归一化差分燃烧比值指数

归一化差分燃烧比值指数（△NBR）是燃烧严重程度产品中另一个衡量在 NBR 中的绝对变化的值。通过执行以下步骤可以很容易地创建一幅 △NBR 影像：

(1)制作一幅火灾前的 NBR 影像。

(2)在火灾期间或之后创建一幅 NBR 影像。

(3)用火灾前影像减去火灾后影像。

结果中较亮的像素表示燃烧的严重程度。在实际应用中必须对没有经过处理的燃烧前影像执行所有预处理步骤，如在本章对燃烧后影像所做的操作一样（除了热红外波段定标和图层叠加），实例中火灾前影像预处理已经完成。

按照以下步骤创建一幅 △NBR 影像：

(1)从菜单中，选择【文件】→【打开】。

(2)选择文件 PreFireNBR.dat，并单击【确定】，火灾前 NBR 的影像出现在显示屏中。

(3)在从一个影像中减去另一个影像之前，必须确保两个影像在同一个空间网格，而当两个影像投影相同时，它们的像素才可以相减。图层叠加将确保它们位于相同网格中。在【工具箱】的搜索窗口，输入"图层叠加"，双击弹出的【图层叠加】工具。

(4)在【图层叠加】对话框中，单击【导入文件】按钮。

(5)按住 Ctrl 键，选择 PreFireNBR.dat 和 PostFireNBR.dat 文件（两文件为在之前步骤中创建的火灾后的 NBR 影像），单击【确定】。

(6)将所有剩余参数保留为默认设置。

(7)输入"NBRLayerStack.dat"作为输出文件名，单击【确定】。

(8)在【工具箱】的搜索窗口中，输入"波段运算"，双击弹出的【波段运算】工具。

(9)在【Enter an expression】（输入一个表达式）字段中输入"float(b1-b2)"，单击【确定】。

(10)在【选择变量用于波段配对】对话框中选择"B1"，单击【Layer（Normalized Burn Ratio：PreFireNBR.dat)】（层（归一化燃烧比值：PreFireNBR.dat)）。

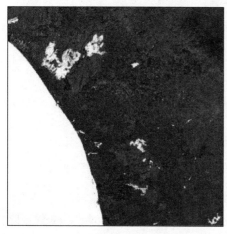

图 26.11 波段计算后的掩模

(11)选择"B2-(undefined)"（B2 -（未定义)）。

(12)单击【Layer（normalized burn ratio：PostFireNBR.dat）】（层（标准化燃烧比：PostFireNBR.dat)）。

(13)输入"DifferencedNBR.dat"作为输出文件名，单击【确定】。

(14)结果如图 26.11 所示，其中白色像素显示燃烧过的区域（进行掩模处理的海洋像素颜色也为白色）。

美国地质调查局 FIREMON 计划根据相应大小的像素值公布了燃烧严重程度的类别，如表 26.1 所示。

表26.1　燃烧严重程度类别

ΔNBR 值	燃烧严重程度
＜－0.25	高火火后再生
－0.25～＜－0.1	低火火后再生
－0.1～＜0.1	未燃的
0.1～＜0.27	轻度的燃烧
0.27～＜0.44	中度到轻度燃烧
0.44～＜0.66	中度到严重燃烧
≥0.66	严重燃烧

以下操作是将已创建的一个密度分割颜色切片文件覆盖在 ΔNBR 影像上。

（1）在【图层管理器】中，右键单击 DifferencedNBR. dat 图层并选择【New Raster color slice】（新建光栅颜色切片）。

（2）在 DifferencedNBR. dat 下选择【波段运算】波段名，然后单击【确定】。

（3）单击【Clear Color Slices】（清空颜色切片）按钮 ✕。

（4）单击【Restore Raster Color Slices File】（还原栅格颜色切片文件）按钮，然后选择文件 DNBRColorSlice. dsr，单击【打开】，影像将被所定义的这几种颜色分成不同的颜色。

（5）单击【确定】。

（6）在工具栏中的【转到】字段中输入像素坐标"631p,472p"，然后按回车键。

（7）在工具栏中的【Zoom To】（缩放到）下拉菜单中，输入"125（％）"，将显示以彭德尔顿营为中心的燃烧区域。

（8）在【图层管理器】中，单击取消选择紫色、蓝色及灰色框，只有严重燃烧的区域被显示出来，以下影像显示了火灾后 Landsat-8 影像上覆盖的不同级别的燃烧严重程度的实例，如图 26.12 和图 26.13 所示。

图 26.12　火灾燃烧严重程度实例一

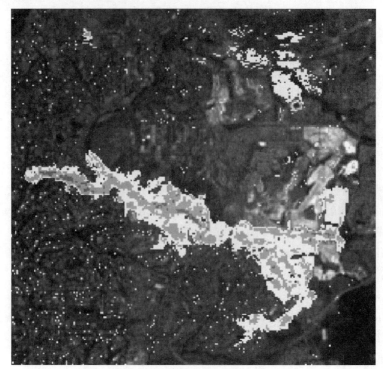

图 26.13　火灾燃烧严重程度实例二

第 27 章　面向对象的特征提取

特征提取使用基于对象的方法对图像进行分类,其中对象(也称为分块)是一组具有相近光谱、空间和纹理属性的像素,如道路、建筑物和水体。传统的分类方法是基于像素的,是利用每个像素的光谱信息对图像进行分类。对于高分辨率全色或多光谱图像,基于对象的方法在特征提取类型上提供了更大的灵活性。

ENVI 中的特征提取可以识别基于空间、光谱和纹理特征的全色或多光谱图像中的对象,然后使用以下工作流程之一将对象分类为已知的特征类型:

——基于规则:通过基于对象属性(如面积、延伸度、光谱平均值、纹理等)构建规则来定义特征。

——基于样本:选择训练数据(已知类别的样本),将未知的对象分配给已知特征。

——仅仅分割:只提取分割影像结果而不执行基于规则或基于样本的分类。这允许创建一个分割图像,可以添加自己的属性或分类。

在特征提取之前,为了获得特征提取的最佳结果,根据数据源和特征提取类型等情况,可以有选择地对数据做一些预处理工作,包括减少噪声或冗余数据,或进行校正去除大气影响。

(1)空间分辨率的调整。如果数据空间分辨率非常高,覆盖范围非常大,而提取的特征地物面积较大(如云、大片林地等),可以通过降低分辨率,在保证精度的前提下提高运算速度,以加快处理和去除小的、不想要的特征。如可以将一个 10 000×10 000 像素的图像以 10∶1 的比例重采样,得到 1 000×1 000 像素的图像。具体操作可利用【Toolbox】→【Raster Management】→【Resize Data】(工具箱→栅格数据管理→调整数据大小)工具实现。

(2)高光谱分辨率数据的预处理。对于高光谱图像,强烈建议特征提取之前对其进行主成分分析或独立成分分析,具体可利用【Toolbox】→【Transform】→【PCA Rotation】→【Forward PCA Rotation New Statistics & Rotate】(工具箱→变换→主成分分析旋转→前向主成分分析旋转进行新统计特征计算并旋转)和【Toolbox】→【Transform】→【ICA Rotation】→【Forward ICA Rotation New Statistics & Rotate】(工具箱→变换→独立成分分析旋转→前向独立成分分析旋转进行新统计特征计算并旋转)实现。

(3)辅助数据。其他辅助数据帮助提取感兴趣的特征,这些辅助数据可以是数字高程模型、激光雷达(LiDAR)影像和合成孔径雷达影像。辅助图像文件必须具有标准地图投影或使用有理多项式系数。辅助数据和输入图像必须具有一定的地理重叠。如果辅助数据不在与输入图像相同的地图投影中,ENVI 将重新投影辅助数据以匹配基本投影。具有任意地图投影或仿射映射变换的图像(在【数据管理器】中指定为"pseudo")不能作为辅助数据。

(4)空间滤波。如果数据包含一些噪声,可以选择 ENVI 的滤波功能进行预处理。

27.1　基于规则的特征提取

ENVI 中基于规则的特征提取工作流程包括将图像分割成许多分块,计算分块的各种属性,然后构建规则对感兴趣的特征进行分类。每个规则包含一个或多个属性,如区域、长度或纹理;可以将值约束到特定范围,如我们知道道路是延长的、一些建筑接近矩形的形状、树木的纹理比草高等。

以下实例将使用特征提取功能从多光谱 GeoEye-1 高空间分辨率影像中一处居民区提取沥青表面。特征提取提供了一种快速、自动化的方法来识别道路和停车场,避免了城市规划师或地理信息系统技术人员手工数字化道路和停车场。实例将介绍通过了解各种属性如何帮助构建有意义的分类规则,并将分类结果导出到矢量文件中。

27.1.1 启动工作流程

(1)从菜单中选择【文件】→【打开】。

(2)导航到实例数据文件夹,选择文件 Hobart_GeoEye_pansharp. dat,单击【打开】。

(3)从工具栏中【Optimized Linear】(线性优化)下拉列表中,选择"Linear 5%"(5%线性拉伸),这种拉伸使图像更加明亮,使其更容易看到各个特征。

(4)从【工具箱】中,选择【Feature Extraction】→【Rule Based Feature Extraction Workflow】(特征提取→基于规则的特征提取工作流程),出现【Data Selection】(数据选择)对话框,如图 27.1 所示。

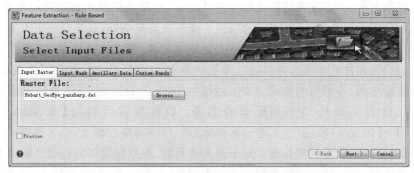

图 27.1 【数据选择】对话框

对话框共有四个选项卡,默认选项卡是【Input Raster】(输入栅格文件),因为文件已经打开,文件名自动在【Raster File】(栅格文件)字段中列出。对话框上还有三个选项卡可切换:

——在【Input Mask】(输入掩模文件)对话框可输入掩模文件,被掩模的部分不会被特征提取处理。除了掩模之外,在头文件中的 Data Ignore Value 字段(对于 ENVI 格式文件)中指定的任何像素值将被视为掩模值从而不会被特征提取处理。

——在【Ancillary Data】(辅助数据)对话框可输入其他辅助数据,如将激光雷达数字表面模型和多光谱图像结合起来识别住宅区的屋顶,然后使用来自数字表面模型的高度数据构建规则以更准确地提取屋顶(高度数据在数字表面模型的波谱平均值属性中)。注意只能输入栅格数据,矢量数据在导入之前必须转换为栅格格式。

——【Custom Bands】(自定义波段)对话框,有两个自定义波段,包括"Normalized Difference"(归一化差异)和"Color Space"(颜色空间),这些辅助波段可以提高图像分割的精度。归一化差分中,选择两个波段来计算归一化波段比,公式为 $[(b2-b1)/(b2+b1+EPS)]$,其中 EPS 是一个非常小的数字,以避免除以零。如果 $b2$ 是近红外的,$b1$ 是红色的,那么归一化差异将是归一化差异植被指数。例如,如果有一个具有 4 个波段的 QuickBird 图像,其中波段 3 是红色的,波段 4 是近红外的,如果想要计算归一化差异植被指数,那么从波段 1 下拉列表中选择波段 3,从波段 2 下拉列表中选择波段 4。可以使用它来进行分割或分类。颜色空间中,从图像中选择红、绿和蓝通道的波段。ENVI 将执行 RGB 到 HIS 的颜色空间转换,创建新的色调、饱和度和强度波段,用于分割或基于规则的分类。

注意事项

可以对标准化差分或 HIS 颜色空间波段进行分割,但不能与可见光和近红外波段结合使用。

(5)单击【下一步】,出现【Object Creation】(创建对象)对话框,如图 27.2 所示。

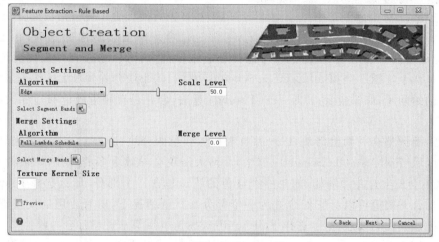

图 27.2 【创建对象】对话框

27.1.2 图像分割

分割是把一个图像分割成具有相似的光谱、空间和纹理特征的分块过程。理论上图像中的分块对应于真实世界的特征,有效的细分可以确保分类结果更准确。

(1)启用【Preview】(预览)选项,可以从预览窗口看到绿色显示的初始类别,使用主工具栏中缩放的下拉列表将影像放大至"200%"。

(2)图 27.3 显示了一个以沥青路面为中心的预览窗口的实例。

预览窗口中显示的初始分割清晰地描绘了道路的边缘,但是包含每条道路的小段太多了,需要组合使用分割和合并的功能,以尽可能少的路段来描绘道路边界。减少尺度阈值从而创建更多的分块,同时增加合并阈值以合并相邻的分块。最好有更多的片段来描述感兴趣的特征,但是注意过多的片段会导致处理速度较慢。

(3)通过调整分割设置和合并设置对不同的阈值选项进行试验,预览窗口自动更新以显示更改如何影响分割。

——分割阈值。选择高尺度影像分割将会分割出很少的图斑,选择一个低尺度影像分割将会分割出更多的图斑,分割效果的好坏一定程度决定了分类效果的精确度,可以通过勾选【预览】,预览分割效果,选择一个理想的分割阀值,尽可能好地分割出边缘特征。有两种图像

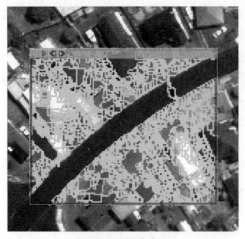

图 27.3　预览窗口

分割算法供选择：一是基于边缘的算法，适合于检测具有尖锐特征边缘的感兴趣对象，设置适当的缩放阈值和合并阈值，以有效地划分特征。二是基于亮度的算法，非常适合于微小梯度变化的影像，如数字高程模型、电磁场图像等，不需要合并算法即可达到较好的效果。

调整滑块阈值对影像进行分割，在此实例中设定阈值为"40"可以获得理想的结果。【Select Segment Bands】(选择分割波段)按钮 是用来选择分割波段的，默认为影像所有波段，在此实例中只选择波段 4，即仅在近红外波段进行分割，这样可在沥青路面上产生更清晰的分块。

——合并阈值。影像分割时，由于阈值过低，一些特征会被错分，一个特征也有可能被分成很多部分，可以通过合并来解决这些问题。合并算法有两个选择：一是 Full Lambda Schedule 算法：将小块合并到较大的纹理区域中以解决过度分割的问题，如树或云；二是 Fast Lambda 算法：合并具有相近颜色和边界大小的相邻分块。

根据需要调整合并阈值滑块，以合并具有相似颜色的分块(Fast Lambda 算法)或合并过度分割的区域(Full Lambda Schedule 算法)。增大滑块会导致更多的合并，如果将滑块值保留为 0，则不会发生合并。例如，如果一个红色的建筑包含三个部分，那么选择 Fast Lambda 算法和增加合并阈值可以将它们合并为一个部分。默认情况下，所有可用的波段都被选中。要描绘树梢或其他高纹理特征，选择 Full Lambda Schedule 算法并增加合并阈值。

在此实例中选择 Full Lambda Schedule 合并算法，并设置合并阈值为 80，可以获得理想的结果。

单击【Select Merge Bands】(选择合并波段)按钮 ，选择用于应用合并设置的特定波段。合并将基于所有选定波段的区域颜色之间的差异。

——选择一个【Texture Kernel Size】(纹理内核大小)值，它是图像中以逐个像素为中心的滑动窗口的大小(以像素为单位)，通过每个内核计算纹理属性。默认值是 3，可以输入为 3 或更高的奇数值，最大值是 19。如果要分割一些纹理差异小的区域，如农田，选择一个较高的内核大小；如果要分割具有较高方差的较小区域，如城市社区，选择较低的内核大小。

(4)单击【下一步】，【Rule-based Classification】(基于规则分类)对话框出现，同时 ENVI 将生成一幅名称为"Region Means"(区域平均值)的影像并自动加载到图层列表中在窗口显示，它是分割后的结果，每一块被分配了该块影像的平均光谱值。

27.1.3　建立规则

每个类将包含一个或多个规则(包含各种属性的组合)，这些规则可以很好地定义类。例如，如果想从图像中提取道路，那么可以构建一个包括延伸、长度和面积等空间属性的规则组合，如图 27.4 所示。

那么，这个类别规则逻辑如下：(Elongation＞2.00000) OR [(Length＞112.00000) AND

（Area＜100.00000）］。OR 前后分别是第一个规则和第二个规则。为了满足道路类的条件，必须应用这两个规则中的任一个（即 OR 操作）。第一个规则只有一个属性定义。为了满足第二规则的条件，必须应用长度和面积属性定义（即 AND 运算符）。保持每条规则权重是相等的，在大多数情况下效果良好。但是，如果发现一个属性有效地确定感兴趣的特征，则可以重改权重，并将该规则优先于其他规则。

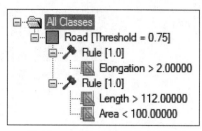

图 27.4　建立提取道路的规则

　　如果第一次建立规则集，则【规则分类】对话框出现一个名为"All Classes"（所有类）的空文件夹，该文件夹将包含所有特征类型（或者称为类）。

　　在本小节的实例中，通过以下步骤构建一些规则来定义一个沥青类。对于每个分块，ENVI 计算其各种空间、光谱和纹理属性。要确定用于识别沥青表面的属性，则需考虑遥感图像中沥青的一些特性。以下是一些建议：

　　——沥青路面在近红外图像中显得很暗，所以第 4 波段的低光谱平均值可以突出道路。

　　——道路是延伸的。

　　——道路和停车场有一致的纹理。

　　——屋顶和阴影等较小的特征也可能具有较低的光谱值，因此可以使用面积属性过滤掉这些小片段。

　　构建规则的典型工作流程是从一个属性开始，测试它在提取感兴趣特征时的置信度，然后使用更多的条件和属性从场景中过滤掉所有其他特征，从而只留下感兴趣的特征。当组合多个属性确定特定规则时，所有条件必须适用以满足规则。第 4 波段光谱均值是一个很好的属性，因为在这个波段的图像上大部分道路颜色很暗。

1. 波谱均值

（1）禁用【预览】选项。

（2）在【基于规则分类】对话框中，单击【Add Class】（添加类别）按钮 ＋ 。

（3）在【Class Properties】（类属性）表中，将类名更改为"Asphalt"（沥青路）并按回车键。

（4）当添加新类时，一个默认规则集将会被创建，这时只有一个属性：Spectrum Mean（band 1）＞0，因为要用第 4 波段，所以需要把这个从波段 1 改为波段 4，选择这个属性名，然后从【Band】（波段）下拉列表中选择"Band 4"，如图 27.5 所示。

（5）直方图显示了分割图像中每一分块的光谱平均值（第 4 波段）的频率。

（6）单击【Dock/Undock Histogram】（连接/脱离直方图）按钮 ，在单独的【Attribute Histogram】（属性直方图）对话框中显示直方图（此选项仅适用于 Windows 用户）。单击并拖动属性直方图窗口的一角放大它，可以更好地查看直方图的形状。

（7）在【基于规则分类】对话框中勾选【预览】选项，会出现一个预览窗口，颜色为实心红色。

（8）使用工具栏中的【Fixed Zoom Out】（固定缩小）按钮放大到约 50％，这样就可以在显示器中查看更多的图像。

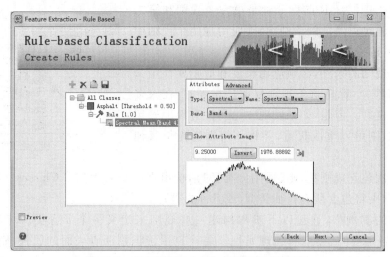

图 27.5　【基于规则分类】对话框中添加新类

(9)由于道路的光谱平均值很低，所以只需要计算直方图中最低的值。单击【属性直方图】对话框右下角的蓝色三角形，并将蓝色竖线拖到左边。预览窗口将更新，以显示剩下的部分。经过尝试，可以发现将波段 4 的光谱平均值限制在 174 以下可以有效地突出沥青路面（滑块只允许小数值），通过键盘手动输入"174"到最右边的字段中并按回车键。图 27.6 是一个例子。

(10)将预览窗口移动到图像的右下角水体上方，在预览窗口右侧可以看到大片红色区域的水体，这是因为在波段 4 中水具有比沥青更低的光谱平均值，所以这个直方图范围内也包含了水体。如果想排除这些极低的值，85 的最小值可以合理地排除考虑中的水，因此在【属性直方图】对话框的最左边字段中输入"85"，然后按回车键，如图 27.7 所示。

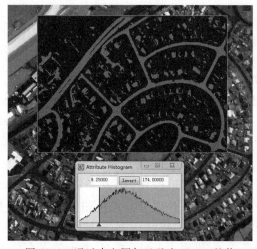

图 27.6　通过直方图仅显示小于 174 的值

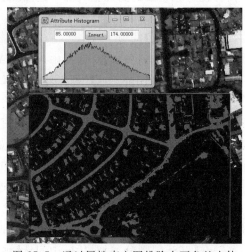

图 27.7　通过属性直方图排除右下角的水体

(11)单击关闭【属性直方图】对话框。

2. 主长度

在这幅影像中，道路和大部分停车场都比房屋等其他特征要长，所以应该测试其中一个的长度属性，看看它是否会改进规则集。

（1）在【基于规则分类】对话框中，选择规则名称【Rule［1.0］】（规则［1]）。

（2）单击【Add Attribute To Rule】（添加属性到规则中）按钮。

（3）选择添加的默认【Spectral Mean(1)】（波谱均值(1)）属性。

（4）从【Type】(类型)下拉列表中选择"Spatial"（空间的）。

（5）从【Name】（名称）下拉列表中，请注意与长度相关的三个不同属性：Length、Elongation 和 Major Length。如果不确定要测试哪个属性，属性图像可以有所帮助：选择 Length，并选中【Show Attribute Image】（显示属性影像）选项，预览窗口显示长度属性值的灰度图像，最高的值以白色显示。如果感兴趣的特性相对于其他特性显示了高对比度（亮或暗），那么该属性可能是一个不错的选择。

（6）在图像周围移动预览窗口。注意，有些道路的属性值很长（用白色表示），而其他道路（大多数停车场）的属性值较低（用灰色表示），所以这个特殊的属性可能不能有效地识别所有的沥青。

（7）可以通过单击主工具栏中的光标值按钮来检查这些段的实际属性值。在【光标值】对话框中，查找预览窗口下的"Data"行：FX_CLASSIFY_RULE_STEP，这是光标下方段的长度属性值，使用这些值来指导应该在多大程度上限制直方图，如图 27.8 所示。

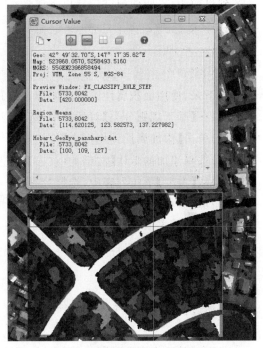

图 27.8　属性影像及长度属性查询

（8）尝试一个不同长度的相关属性。从【名称】下拉列表中，选择"Major Length"（主长度），选中【显示属性影像】选项，与长度属性相比，更多的道路和停车场应该具有比周围特征稍高的对比度。

（9）取消选中【显示属性影像】选项。

（10）因为道路比其他特征要长，所以需要把直方图限制到最高的主长度值。单击直方图中的绿色方块（左边），向右拖动绿色垂直滑动条。在预览窗口中仍然包含许多不同的特性（用红色显示）。要过滤掉这些特性，必须限制直方图只包含非常高的值。保留最大值，在【属性直方图】对话框中将最小值更改为"22"，然后按回车键。

（11）要使以下步骤更快，禁用【预览】。

3．纹理均值

沥青路面和停车场通常具有一致的纹理，因此可以尝试使用纹理属性，看看它们中的任何一个在提取这些特征时是否有效。针对图像中的每个波段计算的四个纹理属性包括纹理范围、纹理均值、纹理方差和纹理熵。

（1）在【基于规则分类】对话框中，选择规则名称【规则［1.0]】。

（2）单击【添加属性到规则中】按钮。

（3）选择添加的默认【波谱均值(1)】属性。

（4）从【类型】下拉列表中选择"Texture"（纹理）。

（5）从【名称】下拉列表中，选择"Texture Mean"（纹理均值）。

（6）因为希望识别具有最低纹理平均值波段4的分块。最大值155可以有效地识别这些分块，因此在直方图的最右侧字段中输入"155"，然后按回车键。

4．面积

到目前为止，所建规则包括以下属性：

```
85 < Band 4 Spectral Mean < 174, AND
Major Length > 22, AND
Texture Mean < 155
```

接下来，使用面积属性筛选出阴影和屋顶等较小的特征。

（1）在【基于规则分类】对话框中，选择规则名称【规则 [1.0]】。

（2）单击【添加属性到规则中】按钮。

（3）选择添加的默认【波谱均值(1)】属性。

（4）从【类型】下拉列表中，选择"空间"。

（5）从【名称】下拉列表中，选择"Area"（面积）。

（6）找出较大面积的分块：利用最小值40可以有效地识别这些分块，因此在直方图的最左边字段中输入"40"，然后按回车键。

27.1.4 预览结果

上述过程已使用四个不同的属性建立了一个规则集，现在可以预览规则识别沥青表面的效果了。

（1）在【基于规则分类】对话框中，选择规则名称【规则 [1.0]】。

（2）选中【预览】选项，预览窗口显示规则可信度图像，根据之前选择的属性最亮的分块最有可能满足规则，暗或黑色的特征不满足或者满足条件的可能性很小。实例图像中如果发现道路和停车场是明亮的，这意味着构建的规则集很可能将这些分块归类为沥青。

（3）在【基于规则分类】对话框左侧，选择【所有类】，预览窗口只显示一个类别（沥青）的分类图像，这样可以在整个图像分类之前预览小面积区域中的最终分类结果。

（4）在预览窗口内单击一次，然后使用主工具栏中的【Transparency】（透明滑块）降低其透明度，预览区域均值图像中的沥青类。

（5）单击【基于规则分类】对话框中的【Save Rule Set】（保存规则集）按钮。

（6）选择规则集的输出位置和文件名，如果希望下次从临时结束的位置继续处理，则可以在以后恢复此规则文件。

（7）单击【下一步】，【Output】（输出）对话框出现。

27.1.5 设置输出选项

【输出】对话框可以把规则分类的各个部分导出为栅格图像及 Shapefile 矢量文件。本实例将沥青的分类图像导出为 ENVI 栅格格式，然后覆盖于原始图像上。

（1）在【Export Vector】（导出矢量）选项卡中，禁用【Export Classification Vectors】（导出

分类矢量)选项。

(2)单击【Export Raster】(导出栅格)选项。

(3)启用【Export Classification Image】(导出分类图像)选项,然后选择一个输出目录来保存文件,文件格式选择为 ENVI raster format,输入输出文件名,在此实例中建议为"asphalt_class"。

(4)单击【完成】,可以看到 ENVI 在【图层管理器】中添加了一个名为 asphalt_class.dat 的新图层叠加在原始图像上。

(5)使用【漫游】工具拖动图像,观察整幅图像上沥青类的分类结果。

总之,可以看到基于规则的特征提取方法提取沥青类别效果相当不错,但是就像其他自动方法一样,它无法精确地提取每一个沥青区域。提取结果在很大程度上依赖于分割及是否构建了有效的规则。

27.2　基于样本的特征提取

以下实例是从一幅 QuickBird 多光谱图像中提取美国科罗拉多州博尔德市住宅区的屋顶。实例数据使用名为 qb_colorado.dat 的文件,是 2005 年 4 月获取的多光谱和全色融合的 QuickBird 影像(0.6 m 空间分辨率)。

27.2.1　启动工作流程

(1)从主菜单中,选择【文件】→【打开】。

(2)找到数据文件的目录,选择文件 qb_colorado.dat,单击【打开】。

(3)从工具栏中的【优化的线性拉伸】下拉列表中,选择"2%线性拉伸",这种类型的拉伸使图像变亮,更容易看到个体特征。

(4)从工具栏中,双击【特征提取】→【Example Based Feature Extraction Workflow】(基于实例的特征提取工作流程),【数据选择】对话框出现。

(5)文件名自动在【栅格文件】字段中列出,单击【下一步】,【创建对象】对话框出现。

27.2.2　图像分割

(1)使用主工具栏中缩放的下拉列表将影像放大至"200%(2∶1)"。

(2)选中【预览】选项,从预览窗口看到以绿色显示的初始类别。图 27.9 显示了一个以住宅区为中心的预览窗口。

在【预览】窗口中显示的初始分割显示出屋顶,如果分块太多会增加处理时间。通过调整【分割设置】和【合并设置】的值以减少分块数量的同时提供清晰的屋顶边界。

(3)图像中的屋顶非常暗,屋顶边界模糊,而近红外图像的对比度高,所以只对近红外波段分割会使周围产生清晰的屋顶边界。在【创建对象】对话框中,单击【选择分割波段】旁边的按钮,然后选择近红外波段并单击【确定】。

边缘分割方法是沿最强强度梯度绘制直线,是一项有效的边缘检测器。当增加合并值时采用"Full Lambda Schedule"(Full Lambda Schedule 算法)合并邻近类。

通过以下设置可以获得合理的结果:

分割算法：Edge；尺度层级：35；合并算法：Full Lambda Schedule；合并层级：80。

图 27.10 显示了使用这些设置的分割结果。

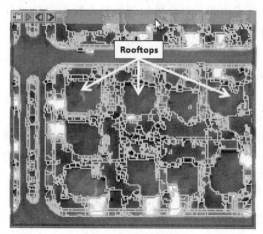

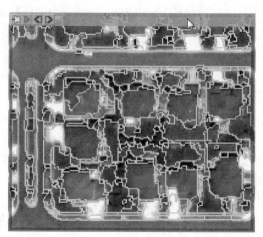

图 27.9　初始类别　　　　　　　　图 27.10　边缘分割结果

如果设置的【尺度阈值】在默认值 50 以上，有的屋顶类将相邻的后院或树木融合，因为它们具有相似的强度，但 35 的值能很好地分开两个特征。

（4）单击【下一步】，ENVI 创建并显示分割图像（在【图层管理器】中名称为区域均值图像），每个分块的值是应该属于该分块所有像素点的平均光谱值。

27.2.3　选择训练样本

选择不同特征的具有代表性的样本，在执行监督分类前分配它们为不同的类。当分割完成后，【Example-Based Classification】（基于实例的分类）对话框将出现一个未定义类。在分割图像的周围移动鼠标，光标下面的对象突出青色，所以可能需要在图像上单击一次激活此功能。

（1）禁用【预览】选项。

（2）在【类属性】表中，将类名称改为"Rooftop"（屋顶），然后按回车键。

（3）单击至少 20 个不同的代表屋顶的部分。尽量选择不同的尺寸、形状、颜色和强度。选择训练样本越多，分类的结果越好，如图 27.11 所示。

下面是一些选择训练样本的提示。

——再次单击分块可以将选中的分块移除；

——如果某些地区的各个分块难以分清界限，勾选【Show Boundaries】（显示边界）选项绘制每个分块的边界。

——如果分割图像没有足够的细节确定分块是否能代表屋顶（如车道或后院易与屋顶混淆），取消选中【图层管理器】区域【Region Means】（区域均值）图像，图层下面原来的 QuickBird 图像就会显示。

——如果要平移或缩放图像，需要在选择训练区前单击主工具栏中的【Select】（选择）图标。

下面将定义更多的其他几个类：

（1）在【基于实例的分类】对话框中，单击【添加类】按钮╋。

（2）在【类属性】表中，将新类名更改为"Grass"（草地），然后按回车键。

（3）在对话框的左侧选择"草地"，然后从图像中选择至少 20 个训练样本，分别代表草地地区，如后院、田野、公园。

（4）对以下类重复步骤（1）～（3）："混凝土"（路肩和车道）和"道路"（仅限沥青），至少选择 20 个训练样本并且变更类的颜色才能得到想要的结果。以下为一个分类对话框的示例（图 27.12），但是分类操作的结果可能会有所不同。

图 27.11　屋顶训练样本选择示例

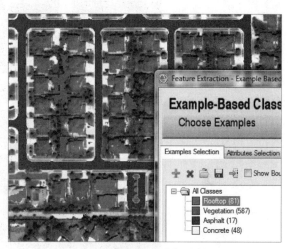

图 27.12　样本选择示例

（5）单击【Save Example File】（保存样本文件）按钮🖫，然后选择一个输出文件夹，文件定义了训练的地区。该样本文件可以允许在上次停止的地方继续执行添加修改类的操作。

27.2.4　选择分类属性

ENVI 计算每个分块各种空间、光谱和纹理属性。本步骤可以选择在监督分类中使用的属性。默认情况下，将会使用所有的属性。有关所有可用属性的定义，参见 27.2.7 小节。

（1）在【基于实例的分类】对话框中的选择【Attributes Selection】（属性选择）卡。

（2）单击【Auto Select Attributes】（自动选择属性）按钮▤，可以让 ENVI 确定最合适的属性分类。【Selected Attributes】（选中的属性）栏也会更新，属性将会被使用。图 27.13 显示了一个示例，但每个人的操作结果可能会有所不同。

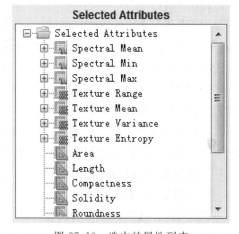

图 27.13　选中的属性列表

27.2.5　选择分类方法

特征提取提供了监督分类的三种方法：K 最近邻法，支持向量机和主成分分析。下面将使用 K 最近邻法进行基于邻近训练地区的邻近度并对其分类，它比其他方法更严格，能够更准确地区分相似类之间的差别。

(1)使用工具栏中的缩放功能放大到 100%。

(2)在【基于实例的分类】对话框上勾选【预览】选项,将出现一个带有当前分类结果的预览窗口。当改变训练数据、属性和分类设置时,分类结果将自动更新。在图像周围移动或调整预览窗口来查看不同区域的结果,图 27.14 显示了 K 最近邻法分类结果的部分区域。

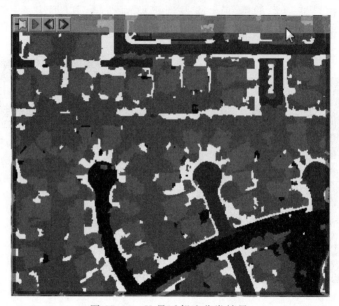

图 27.14 K 最近邻法分类结果

(3)禁用【图层管理器】中的【区域均值】选项,以隐藏分割图像。原始 QuickBird 图像将显示在预览窗口的下方。

(4)在【预览】窗口内单击右键并选择【Blend】(混合),分类影像渐渐淡入和淡出显示 QuickBird 影像,使用◀和▶按钮来放慢或加速混合,单击【Pause】(暂停)按钮▮▮,停止混合。

黑色分块是分类器未能确定适合类别的部分,属于未分类类别。【Algorithms】(算法)选项卡下的【Allow Unclassified】(允许未分类)选项决定了是否允许未分类类别的存在,若否,则将未分类部分强制分入其他类别中。

屋顶分类的准确度非常重要,因为这是需要提取的特征。在预览窗口中显示的初始分类显示许多领域被错误地识别为屋顶,可以通过以下几个选项来减少这些误差。

1. 调整 K 最近邻设置

(1)选择【算法】选项卡。

(2)尝试增加【Threshold】(阈值),默认值是 5%,这意味着在每个类不到 5% 的置信设定类为未分类。当增加阈值滑块时,分类器将允许更多未分类的分块。当降低阈值滑块时,分类器会将更多分块分成类,从而造成更多分类错误。

(3)增加【Neighbors】(邻近)值到 3,意味着当选择一个目标类且降低噪声或无关特征时,更高一点的值将会考虑更多的邻近值。

2. 采集更多训练样本

如果图像中有些分块持续地被错误分类,可以按照以下步骤将它们分配为已知类:

(1)选择【Examples Selection】(样本选择)选项卡。

(2)在【基于实例的分类】对话框的左侧,选择想要分配的类别名称。

(3)确保工具栏中的【选择】图标 可用。

(4)在图像显示窗口中,单击该分块将其分配给选定的类别。

3．定义一个新类

分类结果中一些树木和草地地区被错误地归类为屋顶,需要创建一个新的类名为"Trees"(树木)并为该类选择训练样本。

(1)在【基于实例的分类】对话框中,单击【添加类】按钮 。

(2)在【类属性】表中,更改新类名为"树木"并按回车键。

(3)在对话框的左侧选择"树木",然后选择至少 20 个树木训练样本,包括它们的阴影,继续执行这些操作,直到得到满意的屋顶分类结果,然后单击【下一步】,继续以下步骤导出屋顶分类结果为栅格文件。

27.2.6 设置输出选项

本实例将分类图像导出为 ENVI 栅格格式图像,然后将分类结果覆盖到原始图像上。默认情况下,分类图像将包括所有定义的类。

(1)在【导出矢量】选项卡中,禁用【输出分类向量】选项。

(2)单击【导出栅格】选项。

(3)选中【输出分类图像】选项,然后选择一个输出目录来保存文件,输入输出文件名,在此实例中建议为"qb_colorado_classimage"。

(4)单击【完成】,ENVI 在【图层管理器】中添加了一个名为 qb_colorado_classimage.dat 的新图层。要查看图层覆盖于原始图像上的效果,使用主工具栏中的【透明度】滑块来增加分类图像的透明度。

27.2.7 属性列表

1．光谱属性

光谱属性是对输入图像的每个波段进行计算。特定的像素簇属性值是从输入数据波段中计算得到的,其中分割标签图像具有相同的值(即同一像素簇中的所有像素对属性计算都有贡献),如表 27.1 所示。

表 27.1 光谱属性列表

属性	描述
Spectral_Mean(波谱均值)	波段 x 中该区域的像素均值
Spectral_Max(波谱最大值)	波段 x 中该区域的最大像素值
Spectral_Min(波谱最小值)	波段 x 中该区域的最小像素值
Spectral_STD(波谱标准差)	波段 x 中该区域的标准偏差值

2．纹理属性

纹理属性由对输入图像的各波段进行计算得出。纹理属性的计算是一个两步过程,其中,在第一步中使用预先定义好尺寸的矩形内核来计算输入图像,计算内核窗口内所有像素的属性值并且将结果引用到中心内核像素,然后利用像素簇中所有像素的平均属性创建每个波段分割标签的属性值,如表 27.2 所示。

表 27.2　纹理属性列表

属性	描述
Texture_Range(纹理范围)	内核中区域包含的所有像素的平均数据范围(分类参数中描述尺寸与纹理核心大小)
Texture_Mean(纹理均值)	内核中区域包含的所有像素的平均值
Texture_Variance(纹理方差)	内核中区域包含的所有像素的平均方差
Texture_Entropy(纹理熵)	内核中区域包含的所有像素的平均熵

3. 空间属性

空间属性是基于限定像素簇的边界多边形计算的,不需要波段信息,如表 27.3 所示。

表 27.3　空间属性列表

属性	描述
Area(面积)	多边形的总面积减去孔的面积
Length(长度)	多边形的所有边界的合并长度,包括孔的边界,这与主要长度属性不同
Compactness(紧致度)	显示出多边形紧致度的形状度量。圆是具有最高紧致度的形状,紧致度是 $1/\pi$,方形的紧致度为 $\dfrac{1}{2\sqrt{\pi}}$。 紧致度＝SQRT($4\times$面积$/\pi$)/外轮廓长度
Convexity(凸性)	多边形要么是凸要么是凹,此属性测量多边形是凸,不带孔的凸多边形的凸度为 1.0,而凹多边形的值小于 1.0。 凸性＝凸面长度/长度
Solidity(紧实度)	多边形的面积与多边形凸面的面积进行比较的一种形状度量。没有孔的凸多边形的紧实度值为 1.0,凹多边形的值小于 1.0。 紧实度值＝面积/凸面面积
Roundness(圆度)	将多边形区域的面积与多边形最大直径的平方进行比较的一种形状度量。该最大直径是一个包围多边形定向边框主轴的长度,圆的圆度值为 1,一个正方形的值是 $4/\pi$。 圆度＝$4\times$面积$/(\pi\times$主长度$^2)$
Form_Factor(形状元素)	多边形的面积与总周长的平方相比较的一种形状度量。圆的形状元素值是 1,一个正方形的值为 $\pi/4$。 形状元素＝$4\times\pi\times$面积/总周长^2
Elongation(延伸性)	多边形长轴与多边形短轴比例的一种形状度量。长轴和短轴获取自包含多边形的定向边框。正方形的延伸值为 1.0,而一个矩形的值大于 1.0。 延伸值＝长轴长度/短轴长度
Rectangular_Fit（矩形拟合值)	利用矩形描述形状程度的形状度量。此属性将多边形的面积与包围多边形的定向边框的面积进行比较。矩形的矩形拟合值为 1.0,非矩形的值小于 1.0。 矩形拟合值＝面积/(长轴长度×短轴长度)
Main_Direction(主方向)	由多边形的长轴和 x 轴的角度为单位,主要方向取值范围为 0～180°。90° 是北南,0 和 180° 是东西
Major_Length(长轴长度)	包含多边形的定向边框的长轴长度。值是地图单元像素尺寸。如果图像没有地理参考,则会给出像素单位

续表

属性	描述
Minor_Length（短轴长度）	包含多边形的定向边框的短轴长度。值是地图单元像素尺寸。如果图像没有地理参考，则会给出像素单位
Number_of_Holes（孔数）	多边形中的孔数，整数值
Hole_Area/Solid_Area（孔面积/实面积）	多边形的总面积与多边形外轮廓的面积的比值。无孔多边形的孔实比为1.0。 孔面积/实面积＝面积/外部轮廓区域

第28章 激光雷达点云数据处理

ENVI LiDAR 可以快速读取并处理激光雷达点云数据，能读取包括 LAS 数据、NITF LAS 数据、ASCII 文件等多种格式的数据文件，可以将激光雷达点云转换为地理信息系统图层；可以输出多种数据格式和三维可视化数据库；可以提取地形数据和自动识别各种景观特征并输出 shp 格式的矢量文件，如建筑物、树、电力线杆、电力线；可对读取的数据进行可视化，包括点云查看、交互式截面可视化、点云数据手动可视化、可视化飞行。

28.1 ENVI LiDAR 界面及功能介绍

在安装后程序组里的【Tools】（工具）文件夹中找到并启动 ENVI LiDAR，或者在 ENVI【工具箱】中【LiDAR】功能文件夹下利用【Launch ENVI LiDAR】（启动 ENVI LiDAR）来打开它。软件界面如图 28.1 所示。第一次启动 ENVI LiDAR，用户界面显示的有工具栏、主窗口、图层管理器、导航窗口、操作日志。

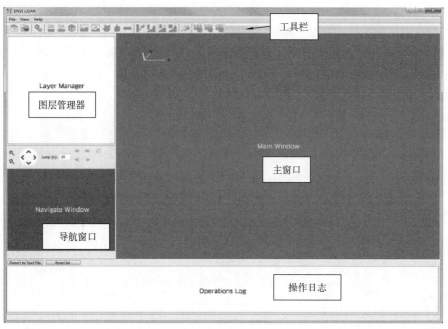

图 28.1　用户界面

用户界面显示的这些窗口可以随时选择隐藏和关闭。在主菜单中选择【View】（视图），在下拉菜单中选择想要显示或关闭的窗口。

ENVI LiDAR 软件中带有实例数据，通过打开这些数据并进行处理可以快速熟悉软件界面和各项功能。选择【文件】→【打开】，默认文件路径如下：C:\ Program Files\ Harris\ ENVI55\data\lidar\，根据读者安装的路径可能稍有变化，打开 DataSample.las 文件，或者直接打开 C:\Program Files\Harris\ENVI55\data\lidar\DataSample 文件夹下的 DataSample. ini 项目。

28.1.1 主窗口

【主窗口】显示了工作区域,在【主窗口】的状态栏中有光标坐标和高程(x,y,z)显示。

1. 旋转与缩放

同时单击鼠标左右键,在任何方向拖动整个图像;单击鼠标左键可以使图像旋转;单击右键同时移动鼠标或者滚动鼠标滚轮可以进行缩放。

2. 跳转到坐标

单击【视图】→【Jump to Location】(跳转到坐标),出现【Select Location】(选择位置)对话框,如图 28.2 所示。【Coordinate System】(坐标系)为可选择要用的坐标系统,在【X】和【Y】字段处输入数据后单击【确定】可以跳转到该坐标所对应的位置。

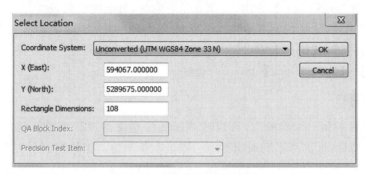

图 28.2 【选择位置】对话框

3. 保存视图

如果要保存当前视图以便于以后再次浏览,选择【视图】→【保存】,在【Display Name】(显示名称)字段中输入名称后单击【确定】。

如果要显示已经保存的视图,选择【视图】→【Display】(显示),然后出现【Saved Views】(保存的视图)对话框,选择某视图后单击【确定】即可调阅;单击此对话框中的【Delete】(删除)和【Delete all】(删除全部)可以删除已保存的视图。

4. 创建屏幕截屏

如果计算机上安装了 Microsoft PowerPoint,可以随时创建当前视图的屏幕截图,并在新的或现有的 PowerPoint 会话中自动打开它。单击工具栏上的【Screenshot to PowerPoint】(截屏至演示文稿软件)按钮，或者从菜单中选择【文件】→【截屏至演示文稿软件】以捕获屏幕并启动 PowerPoint。如果 PowerPoint 会话已经运行,则会提示选择在新会话还是当前会话中打开该图像。【操作日志】窗口中显示位图保存的位置和名称。

若要创建可以在其他应用程序中打开的当前视图的屏幕截屏,在键盘键上按 Ctrl +C 键。【操作日志】窗口中显示屏幕捕获的位置和名称。

5. 视图回到默认位置

在透视视图中旋转后,想让视图回到默认位置,单击工具栏中的【Reset Perspective View】(重置透视视图)按钮，回到默认位置。

在等距视图中旋转后,想让视图回到默认位置,单击【Reset Isometric View】(重置等距视图)按钮 ![icon]，回到默认位置。

28.1.2 图层管理器

在最初创建项目时，在【图层管理器】中只有两个图层：All Points(包含原始点云的标准视图)和 DSM(包含数字表面模型)。当在对视图进行加入注解、进行可视域分析计算及处理数据，或当切换到 QA(Quality Assurance)模式之后，将出现其他图层。当处于 QA 模式时，【图层管理器】显示在处理过程中创建的分类层。在【图层管理器】中的有关操作如下：

（1）在【主窗口】中显示或隐藏图层，选中或禁用图层名称旁边的复选框。

（2）要在线或填充之间切换地形、建筑物或树矢量层的显示，右键单击该层并选择"线"或"填充"。

（3）要查看矢量层的文件名和位置，右键单击图层名称并选择"File Information"(文件信息)。当利用【Project Properties】(项目属性)对话框【Outputs】(导出)选项卡输出矢量文件时，或者选择【文件】→【Export】(导出)菜单导出它们时，就会创建矢量文件。

（4）要查看点图层文件的目录位置，右键单击层名称并选择【文件信息】。点图层文件是在【项目属性】对话框【输出】选项卡中选择输出分类点云时创建的，或者在菜单中选择【文件】→【输出】→【Point Cloud】(点云)时创建。

28.1.3 导航窗口

ENVI LiDAR 提供一个导航图，可以随意选择任意局部进行浏览。同时，ENVI LiDAR 根据点云数据的特性，可选择不同地物类型的点云数据浏览，如地形点、建筑物点、树木点、电力线点等。

【导航窗口】显示的是整个区域的彩色数字表面模型(digital surface model，DSM)，DSM 包括建筑物、树木、电力线和其他物体的顶部。在此窗口中选择的区域，就是显示在【主窗口】中进行处理或查询的区域，如图 28.3(a)所示。在这个窗口中选择的区域是在【主窗口】中显示的用于处理或检查的区域。当数据处理完毕，【导航窗口】中在 DSM 上叠加显示一个网格，如图 28.3(b)所示。

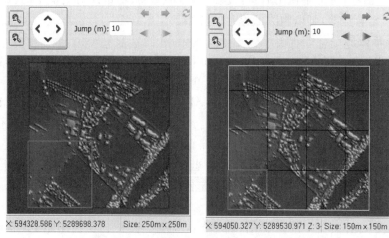

（a）初始状态　　　　　　　（b）数据处理后

图 28.3　导航窗口

1．缩放与移动

要放大和缩小，右键单击并在地图上上下拖动，然后释放鼠标右键以进行放大或缩小。还可以使用【Zoom In】(放大)和【Zoom Out】(缩小)按钮进行放大和缩小，或者在选择了【导航窗口】后，使用鼠标滚轮。如果要移动图像，可以单击鼠标左右键不要松开，并在地图上任意方向拖动。

2．选择一个区域

选择要显示在【主窗口】中的区域，对 DSM 单击并拖动，将会显示一个紫色矩形。最小的选择大小是 30 m×30 m；如果选择小于该范围的区域，则大小自动增加到 30 m×30 m。最大的选择尺寸是 2 000 m×2 000 m(64 位程序)，以及 1 000 m×1 000 m(32 位程序)。

3．跳跃

单击跳转按钮可以在 DSM 上进行等距离的跳跃，在跳跃字段中设置每次跳跃的距离。

4．设置视点密度

在【View Point Density】(视点密度)字段中，输入一个值代表每平方米点的数量，单击设置。此选项仅更改【主窗口】中呈现点的密度，以便可以预览结果，它不影响最终数据处理的点密度。

使用【项目属性】对话框的【Production Parameters】(生产参数)选项卡下的【Maximum Points Density】(最大点密度)来设置处理结果中的点密度。【视点密度】设置与当前项目设置保持一致。

> **注意事项**
>
> 选择浏览高密度点的大面积的视图时会导致图片更换较慢，加载渲染点的时间较长，应用程序无响应，加载工程时间较长等问题。如果遇到类似情况，可尝试减少视图点密度或减小视图区域的大小。

28.1.4　操作日志

【操作日志】显示的有区域信息以及点密度、操作的步骤、警告、错误和处理状态信息，这些都以黑色文字显示。如果运行的是【工具箱】的扩展程序，会有一个 ENVI LiDAR 授权的副本 IDL，那么从 IDL 输出的操作日志显示为蓝色文字。ENVI LiDAR 和 IDL 的错误显示为红色文本。

28.2　使用工具栏中的工具

28.2.1　截面窗口

保持数据打开，选择【视图】→【Cross Section Window】(截面窗口)新建截面窗口，单击【Select Cross Section】(选择截面)图标选择截面位置，如图 28.4 所示。【Cross Section】(截面)窗口显示的是所选择的数字高程模型截面和在主窗口中限定的立体空间内定义的 LiDAR点，所以必须首先创建一个截面视图才会显示这个窗口。

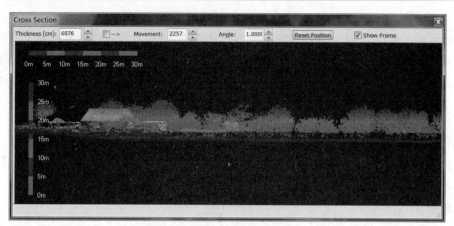

图 28.4　截面窗口

28.2.2　激光雷达三维浏览器窗口

当调用【ENVI LiDAR 3D Viewer】(ENVI 激光雷达三维浏览器)时会出现一个单独的窗口,【ENVI 激光雷达三维浏览器】是独立的浏览器,但是 ENVI LiDAR【主窗口】和【ENVI 激光雷达三维浏览器窗口】是链接的,因此它们可以结合使用。选择菜单中【Process】→【Process data】(处理→数据处理),在出现的【项目属性】窗口中选中【Produce Buildings】(产生建筑物数据),选中【视图】→【Run 3D Viewer】(运行三维查看器)或者单击工具栏 ,生成三维视图,如图 28.5 所示,在视图中可以单击三维图像进行不同角度的浏览。

图 28.5　【ENVI 激光雷达三维浏览器】窗口

28.2.3　测距工具

单击测距工具栏上的按钮 ,光标的形状会变为十字。如果需要测量两点间的距离,在图像中分别单击两个端点,结果会显示在主图像窗口下方的【操作日志】窗口中,在【主窗口】的图像中会自动添加一个文本注记,如图 28.6 所示。如果要去掉注记,右键单击注记,选择【Delete Annotation】(删除注记)。图 28.6 中文本注记中显示水平距离 41.374 m(135.74 ft),高度差 0.100 m(0.33 ft),斜距是 41.374 m(135.74 ft)。

测距后在【操作日志】中会出现如下内容:点 1 和点 2 的坐标,Δx、Δy 和 Δz 差值,点 1 和点 2 之间的水平距离(单位为 m 和 ft),点 1 和点 2(单位为 m 和 ft)之间的斜距,垂直角和水平角((°)和 rad)。水平距离和斜距如图 28.7 所示。

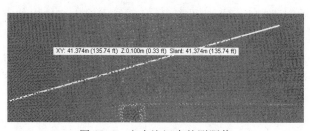

图 28.6　文本注记中的测距值

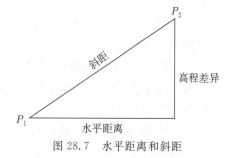

图 28.7　水平距离和斜距

28.2.4　对点云数据进行彩色显示

1. 根据高度、类别、强度和 RGB 来着色

点云和 DSM 层可以根据高度、类别、强度和 RGB 来着色,单击工具栏上的以下切换按钮:【Color by Height】(根据高度着色)，【Color by Classification】(根据类别着色)，【Shade by Intensity】(根据强度调节亮暗程度)，【Color by RGB】(根据 RGB 着色)，可以打开着色和关闭着色。

可以通过选中或禁用 ENVI LiDAR【图层管理器】中的复选框以显示或隐藏颜色着色。如果在 ENVI LiDAR【图层管理器】中隐藏了所有点层数据,DSM 只显示强度或 RGB。

如果选中了 QA 模式,ENVI LiDAR 可以采用不同的点着色或调节亮暗程度。下面将描述标准视图和 QA 模式视图之间的差异。

1)标准视图中点的着色

当创建一个新项目或打开一个现有项目时,ENVI LiDAR 将确定点和 DSM 在标准视图中最初是如何着色的。

——如果输入文件中存在不同的 RGB 值(即 RGB 值不完全相同),则将根据 RGB 应用着色。

——如果输入文件中存在不同的强度值(即强度值不完全相同),则根据强度和高度应用着色(或阴影)。

——如果输入文件没有不同的强度或 RGB 值,则根据高度着色。

——如果输入文件中存在 RGB 和强度的不同值,则使用【根据 RGB 着色】和【根据强度调节亮暗程度】工具栏按钮在两种模式之间切换,这两种模式不能同时应用。

如果输入文件中存在多于一个标准的 ASPRS(美国测量与遥感协会,American Society for Photogrammetry and Remote Sensing)分类值,则单击【根据类别着色】工具栏按钮,根据分类值将点着色。任何用户定义的分类值的点都将以单一颜色着色。具有任何保留的分类值的任何点也将以单一颜色着色。默认分类数据颜色可以在软件首选项中更改。

分类结果出现在 ENVI LiDAR【图层管理器】中,可以在视图中打开或关闭它们。

可以打开和关闭【根据 RGB 着色】或【根据强度调节亮暗程度】切换按钮来进一步调整视图中的分类点着色。【根据类别着色】和【根据高度着色】是相互排斥的,不能同时显示,但可以在这两种模式之间切换。

2)QA 模式视图中点的着色

当进行了项目的数据处理并进入 QA 模式时,点和 DSM 着色与上面的标准视图类似,但以下情况例外:

——【根据类别着色】只对数据处理后创建的点分类结果着色,它不显示输入文件中的点分类结果。

——【根据高度着色】在数据处理中创建的点分类颜色值与输入文件中的高度颜色值合并。结果是这些点的高度相对于地形是有颜色的,而在标准视图中这些点的颜色是由该点存储的绝对高度值决定的。

2. 根据高度利用调色板着色

高度调色板编辑器将调色板应用于线性、平方根或自定义拉伸的点。可以选择将调色板应用于项目中的所有点,或者仅应用于【主窗口】中显示的那些点。可以保存创建的自定义调色板应用于其他 ENVI LiDAR 项目。应用调色板的步骤如下:

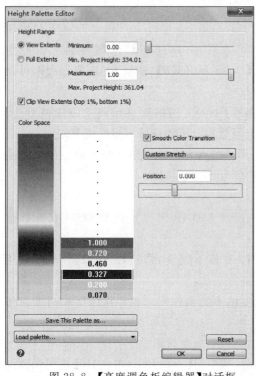

图 28.8 【高度调色板编辑器】对话框

(1)单击工具栏上【根据高度着色】图标,出现【高度调色板编辑器】对话框。

(2)定义【Height Range】(高度范围):

——【View Extents】(视图范围)(默认)只对【主窗口】中显示的点应用调色板。它将调色板应用在视图中的最小和最大值之间。范围为 0~1。

——【Full Extents】(全部范围)通过将颜色分配到整个数据集的特定高度,将调色板应用于项目中的所有点。范围是项目数据中的最小和最大高度。

(3)定义【Color Space】(颜色空间),定义激光雷达数据显示的彩色配置。

默认选择是【Smooth Color Transition】(平滑颜色过渡),在【平滑颜色过渡】下面的框中展开有三种配色方案"Linear Stretch"(线性拉伸)、"Square Root Stretch"(平方根对比度拉伸)、"Custom Stretch"(自定义拉伸),如图 28.8 所示。

选择"自定义拉伸",然后单击左边的蓝色(0.000)颜色块,右边出现一个位置值字段,可以手动输入一个值,也可以拖动字段下面的滚动条来调节值的大小。如果想恢复可以单击对话框右下方的【Reset】(重置),或者修改【Position】值。

28.2.5 视域分析

(1)打开已有项目 DataSample.ini,单击【Color by Viewshed Analysis】(根据视域分析赋色)图标,激活视域分析模式。默认情况下将会提示按住 Ctrl 键并单击鼠标键加入观察点,利用该操作在主图像窗口中图像上选定一个位置作为观察点，出现【Add Observer Point】（添加观察点位置）对话框，默认情况下，观察点位置上可以观察到的地方将会呈现绿色。如果想继续添加新的观察点，双击图像即可。

（2）在【Edit Observer Point】（编辑观察点位置）对话框（图 28.9）中，可以设置位置的名称、半径、高度等，设置方法如下：

——【Name】（名称）：观察点的选项卡，默认是"Observer"及数字。在主图像窗口中将会显示该点的名称。

——【Radius】（半径）：观察点周围的半径，包括视点分析计算，单位为 m。最小半径是 1 m，默认是 100 m。

——【Height Above Base】（高度）：观察点相对于基底的高度（基底可以位于地形、屋顶等），默认值是 2 m。

——【Disabled】（禁用）：从图像中隐藏或显示观察点。默认情况下，复选框是禁用的，显示观察点。如果有多个观察点，希望在不删除点的前提下，实现在计算中关闭观察点，那么这个设置非常有用。

——【Visible Color】（可视域颜色）：从观察点可见区域显示的颜色，第一个观察点的默认颜色是

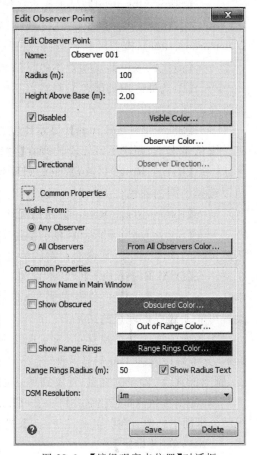

图 28.9 【编辑观察点位置】对话框

绿色，单击【Visible Color】（可视域颜色）按钮以选择不同的颜色。对话框中【Visible From】（可视选择）字段处如果设置为【All Observers】（所有观察者），那么将应用【From All Observer Color】（来自所有观察点的颜色）的颜色，而不是【可视域颜色】定义的颜色，单击【来自所有观察点的颜色】可以选择不同的颜色。

——【Observer Color】（观察点颜色）：观察点的颜色。单击【观察点颜色】按钮，选择不同的颜色。第一个观察点的默认颜色是白色，在改变它之前，所有观察点保持不变。

——【Directional】（方向）：当观察点具有受限视野时，或如果观察点是光学设备，则选中此复选框。

——【Observer Direction】（观察点方向）：当观察点为摄像机等光学设备时，单击【观察点方向】，打开【观察点方向】对话框设置方向属性。对话框中可以通过输入方位角，设置观察点的水平方向；输入俯仰角，设置观察点的垂直方向；输入水平视野的角度，设置观察点的水平范围；输入垂直视野的角度，设置观察点的垂直范围。

（3）在【编辑观察点位置】对话框中，单击【Common Properties】（常用设置）字段处旁边的箭头展开属性设置。

——【Show Name in Main Window】（在主窗口中显示名称）：选中或禁用此复选框，选择是否标记主图像窗口中观察者名称。复选框在默认情况下是选中的。

——【Show Obscured】(显示掩盖区域):默认情况下,半径内任何观察点不可见的区域显示【Out of Range Color】(距离外区域的颜色)设置的颜色,然而选中此复选框后将会显示【Obscured Color】(掩盖区颜色)按钮设置的颜色。

——【掩盖区颜色】:观察点不可见的区域显示的颜色,单击按钮以选择不同的颜色。

——【距离外区域的颜色】:观察点不可见区域的显示颜色。默认值是灰色的。单击按钮以选择不同的颜色。

——【Show Range Rings】(显示距离圆环):以同心圆环表示从观察点到可见区域的距离。默认情况下,距离圆环不会出现在【主窗口】中。若要显示距离环,选中此复选框。

——【Range Rings Color】(距离圆环颜色):距离圆环的显示颜色。默认是黑色,单击按钮以选择不同的颜色。

——【Range Rings Radius】(距离圆环半径):距离圆环的间隔,单位为 m,默认值是 50 m。

——【Show Radius Text】(显示半径文本):选中或禁用此复选框,以便标注主图像窗口中距离圆环的间隔大小。复选框在默认情况下是选中的。

——【DSM Resolution】(DSM 分辨率):从下拉列表中选择 DSM 分辨率,分辨率设置范围从 5 cm 到 10 m 间距。默认值是 1 m,这通常为可视域分析提供良好结果。较粗的分辨率设置可能无法提供理想的结果。

在图像中加入两个观察点,显示距离圆环,将可视域设置为绿色,掩盖区域设置为黄色,DSM 分辨率设置为 1 m 后效果如图 28.10 所示。对观察点右击可以编辑位置点、移动位置点、删除位置点、管理位置点、复制到剪切板。利用以下步骤可以将分析结果输出:

(1)输出视域分析栅格数据【File】→【Export】→【Viewshed Analysis Raster】(文件→导出→可视域分析栅格影像),在【Select Format】(选择格式)对话框中选择输出格式,例如 GeoTIFF 格式(＊.tif),单击【确定】。

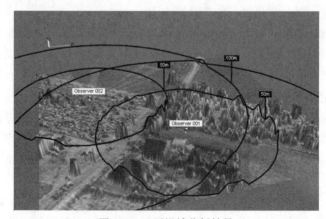

图 28.10　可视域分析结果

(2)图像将会输出并被自动保存到所在项目的默认文件夹下,可以再次在 ENVI 中打开做进一步处理。

(3)再次单击【根据视域分析着色】按钮，退出可视域分析。

28.2.6　高度过滤

利用【Filter Points by Height】(根据高度过滤点云)按钮，可以设置最小值和最大值来筛选【主窗口】中可见的点。透过高度过滤,可以过滤掉树木或透过树冠观察;检查地形下的点,用负的输入值过滤掉噪声;检查树木不同高度的部分;过滤掉与地形相关的点;用不同的高度设置进行试验。

高度过滤在 QA 模式中对于点云的过滤有些不同。在 QA 模式中过滤点时,设置与地形相关,范围为 0～50 m。在标准视图中过滤点时,设置基于项目中点的最小和最大高度(以 m 为单位)。

根据高度过滤点云操作步骤如下:

(1)单击工具栏上【根据高度过滤点云】按钮 ,可以打开【根据高度过滤点云】(从标准视图中访问时)或【Filter Points by Height Relative to Terrain】(参照地形按高度过滤点云)(从 QA 模式视图中访问时)对话框,如图 28.11 所示。

(2)选中【Filter Points】(过滤点)复选框。

(3)使用滑块条或者在提供的文本框中输入特定值。当数据包含低于海平面的点时,允许使用负值。当调整设置时,过滤结果将同时显示在主图像窗口中,并且对话框将保持打开状态,以便继续调整设置以达到所需的效果。

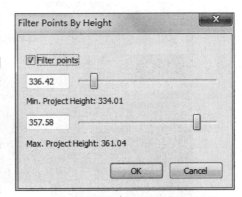

图 28.11　【根据高度过滤点云】对话框

(4)单击【确定】,关闭对话框并保留过滤设置。

28.2.7　在 ENVI 中显示提取结果

单击在 ENVI 中打开产品按钮 ,可以将 ENVI LiDAR 中生成的结果在 ENVI 中打开,例如选择"buildings"(建筑),单击 ,ENVI 将被打开且显示提取的建筑物顶平面图,显示效果如图 28.12 所示。

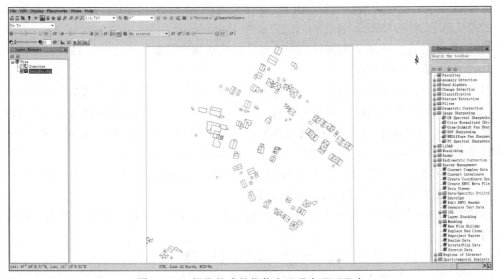

图 28.12　提取的建筑物信息显示在 ENVI 中

28.2.8 屏幕捕捉功能

如果安装了 Microsoft PowerPoint，可以在【主窗口】中创建一个屏幕捕捉，并在 Microsoft PowerPoint 中自动打开。单击【屏幕捕获至幻灯片】![icon]截图到 PowerPoint 工具栏上的按钮，或从菜单中选择【文件】→【屏幕捕获至幻灯片】。【操作日志】将显示屏幕捕获的位置和名称，如图 28.13 所示。

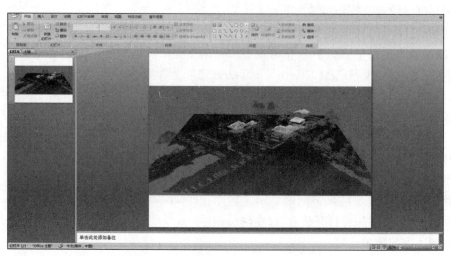

图 28.13 屏幕捕获至幻灯片的效果

28.3 创建项目及数据处理

28.3.1 创建或打开项目

可以通过以下方式启动一个新项目：直接打开后缀为".las"".ntf"".sid"".bin"或".laz"等格式的文件，ENVI LiDAR 将在相同的目录中自动创建新项目；或者选择一个文件夹创建一个新项目，然后将文件添加到文件夹。项目生成的任何产品都将位于该项目目录中。

1. 直接创建一个新项目

（1）单击工具栏上的【New Project】（新建项目）按钮![icon]，或从菜单选择【文件】→【新建项目】。创建项目时也可以直接打开数据文件，ENVI LiDAR 将使用输入文件的名称自动创建一个项目目录。如果选择多个文件，则选择的第一个文件将是项目名称。如果输入文件位于只读目录中，ENVI LiDAR 将提示把项目保存到具有写权限的目录中。

（2）导航到要保存项目的目录，输入项目文件名，然后单击【保存】。ENVI LiDAR 将为项目创建目录，并将后缀为".ini"的文件保存在该目录中。

（3）随后 ENVI LiDAR 弹出消息对话框，提示要导入 LAS 或其他格式的数据文件，出现【打开】对话框。

（4）导航到数据目录并选择输入文件，然后单击【打开】。

（5）ENVI LiDAR 将会再次弹出消息对话框，提示是否需要导入更多文件，如果单击【是】，可以将其他目录中更多原始数据文件导入项目中。

（6）如果输入文件的头包含地理信息，ENVI LiDAR 会弹出信息对话框，显示将使用的坐标系设置，并提示是否将该信息应用于项目。

（7）如果单击【否】，则会出现【Convert Format】（转换格式）对话框，在对话框中手动设置项目的坐标系。

（8）如果单击【是】，ENVI LiDAR 导入数据。

2．从现有项目启动新项目

可以使用现有项目的激光雷达数据来启动一个新项目，来自原始项目的所有设置，包括坐标系统设置，都保存在新项目中。注意：在 QA 模式下对原始项目进行的任何更改都需要手动导入。

（1）单击工具栏上【Open an Existing Project or LAS Files】（打开现有项目或 LAS 文件）按钮 🖼 来【打开】项目，出现【打开】对话框，导航到已有项目并选择它，然后单击【打开】。

（2）如果项目已经打开，可以从菜单中选择【文件】→【New from Current Project】（从当前项目上新建），在随后出现的【Select Rectangle】（选择矩形）对话框中（图 28.14），单击鼠标并拖动，选择要处理的高程图区域的一部分。还可以使用对话框中的字段来导航地图，并输入 X 和 Y 坐标，或者通过单击【Entire Area】（全部区域）按钮指定完整的矩形。单击【Load New Layer】（加载新图层）以加载 shp 等矢量文件来选择研究区域。通过单击【Unload Last Layer】（卸载最后一层）卸载上一个图层。

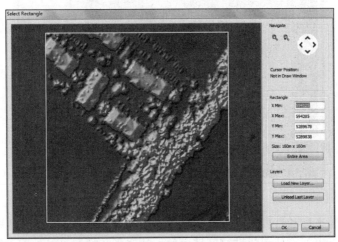

图 28.14　通过矩形选择窗口确定项目研究区域

（3）完成后单击【确定】，出现【另存为】对话框。

（4）导航到所需目录并输入项目文件名，然后单击【保存】。ENVI LiDAR 为项目创建目录，并将 ini 文件保存在该目录中。

3．显示项目信息

可以从菜单中选择【文件】→【项目信息】，在【操作日志】中显示打开项目的项目信息。项目信息包括导入文件数据和坐标系统、面积坐标、面积大小、点高度范围、点云中的点数、平均密度、建筑物数量、树木数量、电力线杆数量、建立时间和日期等。

4．导入参考数据

参考数据是指可以导入与项目一起使用的引用文件，根据导入的文件类型，可以添加背景形状和图像、提供计算 DEM 精度的数据、增加观察点在视域分析中的应用。

要导入引用文件,从菜单中选择【文件】→【Import】(输入),然后从菜单选项中选择导入类型。能导入的类型包括:背景 shp 矢量文件、电力线杆位置文件、正射影像 TIFF 文件、观察点文本文件等。

28.3.2 生成密度图

在处理数据之前,建议先生成一个密度图来检查激光雷达原始数据的点密度。每平方米点数越多,ENVI LiDAR 越能够准确地识别提取特征,避免错误读数。ENVI LiDAR 可以在密度低至每平方米 1~2 个点时处理建筑物和树木,然而这些结果可能包含许多错误的解读。为了获得更好的建筑和树木提取效果,使用密度最小为每平方米 5~6 个点的数据。以下步骤用来生成密度图。

(1)选择【处理】→【Generate Density Map】(生成密度图),弹出【Select Format】(选择格式)窗口。

(2)在下拉列表中选择一种格式,单击【确定】。出现【Show Density Map】(显示密度图)对话框,对话框中的密度图通过颜色的变化呈现出密度的相对高低,如图 28.15 所示。

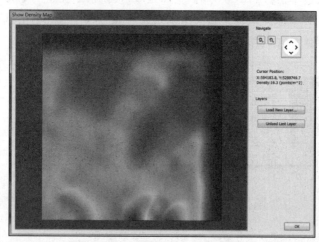

图 28.15 【显示密度图】对话框

(3)光标位置的坐标和密度显示在对话框的右侧【Navigate】(导航)区域中,当光标移动到密度图上时,信息会更新。使用【导航】区域中的缩放和平移按钮导航地图。如果有矢量文件,可以有助于定位,可以打开它并将其显示为覆盖于高程图顶部的一个层。单击【加载新图层】,加载矢量文件。一次只能显示一个文件,若要删除先前加载的层,请单击【卸载最后一层】。

(4)完成后,单击【确定】。ENVI LiDAR 将密度图保存在项目目录中,文件名是 TilesDensity. fmt。在相同目录下还保存了一个名为 TilesDensity. csv 的文件,可以在电子表格应用程序中打开该文件,文件中第一列以每平方米 0.2 点的增量列出密度,第二列显示具有该密度的块数量。

28.3.3 处理数据

创建或打开项目后,从菜单中选择【处理】→【处理数据】,打开【项目属性】对话框,对话框包括三个选项卡:【输出】、【区域定义】和【生产参数】。

——在【输出】选项卡中,通过选中复选框来选择要生成的产品,可以输出的产品数据包括正射影像产品、DEM、DSM、建筑物、树木、电力线、点云、DEM 等高线、地形三角网格、总体设置。在处理过程中会创建所选择的产品类型和文件格式。产品文件保存到之前建立的项目目录中。如果要更改目录的默认名称,在【输出】选项卡底部的【Products Folder】(项目文件夹)字段中输入新名称。

> **注意事项**
>
> 　　除了点云,产品需要在完全数据处理后生成一次,才能使用【文件】→【导出】导出它们。以下产品不是在数据处理中创建的,但是处理完成后可以导出:Google Earth KML 和 Google Earth KMZ;COLLADA 1.4.1 和 COLLADA 1.5.0;在可视域分析中创建的观察点,格式是 ASCII 文本文件;可视域分析栅格数据。

　　——在【区域定义】选项卡中,选择要处理的数据区域。可以处理整个区域(默认值),也可以选择子集。导航窗口中可以对图像放大、缩小和平移,选择区域时可以通过单击鼠标并拖动绘制矩形,或者在对话框右侧输入坐标。

　　(1)使用【Navigate】(导航)按钮放大和缩小并在显示窗口中定向移动。

　　(2)单击按住鼠标的两个按钮并移动鼠标可平移。

　　(3)当移动光标时,当前光标位置将显示在导航按钮下面。

　　(4)要选择一个区域,输入【X Min/Max】(X 最小/最大)(向东)和 Y 最小/最大(向北)坐标,或者单击并拖动来绘制一个矩形。要指定整个矩形,单击【Entire Area】(整个区域)按钮。

　　(5)在【Center Line for QA Mode】(有中心线的 QA 模式)字段下单击【Import from Vector File】(从矢量文件中导入)按钮可以导入 shp 或 dxf 文件。当导入时,线条显示在海拔图上,单击【Clear】(清除)清除。输入横跨中心线的 QA 矩形的宽度,以 m 为单位,默认值是 50 m。

　　(6)如果需要,单击【Load New Layer】(加载新图层)载入一个矢量或其他层,这将有助于选择要处理的区域。可以通过单击【Unload All】(全部卸载)按钮卸载所有附加图层。

　　——在【生产参数】选项卡中,设置处理产品时使用的参数。需要设置的参数取决于在【输出】选项卡中选择的产品格式。

　　参数可用于以下各项产品:【Orthophoto】(正射影像)、【DEM】(数字高程模型)、【DSM】(数字表面模型)产品、【Tree】(树)、【General】(常规)处理、【Building】(建筑物)、【Power line】(电力线)。

　　(1)正射影像设置。

　　当选择正射影像时,将应用表 28.1 所示设置。

表 28.1　正射影像设置参数

参数	描述
Resolution (分辨率)	选择要创建的正射影像的分辨率(以 m 为单位)。正射影像基于激光点云强度或 RGB 值(如果支持点数据格式,否则为灰度强度)。每个像素的最高设置分辨率为 25 cm,最低为 8 m。默认值为每个像素 1 m
Intensity Range Min (最小强度范围)	值小于强度范围最小值的所有点都显示为黑色。此设置还会影响主窗口中的强度显示。使用默认值,除非看到文件全为白色或大部分为白色,在这种情况下,增加该值。可以反转最小和最大强度范围值,以使较暗的区域显得较亮。默认值为 0

参数	描述
Intensity Range Max （最大强度范围）	值大于强度范围最大值的所有点都显示为白色。此设置还会影响主窗口中的强度显示。使用默认值，除非看到文件全为黑色或大部分为黑色，在这种情况下，减小该值。可以反转最大和最小强度范围值，以使较亮的区域显得较暗。默认值为 255

（2）DEM 设置。

当选择数字高程模型时，将应用表 28.2 所示设置。

表 28.2　数字高程模型设置参数

参数	描述
Grid Resolution （网格分辨率）	选择创建 DEM 网格时要使用的网格分辨率（以 m 为单位）。网格分辨率范围是每个像素 0.5 m～10 m。在内部，使用 0.5 m 或 1.0 m 网格分辨率，如果选择，则二次采样到 2 m～10 m。0.5 m 网格调整了 DEM 提取算法在某些点上的灵敏度，且需要更高的密度数据。如果项目密度低于每平方米 4 个点，选择 0.5 m 网格将不会获得更好的 DEM 分辨率，并且创建 DEM 的时间将增加。为了节省处理时间，建议使用 1 m 分辨率，除非需要非常详细的 0.5 m DEM。默认值为 1 m
Filter Lower Points （过滤低点）	选择要过滤的地物类型。此参数对过滤低于地形的点很有用。选择以下选项之一： ①【Do Not Filter】（不过滤）：禁用对低于地形的点过滤。用于低密度 LiDAR 数据（每平方米少于 5 个点）。 ②【Urban Area Filtering】（市区过滤）：要进行过滤，将面积除以网格分辨率。对网格中的每个像元，将点放入直方图中并进行检查。点按高度排序，找到中点和标准偏差。低于标准偏差乘以中值的点将被滤除。如果标准偏差太大，则在直方图中也会计入间隙以进行更好的滤除。城市地区有更多虚假点需要过滤。如果在市区指定农村地区过滤，则不会检测到某些错误点。 ③【Rural Area Filtering】（农村地区过滤）：（默认）处理与城市地区过滤相同，不同之处在于如何应用标准偏差。如果在农村地区指定城市过滤，则过滤可能过于激进，并且可能会过滤掉林区中的一些良好地形点，从而导致树木下的颠簸
Near Terrain Classification （近地地形分类）	选择一个用于近地分类的值，以 cm 为单位。创建 DEM 网格后，将其用于近地地形分类。将点分类为近地地形对于捕捉不属于地形且也不属于建筑物、树木或电力线的低矮物体很有用。例如，低植被、汽车、公共汽车等都可以归类为近地物体。可以在 5 cm～50 cm 之间设置近地分类。例如，如果值为 20，则距网格 0 cm～20 cm 的点将被分类为地形点，而距网格 20 cm～50 cm 的点将被分类为近地地形点。默认值为 50 cm
Contour Line Spacing （等高线间距）	设置 DEM 高度轮廓线之间的垂直间距，以 cm 为单位。在生成 DEM 网格之后执行此步骤，因此，它不会影响 DEM 网格的生成。默认值为 200 cm

续表

参数	描述
DEM Advanced Parameters（DEM 高级参数）	单击【DEM Advanced Parameters】(DEM 高级参数)以在【DEM 高级参数】对话框中设置其他参数。设置为： ①选中【Filter Database Edges】(过滤数据集边缘)以忽略距数据集边缘最多 16 m 的分类点。在某些地形中，例如在数据集边缘有树木的森林区域，DEM 网格生成算法无法很好地检测数据集的边缘。默认情况下，该复选框处于禁用状态。 ②选中【Variable Sensitivity Algorithm】(可变灵敏度算法)以在 DEM 推导中使用可变灵敏度算法。默认情况下，该复选框处于禁用状态。如果选中，则需要根据映射区域选择【DEM Sensitivity】(DEM 灵敏度)。在没有建筑物的粗糙地形中，将此参数用于低密度数据(每平方米少于 4 个点)。灵敏度越高，它在较高频率的地形上的工作效果越好，但会错误地将地形标识为建筑物。默认值为"30-medium"(30-中)。 ③输入以 cm 为单位的【Constant Height Offset】(恒定高度偏移量)，为嘈杂的数据集中的 DEM 网格指定偏移量。由于地面上方和下方的不准确点，在嘈杂的数据集中，DEM 的高度可能会略有偏移。如果发生这种情况，可以将地形网格向上或向下移动最多 10 cm。正数将使 DEM 向上移动，负数将使 DEM 向下移动。默认值为 2 cm
Terrain TIN Precision（地形三角网精度）	输入一个值以设置三角形与实际地形之间的最大允许垂直距离。TIN 与实际地形之间的距离将误差引入 TIN 网格。减小该值可获得更准确的 TIN，但将导致三角形计数增加。 此参数与【Maximum TIN Polygon Density】(最大 TIN 多边形密度)的组合将影响地面的 TIN 表示。TIN 的生产不会影响 DEM 网格的生产。TIN 生产仅使用分类为地形的点。减少【Near Terrain Classification】(近地地形分类)参数的值将导致减少被分类为地形的点的数量，从而减少 TIN 生成的时间和 TIN 的大小。默认值为 10 cm
Maximum TIN Polygon Density（最大 TIN 多边形密度）	输入一个值来设置在生成 TIN 时将在 100 m×100 m 区域内生成的三角形的最大数量。此参数与【Terrain TIN Precision】(地形三角网精度)的组合将影响地面的 TIN 表示。如果此值设置得太低，则可能无法达到地形三角网精度。默认值为 10 000

（3）DSM 设置。

当选择数字表面模型时，将应用表 28.3 所示设置。

表 28.3　数字表面模型设置参数

参数	描述
Grid Resolution（网格分辨率）	从下拉列表中选择【DSM Grid Resolution】(数字表面模型网格分辨率)，分辨率设置范围为 5 cm～10 m，默认值为 1 m，也可以从【Add Observer Points】(添加观察者点)对话框【Viewshed Analysis】(视域分析)设置此参数。 生成高分辨率数字表面模型(即使用小于 25 cm 的设置)时，可能需要增加【Maximum Point Density】(最大点密度)设置才能从数据中获得最佳结果。注意，将分辨率设置为低于 25 cm 会增加处理时间

参数	描述
Use Power-Lines Points （使用电力线点）	选中复选框,以将电力线和电缆作为 DSM 的一部分包括在内。如果禁用,电力线和电缆将不属于 DSM(计算视域分析时很重要)。默认情况下,该复选框处于选中状态

（4）树木设置。

当选择树木时,将应用表 28.4 所示设置。

表 28.4 树木设置参数

参数	描述
Height Min （最小高度）	输入该区域中树木的预期最小高度(以 cm 为单位)。具有树木分散特征的点将被分类为树木。默认值为 130 cm
Height Max （最大高度）	输入该区域中树木的预期最大高度(以 cm 为单位)。更高的点将不会被分类为树木。这避免了诸如起重机之类的物品被归类为树木。默认值为 5 000 cm
Radius Min （最小半径）	输入该区域中树木的预期最小半径(以 cm 为单位)。这避免了诸如灯柱之类的物品被分类为树木。默认值为 200 cm
Radius Max （最大半径）	输入该区域中树木的预期最大半径(以 cm 为单位)。默认值为 600 cm

（5）常规设置。

适用于项目的常规设置如表 28.5 所示。

表 28.5 常规设置

参数	描述
CPU Cores （CPU 内核）	(高级用户)对于具有多个 CPU 的计算机,设置 ENVI LiDAR 将用于处理产品的 CPU 内核数。 ①要自动使用所有可用的内核,需选中【Auto CPU Cores】(自动 CPU 内核)复选框。可用于计算机的内核数显示在括号中。例如,在具有 8 个内核的计算机上:自动 CPU 内核(8)。 ②也可以在【CPU Cores】(CPU 内核)字段中输入一个值。如果输入的内核数少于最大内核数,则其余部分可用于其他进程。如果输入的内核数大于最大内核数,则该设置默认为计算机可用的最大内核数
Clip Minimum Height （忽略最小高度）	输入一个最小高度以过滤错误的低点。将值设置为该区域中的最低已知点,低于此高度的所有点都将被忽略。默认值为文件中的实际最低点
Clip Maximum Height （忽略最大高度）	输入用于过滤高海拔噪声的最大高度。将值设置为该区域中的最高已知点,高于此高度的所有点都将被忽略。默认值为文件中的实际最高点
Maximum Point Density （最大点密度）	使用此参数可以限制已处理和已查看点的数量,在点密度较高(每平方米 50 个点或更高)时减少建筑物和电力线的处理时间则很有用。通过仅获取每个数据块一些点(单个数据块为 32 m × 32 m)来应用该限制。限制密度会缩短建筑物和电力线检测算法的处理时间,但也可能会限制提取的特征的数量。此参数主要用来处理自地面移动扫描得到的数据,因为离扫描仪越近点云密度越高。

参数	描述
Maximum Point Density （最大点密度）	以每平方米的点数或以米为单位的地面采样距离指定一个值。将根据输入的值来稀疏产品提取计算中使用的点,将那些已从计算中排除的点归为未处理。从下拉列表中选择以下选项之一,然后在提供的字段中输入值。 ③【Points/m²】(点/平方米):指定每平方米的最大点数。值越大,包含在处理中的点越多。无论输入的点密度如何,默认值为每平方米 50 个点。 ④【Ground Sample Distance (m)】(地面采样距离(m)):以米为单位指定地面采样距离。值越小,包含在处理中的点越多。默认值为 0.141 421 m

(6)建筑物设置。

当选择建筑物时,表 28.6 所示设置适用。

表 28.6　建筑物设置参数

参数	描述
Minimum Area （最小面积）	设置建筑平面(二维平面)的最小面积,以 m² 为单位。建筑算法搜索所有平面,然后测量每个平面的面积。面积小于此值的平面将被滤除,然后继续处理。默认值为 10 m²
Near Ground Filter Width （近地宽度过滤）	设置近地过滤宽度(以 cm 为单位)。这对于防止公共汽车、卡车、火车车厢等被分类为建筑物很有用。在【Minimum Area】(最小面积)过滤之后进行近地过滤。距离地面不到 5 m 且宽度小于此值的对象将从建筑物分类中过滤掉。默认值为 300 cm
Buildings Points Range （建筑物点数范围）	当点密度在整个数据中不相等时,此设置对于检测建筑平面很有用。通常,此值应为"自动"。但是,如果数据密度较低(每平方米 1 个点或更低),则机库或仓库等大型建筑物可能不会被归类为建筑物。将该值增加到 1.2 或 1.4 将有助于检测它们,但也会增加将树木错误地识别为建筑物的可能性。范围是 0.5~1.4。默认为自动
Plane Surface Tolerance （平面容差）	设置平面容差,单位为 cm。这是在相邻点中搜索平面时允许的垂直容差。此设置对于具有较高噪声的数据以及某些表面(例如曲面)要求较高容差时非常有用。如果存在树木,增加此值也会增加错误地将树木识别为建筑物的可能性。范围是 15.0 cm~60.0 cm。默认值是 30 cm
Buildings as Box Models （建筑物模型）	选中复选框将建筑物提取为被包含一个平坦屋顶形状的轮廓线。当不想将建筑物划分为子曲面并将其保留为平坦屋顶边界轮廓时,此设置很有用。分类是相同的,但是使用以下选项之一在要求的高度仅生成一个轮廓: ①【Height at Average Roof】(平均屋顶高度),将轮廓设置为屋顶的平均高度。 ②【Height at Top Roof】(顶部屋顶的高度),在屋顶的最高点设置轮廓。 ③【Height at Bottom Roof】(底部屋顶的高度)(默认),在屋顶的最低点设置轮廓

(7)电力线设置。

当选择电力线时,将应用表 28.7 所示设置。

表 28.7　电力线设置参数

参数	描述
Search Wide Power Lines（检索宽电力线）	选中该复选框可在嘈杂的数据中搜索电力线,其中属于一条电力线的点可能会水平散布在 1 m 以上。对于在传输线中连接在一起的三重导体,将获得一个矢量。请谨慎使用此参数,因为它可能会将多条线路连接在一起。此参数未针对低电力线进行优化。请勿同时使用此参数和【Search Low KV Power Lines】(搜索低压电力线)。默认情况下,该复选框处于禁用状态
Process Power Poles（电线杆处理）	通过搜索或使用导入的电线杆位置参考列表,启用复选框以处理电线杆。如果禁用此复选框,则不会创建电线杆输出。默认情况下,该复选框处于禁用状态
Search Low KV Power Lines（搜索低压电力线）	选中该复选框以搜索彼此靠近的低压电力线。仅在点密度高而噪声低的情况下,这才能够分隔线。否则,电力线可能会交叉。请勿同时使用此参数和搜索宽电力线。默认情况下,该复选框处于禁用状态
Search Additional Power Poles（搜索其他电线杆）	在导入的已知电线杆位置之外查找其他未知电线杆时启用此选项。如果没有导入电线杆位置,则禁用此选项。默认情况下,该复选框处于禁用状态
Poles Classification Base Radius（电线杆分类基础半径）	如果选中了【电线杆处理】复选框,输入以 m 为单位的电线杆分类基础半径。确定电线杆点后,此参数用于分类。分类是在电线杆中心周围的圆柱体中进行的。此参数控制从地面到电线杆高度一半的电线杆下部。如果电线杆的半径已知,则将参数设置为底座的已知半径。对于大型塔,如果此参数未提高到足够高,则并非塔上的所有点都将归类为电线杆。默认值为 3 m
Poles Max Radius Top（电线杆顶部最大半径）	如果选中了【电线杆处理】复选框,输入电线杆顶部最大半径(以 m 为单位),该值定义了电线杆的最大半径。在大多数情况下,不需要更改它,因为它是由附着点扩展自动选择的。设置此参数是为了防止算法将附着点连接到电线杆底部的错误位置。因为存在两条平行电力线分别连接不同电线杆时会发生这种情况。默认值为 10 m
Extend Poles Classification Beyond Attachment Points（扩展电线杆到附着点之外）	如果选中了【电线杆处理】复选框,输入扩展电线杆到附着点之外数值(以 m 为单位)。在电线杆的较高位置,与连接点相距此距离的点将被分类为电力线点。默认值为 0m
Extend Wires to Poles Distance（将电力线延伸到电线杆的距离）	如果选中了【电线杆处理】复选框,输入以 m 为单位的值,以将电线延伸到电线杆的距离。此值设置要校正最大电力线间隙。提供的能力可以弥合从检测到的线路末端到下一个电线杆的线路中的间隙。假定电力线由于以下原因不连续: ①如果 LiDAR 传感器太靠近电力线上的高点,则可能无法记录点。 ②一根电力线的 LiDAR 传感器视图可能被另一根线遮挡。 默认值为 40 m
Power Lines Minimum Height（电力线最小高度）	输入电力线的最小高度,以 m 为单位。这是检测电力线的最小高度。默认值为 6 m

设置完毕后,单击【Start Processing】(开始处理)即可生成预选的各种数据,并弹出消息框,如图 28.16 所示,提示处理完毕,默认进入 QA 模式(如果需要禁用自动进入 QA 模式,在【文件】→【Preferences】(优先设置)进行设置)。

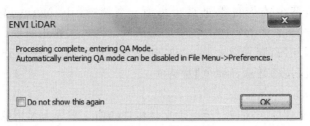

图 28.16　QA 模式切换

28.3.4　测试 DEM 精度

根据高精度测量的一组点计算 DEM 的精度。为了测试 DEM 精度,首先导入参考点,将精度测试点图层添加到【图层管理器】中。要导入引用点,它们必须与打开的项目处于相同的坐标系统中。精度测试并生成报告的步骤如下:

(1)利用【文件】→【导入】,导入精度测试点。

(2)单击 QA 模式的按钮 ,切换到 QA 模式。

(3)选择【处理】→【Generate Precision Report】(生成精度报告)。

对于每个点,ENVI LiDAR 计算 DEM 与参考高程的高程差,然后 ENVI LiDAR 计算这些点的平均值、标准差和准确度。精度报告显示在【操作日志】中,在 …\Products 目录中生成名称为 PrecisionReport.csv 的文件。

如果要从【图层管理器】和【主窗口】中删除精度测试点,右键单击【图层管理器】中的精度测试点,并选择【Delete All Precision Test Points】(删除所有精度测试点)。

28.3.5　显示点的特征

显示点特征操作为:单击【处理】→【Show Point Features】(显示点的特征)会显示出如下选项:Point frequency(点频率)、Surface normal(曲面法线)、Input file source ID(输入文件源 ID)、Laser return number(激光回波数)。

1.点频率

点频率是衡量一个表面有多光滑或多平坦的指标。当通过频率显示点特征时,ENVI LiDAR 会分析相邻的点,并根据同一平面上的点数量多少将它们的颜色调深。平面上的点越多,颜色就越深。例如,与光滑表面相关的点(如道路)将显示为较暗的点,而粗糙或嘈杂的表面(如植被丛)将显示为白色。

当选择【By Frequency】(按频率)后,出现【Color By Parameters】(按参数选择颜色)对话框。使用此对话框设置分析相邻点的阈值,参数包括:

——【Radius】(半径)。输入半径,以 m 为单位,定义周边点面积进行分析。默认值是基于数据密度的最小设置,最大设置为 5 m。

——【Refine by Neighbors】(按邻域进行优化)。当数据有噪声时,选中此复选框对结果进行优化。当启用时,ENVI LiDAR 将在处理后进行迭代,使用良好的匹配来细化匹配的噪声邻近点,并相应地对它们进行着色。

2.曲面法线

表面法矢量是垂直于表面的单位矢量。例如,一个平面的桌面会有一个垂直的法线,指向垂直向上或向下,这两个法矢量都垂直于桌面。当选择【By Normal】(按法线)时,ENVI LiDAR 会显示该点所在表面的方向。相邻点的法线之间的关系也表明了表面的平整度或粗糙度。如果相邻法线相同,则表面光滑。当相邻点的法线不同时,表面会有变化。当选择【按法线】时,同样将出现【按参数选择颜色】对话框。

3. 输入文件源 ID

文件源 ID 是将文件导入项目时为每个文件标记的值。当导入多个输入文件时,将为每个文件使用不同的源 ID。如果只导入一个输入文件,则不使用源 ID。要根据文件源 ID 显示点特性,项目必须包含两个或多个输入文件,这些文件包含多个不同的文件源 ID 值。当选择【By Source ID】(按输入文件源)时,ENVI LiDAR 将每个文件源 ID 显示为单独的颜色。

4. 激光回波数

激光回波数是一个激光脉冲从一个物体反射并返回到系统接收器的次数。一个激光雷达点可能有多个返回值。通常,在植被中会出现多次返回。以一棵树为例,当激光束击中树冠顶部时,部分光束被反射为第一回波。随着原始光束的继续,一些光线会被反射到树枝上作为第二次反射。当原始光束继续并被反射到地面上时,就会产生第三次反射。

LAS、NITF-wrapped LAS 和 MRSID 文件类型支持返回数目。可以通过查看头文件来确定数据是否有多个返回值。如果存在多个返回值,头信息类似如下:

```
Num points by return [1]: 1 843 260
Num points by return [2]: 298 934
Num points by return [3]: 6 906
Num points by return [4]: 0
```

当选择【By Return Number】(按回波数目)时,ENVI LiDAR 根据回波数目给这些点着色,有一个返回值的点显示为黑色,返回值最多的点显示为白色。在返回值的上下限范围之间有多个返回值的点是灰色的。

28.4 实施质量管理

在数据处理之后执行质量管理(quality assurance,QA)以检查和编辑生成的结果。单击工具栏上按钮 ,可以切换 QA 模式的开关。在 QA 模式中,DSM 在导航窗口中被划分为网格,可以手动更改分类、局部参数和矢量。

默认情况下,启用处理后自动切换到 QA 模式的首选项。当自动切换到 QA 模式时,会出现一个对话框,通知已经切换到 QA 模式(可以选择不再接收通知)。如果首选项禁用自动切换,数据处理后不会自动切换到 QA 模式,单击工具栏上的 QA 模式按钮切换到 QA 模式。

在 QA 模式下,类层出现在【主窗口】的原始点云之上,DSM 被划分为导航窗口中的网格。通过单击工具栏上带有中心线按钮的 QA 模式,可以进入导航窗口中显示的相关 QA 模式网格。还可以使用【ENVI 激光雷达三维浏览器】快速查看结果。

28.4.1 检查数据处理结果

1. 操作技巧

地形检查提示:

（1）当 DEM 穿透建筑物时，在地形与屋顶之间角度较小的区域，算法将会到达屋顶。如 28.4.3 小节修改 DEM 部分中所述，可以使用【DEM-Remove From Terrain】(DEM-从地形中移除)选项阻止算法爬到屋顶，从而使屋顶被重新分类为建筑物。

（2）如果桥梁显示为 DEM，则将桥接点重新分类为建筑物点，并创建与桥梁匹配的新建筑物矢量，将桥梁两侧的边界接地。

（3）对于没有树木或建筑物(如沙漠和山脉)的非常崎岖的地形，可考虑将【生产参数】选项卡中的高级 DEM 参数【DEM Sensitivity】(DEM 灵敏度)设置为高。此外，为了下一次能够再次处理，选中【Filter Data Base Edges】(过滤数据库边缘)复选框。

建筑物检查提示：

（1）一般在【ENVI 激光雷达三维浏览器】中查看，通过按下键盘上的 1 键来切换建筑层。这能够查看下层数据，以验证建筑物是否位于正确的位置。

（2）如果没有识别出小型建筑物，可在下次再处理的【生产参数】选项卡中减少建筑物的最小面积设置。

（3）当卡车被确定为建筑物时，在下次再处理的【生产参数】选项卡中增加建筑物的近地过滤宽度，默认值是 350 cm。

（4）如果没有自动检测到大型建筑，则手动创建建筑矢量。ENVI LiDAR 夷平了它们下面的地面，并在下一个再处理过程中将它们重新分类。

树木检查提示：

（1）在【ENVI 激光雷达三维浏览器】中查看，通过按键盘上的 5 键切换树层。这能够查看下面的数据，以验证树是否在正确的位置。

（2）若要在树分类中添加点，可在横截面窗口中的树周围创建一个轮廓，并将其分类为树。

（3）当无法识别异常高的树时，在【生产参数】选项卡中为树增加高度最大值，以便下次再处理。

（4）当没有识别出异常细的树时，在【生产参数】选项卡中减少树的最小半径设置。

（5）如果树的高度过大，检查数据度量单位是否是英尺。

电力线检查提示：

（1）检查所有电力线杆的位置是否正确(根据自动或人为导入的参考文件)。

（2）沿电力线生成矢量在具有中心线的 QA 模式下打开。

（3）通过删除与电力线杆相关的更改来删除电力线。确保添加了正确的电力线杆，而不是删除的电力线杆。

（4）截面选择对于创建新的、精确的电力线非常重要。使用其他电力线或者点作为参考。

（5）如果横截面属于另一条线，或者与该线的夹角较小，且选择的厚度较小，则可能出现组成该线的部分矢量或部分点，这不是问题。

复制和粘贴提示：可以将所选项目的经度和纬度坐标复制到剪贴板，并将其粘贴到另一个应用程序中。要复制坐标，双击所需的项目，然后拷贝选择的结果到剪贴板。坐标将被同时复制到操作日志和剪贴板。

2. 调整点云显示大小和 QA 网格大小

在【首选项】对话框中，增加显示在【主窗口】和横截面窗口中的点的大小。将【Main Window Point Size】(主窗口中点尺寸)和【Cross Section Window Point Size】(横截面窗口中点的大小)设置为更容易查看点的值,如"Large"(大),还可以更改【QA Grid Size】(QA 网格大小)设置,以增加或减少导航窗口中显示的网格大小和数量。

在【图层管理器】中,选中或禁用复选框来显示或隐藏特定图层。不同的图层用不同的颜色区分,就像在【首选项】中设置的那样。调整显示可以让人专注于感兴趣的项目,也会影响显示的反应速度。如果启用地形和背景形状图层,在显示大区域时,显示速度会变慢,所以在大型区域执行 QA 时,隐藏这些层。

【图层管理器】中的图层通常包括:矢量层,显示或隐藏地形、建筑、树木、电力线和 DEM等高线的矢量;点层,显示或隐藏点云地形、建筑、树木、电力线、电力线杆、近地形、未分类和未处理的点;QA,显示或隐藏校正标记,来自手工校正、横截面线、校正轮廓和背景形状文件。

3. 使用透视和等距数据视图

使用工具栏上的【Reset Perspective View】(重置透视视图)按钮 和【Reset Isometric View】(重置等距视图)按钮 在透视视图和等距视图表示之间切换。透视图提供了对场景更好的理解,特别是在密集的城市场景中,等距视图提供了一种更容易确定截面边界的方法,如图 28.17 所示。

（a）透视视图

（b）等距视图

图 28.17　透视视图和等距视图

4. 使用【ENVI 激光雷达三维浏览器】

三维导航为 QA 提供了一种非常有用的独特的查看体验。可以使用【ENVI 激光雷达三维浏览器】和 ENVI LiDAR 一起在三维模式下执行 QA。

5. 创建横截面和水平横截面视图

使用横截面视图检查和编辑点云。在这个视图中,可以选择多个点进行分类更改,并编辑和添加建筑物和电力线矢量。也可以使用水平截面(俯视图),这对于手工划分一个由不同较大区域的边界划分非常有用,如河流。操作步骤如下:

（1）单击工具栏上的【横截面】按钮或选择【视图】→【选择横截面】。在【主窗口】中单击,设置横截面的开始,然后单击第二次,设置横截面的结束。在【主窗口】中将出现一个标记横截面区域的框架,并打开一个横截面窗口。将光标拖到框架上以设置其厚度,然后单击最后一次以设置横截面。

（2）选择并双击电力线。ENVI LiDAR 打开一个选择框,可以在其中选择编辑电力线,或创建电力线的横截面。两种方法都可以打开电力线的横截面。

（3）要打开水平截面,单击工具栏上的【Cross Section Top View】(截面俯视图)按钮。顶视图显示在横截面窗口中。

28.4.2 数据修正和重新处理

查看【主窗口】中显示的图像块,光标坐标、块大小、块总数和当前块号显示在【主窗口】的状态栏,就像在高程图上一样可以平移和缩放图像。

根据需要进行手动更改,或在【生产参数】选项卡中调整项目参数设置。在一个影像块上完成 QA 之后,在导航窗口中单击【QA Next】(QA 下一步)图标 ➡,转到下一个块并重复这个过程。在从一个块导航到另一个块时,对块所做的任何更改都将保留。完成的块用"X"标记。还可以通过单击并拖动鼠标来选择一个区域,以便在所需区域上绘制一个框。完成整个区域后,单击工具栏上的 QA 模式图标🔳,退出 QA。

重新处理数据文件,包括重新处理 DEM、建筑、树、电力线和三维文件。提示:必须重新处理才能更新 DEM 文件,但可以无须重新处理即可更新建筑物、树木、电力线和三维文件。步骤是首先退出 QA 模式,然后从菜单中选择【文件】→【输出】,选择输出类型导出产品。一旦【ENVI 激光雷达三维浏览器】启动,三维文件将被更新。

再次重复 QA,以确保正确地进行了预期的更改。通过单击【Prev Change】(变化前)或【Next Change】(变化后)在数据修正的区域之间或包含修正的图像块之间导航。

28.4.3 手动修正结果

对 ENVI LiDAR 处理后的结果数据可以进行以下修改。

1. 专项修正

双击要更改生效的位置,然后选择【New Correction】(新建修正)。出现【Correction Item】(更正项目)对话框,并在单击的地方标记一个倒三角形。【Item picked】(选择项目)显示在对话框的顶部。

在【更正项目】对话框中,选择所需选项。

(1)修改 DEM。DEM 由爬行算法和灵敏度算法组合计算得到。灵敏度算法适用于地形粗糙或爬行算法无法跨越缝隙的情况。要实现手动 DEM 更改,需执行完整的再处理。

【DEM-Add To Terrain】(DEM-添加到地形):当地面无法到达某区域时使用。增加半径以覆盖使爬行算法能够到达该区域的路径。

【DEM-Remove From Terrain】(DEM-从地形中移除):阻止爬行算法到达建筑屋顶或建筑停车场屋顶。一个封闭的屋顶被重新分类为建筑物。

【DEM-Filter Points in Radius】(DEM-半径范围内的点进行滤波):表示 DEM 计算中需要忽略的点群。这些点可能是由激光雷达光束打中激光延迟物质(地面以下的点)或"鸟类"(这种区域和特征以上的点)引起的。输入半径范围,当更改设置时,生效的半径范围将会显示在 DEM 表面。

【DEM-Level Area】(DEM-区域整平):在选定点的高程处,将设定半径内的 DEM 变为平坦区域。这通常用于过滤植被或水波噪声。

(2)修改建筑物。要实现手动修改建筑物,可以选择再导出建筑物(退出 QA 模式,然后选择【文件】→【输出】→【建筑物】),或者执行完整的再处理。

【Building-Set】(建筑-设置):选择的点成为 ENVI LiDAR 进行平面搜索的起点。这减少了自动过程中对噪声的限制,从而提高了 ENVI LiDAR 在指定点设置平面的能力。

【Building-Set as Boxed】(建筑-设置为框):计算建筑的周长和设置屋顶为平面。当数据中有漏洞或激光点密度局部降低时,使用此选项。

(3)修改树木。要实现手动修改树木,可以再次导出树木(退出 QA 模式,然后选择【文件】→【输出】→【树】),或者执行完整的再处理。

【Tree-Set】(树-设置):在指定的位置添加一棵树。在提供的文本框中指定半径和高度。

【Tree-Edit】(树-编辑):编辑选定树的尺寸。当单击该树时,当前维度显示在【更正项目】对话框的上部。在提供的文本框中指定半径和高度。屏幕上的树符号根据输入的数字进行更改,使能够根据点调整树的大小。

【Tree-Remove】(树-移除):删除选定的树。

(4)电力线杆和电力线的变化。要实现手动电力线更改,可以再导出(退出 QA 模式,然后选择【文件】→【输出】→【电力线路】),或者执行完整的再处理。执行一个完整的再处理还更新了电力线杆 Shapefile 矢量文件。

【Power Pole-Set】(电力线杆-设置):在指定的位置添加一个电力线杆。半径和高度由 ENVI LiDAR 计算。

【Power Pole-Remove】(电力线杆-删除):删除选中的电力线杆。当有平行线时使用,ENVI LiDAR 在两线中间设置一个电力线杆。必须手动设置两个电力线杆。另一种移除电力线杆的方法是删除每个电力线杆的校正标记。

【Power Line Attachment-Set】(电力线附件-设置):在指定位置添加电力线附件点。在同一位置的几个连接点将自动定义一个电力线杆。

【Power Line Attachment-Remove】(电力线附件-删除):删除所选电力线附件点。

所有修改都有一个倒三角形标记。当光标被放置在一个倒三角形上时,坐标和修改细节将显示在【主窗口】的状态栏中。右键单击三角形,选择【Edit】(编辑)以编辑设置,并突出显示更改和效果半径。

2. 改变点云分类

可以通过在【横截面】窗口中选择一个轮廓,并为该空间中的点指定一个分类,实现手动对点进行分类。要实现手动修改点分类,可以再次导出点云(退出 QA 模式,然后选择【文件】→【输出】→【点云】),或者执行完整的再处理。

(1)单击工具栏上的【Select Cross Section】(选择横截面)图标 ,创建要更改分类的横截面。

(2)增加或减少横截面【Thickness】(厚度),缩放或平移横截面窗口,使其包含需要分类的点。

(3)在【横截面】窗口中,双击要进行更改的地方,并选择【New Correction with Contour】(新建带有轮廓的校正)。

(4)在【横截面】窗口中单击生成轮廓线,右击封闭等高线。

(5)在【主窗口】中显示轮廓空间,右键单击以封闭轮廓空间并打开【Correction Item】(修改项目)窗口。

(6)在窗口底端的【Classification】(分类)字段后,选择有关选项:

"Unclassified"(非分类):不属于任何类别的点。

"Terrain"(地形):将点分类为地形点。

"Near Terrain"(近地形):将属于低矮植被、栅栏和其他低矮物体的点进行分类。

"Under Terrain Noise"(地形噪声下):地形点下分类(通常由玻璃物体反射引起),也可用于消除地形以上的噪声。

"Buildings"(建筑):将点分类为建筑点。

"Trees"(树):将点分类为树木点。

"Power Lines"(电力线):将点分为电力线点。

"Power Pole"(电力线杆):将点分类为电力线杆。

(7)单击【确定】,一个倒三角形标记出现在修改的地方。点的颜色将修改为所选类的颜色,以表明修改已生效。

(8)通过在【图层管理器】中选中【Correction Contours】(校正轮廓)选项,以 QA 模式在屏幕上查看所有轮廓分类更改,轮廓是根据分类选择着色的。

3. 编辑或添加建筑物矢量

可以手动编辑现有的建筑物矢量文件,也可以手动添加 ENVI LiDAR 没有自动创建的新建筑物矢量文件。ENVI LiDAR 将初始平面定位在指定位置,该初始平面由 ENVI LiDAR 自动定位,以匹配指定位置周围 1 m 内的点。

要实现建筑物矢量更改,可以再导出一次数据处理,或者执行完整的数据再处理。要在三维数据中实现构建矢量的更改,需重新激活【ENVI 激光雷达三维浏览器】。

(1)编辑一个现有的建筑矢量。

——双击被矢量线包围的平面,选择建筑物矢量。选中的矢量数据会高亮显示,并显示菜单。

——从菜单中选择【Edit Building Contour】(编辑建筑物轮廓)。【主窗口】显示所选轮廓、平面厚度距离内的点、所选平面与相邻平面的交点、相邻平面的角。这可以帮助编辑矢量,并轻松地将它们放在相对于点和其他平面的正确方向上。

——在【横截面】窗口中,右键单击矢量点或直线,并选择菜单选项编辑选定的建筑轮廓。

——使用右击菜单保存或删除更正。当左键单击选中一个矢量时,可以使用以下键盘快捷键:

按 A 键加一个点。将该点拖动到所需位置,然后单击它进行设置。

按 R 键移去一个点。若要删除多个点,请按住 R 键并将光标移到要删除的点上。

按 M 键删除多个点,然后单击并拖动光标选择要删除的点。

按 S 键保存更改。

按 D 键删除更正。

注意事项

在编辑过程中,矢量可能会交叉,产生错误信息。需要删除额外的点或添加点来解决错误。

(2)添加矢量。

——双击要创建平面的点,在出现的对话框中选择【新建修正】,出现【修改项目】对话框。

——单击【New Building】(新建建筑物)选项卡。

——软件将自动创建一个小矩形以待编辑。ENVI LiDAR 根据指定位置周围的点对平面进行定向。在编辑平面之前,通过在【主窗口】中查看平面的概要视图来验证这个方向。

——移动矩形点,添加或删除点以匹配所需的平面。

——一旦矢量与所需平面匹配,右键单击其直线,选择【Save Correction】(保存更改)。

> **注意事项**
>
> ENVI LiDAR 可能无法检测到初始平面角度,因为在指定区域有噪声,会产生错误信息。选择另一个地方再试一次。可能还需要在【生产参数】选项卡(数据处理时的项目属性对话框中的【Plane Surface Tolerance】(平面表面容差) 调整建筑物的平面表面容差设置。

4. 编辑或添加电力线矢量

可以手动删除或编辑现有的电力线矢量,也可以在 ENVI LiDAR 没有自动创建电力线矢量的地方添加新的电力线矢量。要实现电力线矢量更改,可以再导出一次数据(退出 QA 模式,选择【文件】→【输出】→【电力线路】),或者执行完整的再处理。要在三维数据中实现电力线矢量更改,需启动【ENVI 激光雷达三维浏览器】。

(1)删除或编辑现有的电力线矢量。

——双击电力线矢量,选择电力线矢量。选中的矢量会高亮显示,并显示上下文菜单。

——选择【Delete Power Line】(删除电力线),或选择【Edit Power Line】(编辑电力线),对电力线矢量进行更改。

——选择【编辑电力线】将在电力线平面上打开一个横截面。所有的矢量和点边界的横截面体积包括在内。选中的电力线及起始点、结束点和中间点高亮显示。

——使用右击菜单保存或删除更改。当单击一个矢量时,可以使用以下键盘快捷键,按 S 键保存更改,按 D 键删除更改。

(2)新增电力线。

——用另一个电力线矢量作为参考,或者用电力线点作为参考,在电力线平面上创建一个横截面。

——双击要生成电力线的【横截面】窗口。

——在弹出的功能菜单中选择【New Power Line】(新建电力线)。

——出现一条带有三个可移动盒子的电力线。将方框移动到与点匹配的正确位置。

——将光标停留在新电力线上,按 S 键保存。

28.4.4　QA 模式中的【ENVI 激光雷达三维浏览器】

三维模式开启前的数据准备:【处理】→【数据处理】→【Produce 3D Viewer Database】(制作三维查看器数据库)。

1. 打开三维浏览器

单击工具栏上的【ENVI 激光雷达三维浏览器】按钮 ,显示数据的三维状态。按 F1 键可在窗口中显示【ENVI 激光雷达三维浏览器】的可用控件列表,效果如图 28.18 所示。

浏览和编辑三维图像的方法如下:

(1)若要沿 x 和 z 轴旋转图像,单击并拖动图像。

(2)要放大和缩小图像,右键单击并拖动图像,或使用鼠标滚轮。若要以较小的增量放大或缩小图像,请在使用缩放控件之前按键盘上的 Q 键,再次按 Q 键关闭灵敏度。还可以使用键盘数字板上的/键和 * 键以较小的增量放大和缩小。

(3)要平移图像,单击两个鼠标按钮并拖动图像。

（4）双击【ENVI 激光雷达三维浏览器】窗口中的一个点，将该区域带到 ENVI LiDAR【主窗口】中显示的中心位置，然后在 ENVI LiDAR 主窗口中执行编辑。

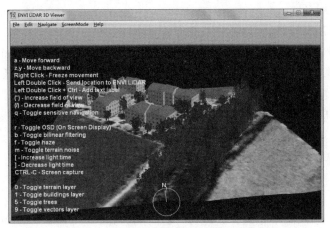

图 28.18　【ENVI 激光雷达三维浏览器】及可用控件列表

2．调整三维屏幕模式

要优化显示器或投影仪上的显示，可以从菜单中选择【ScreenMode】→【Full Screen】（屏幕模式→全屏模式）切换到全屏模式，退出全屏模式，选择【ScreenMode】→【Windowed】（屏幕模式→窗口模式），或按键盘上的 Esc 键。

3．三维飞行模式

可以使用键盘上的以下键来执行三维飞行模式，浏览三维图像。按 F1 键可以查看屏幕上以下内容的功能提示。

——A，向前移动。

——Z、Y，向后移动。

——鼠标右键，停止移动。

——双击鼠标左键，在主界面窗口显示位置。

——双击鼠标左键＋Ctrl，添加文字标注。

—— * 和/，调节焦距，即显示的范围。

——Q，灵敏度开关。

可以通过按下键盘上的下列键启用或禁用各种显示控件：

——R，显示当前鼠标和摄像机位置信息。

——B，双线性滤波开关。打开后地形较为平滑，关闭后显示为马赛克样式。

——F，薄雾开关。

——M，地形噪声的开关。

——[，增加光照时间。

——]，减少光照时间。

——Ctrl＋C，将会弹出窗口提示，截图并保存为".bmp"文件，保存路径为工程下的 3D Viewer 文件夹。

可以通过按下键盘上的以下键来隐藏或显示不同的层：

——0，地形图层开关。

——1,建筑物图层开关。

——5,树木图层开关。

——9,矢量图层开关。

可以记录和保存飞行路线,以便以后查看:

——从【ENVI 激光雷达三维浏览器】菜单中选择【Navigate】→【Record Route】(导航→记录路线)开始记录飞行路线,沿任意路线或者既定路线进行飞行,然后选择【导航】→【Stop】(停止),停止记录。

——播放记录的飞行,从菜单中选择【导航】→【Play Route】(放映路线)。选择【导航】→【停止】,停止放映。

4.跳到某个位置并保存

当从菜单中选择【导航】→【跳转至位置】,并在【选择位置】对话框中输入 X、Y 坐标,可以跳转到特定位置。

——要保存位置,从菜单中选择【导航】→【保存】。在【Select Display Name】(选择显示名称)对话框中输入显示名称,然后单击【确定】。

——要返回到保存位置,从菜单中选择【导航】→【显示】,并从【已保存视图】对话框中选择相关位置。

——要删除保存的位置,在【已保存视图】对话框中选择要删除的位置,然后单击【删除】。要删除所有保存的位置,单击【删除全部】。默认情况下,【ENVI 激光雷达三维浏览器】从列表中删除除保存的第一个视图之外的所有视图。

5.在三维数据上覆盖一个 Shapefile 矢量文件

可以加载 Shapefile 矢量文件覆盖三维视图。步骤如下:从【ENVI 激光雷达三维浏览器】菜单中选择【文件】→【Load Shape File】(加载矢量文件),出现【加载矢量文件】对话框。选择 Shapefile 文件,然后单击【打开】,选中的 Shapefile 文件将会覆盖在三维图像上。

6.标注三维数据

可以添加文本标注来标记感兴趣的地方。标注同时出现在【ENVI 激光雷达三维浏览器】和 ENVI LiDAR【主窗口】中。添加标注的步骤如下:

(1)按住 Ctrl 键,双击要标注的位置。出现【Add Text Annotation】(添加文本标注)对话框,在文本框中输入文本。

(2)要更改标注的背景颜色以使其更可见,单击【Color】(颜色)。在出现的【颜色】对话框中选择不同的颜色。文本颜色将是白色或黑色,这取决于哪一种颜色提供了与背景的最佳对比度。单击【确定】。

(3)要编辑或删除标注,双击文本,出现【编辑文本标注】对话框。编辑文本,然后单击【保存】。

(4)要编辑标注背景色,单击【颜色】,在出现的【颜色】对话框中选择不同的颜色,然后单击【保存】,单击【删除】删除标注。

7.测量两点之间的距离

【Measurement Tool】(测量工具)测量两个选定点之间的距离,并添加测量结果为标注,该标注也将显示在 ENVI LiDAR【主窗口】中,测距结果的意义参照测距工具部分。使用方法如下:

(1)从【ENVI 激光雷达三维浏览器】菜单中选择【编辑】→【测量工具】。

(2)通过单击分别确定第一点和第二点后,单击【确定】。【ENVI 激光雷达三维浏览器】窗口中添加了一个测量标注。

(3)要删除测量标注,双击标注并选择【删除】。修改标注颜色的步骤同之前标注编辑一样。

8．共享【ENVI 激光雷达三维浏览器】的数据

【ENVI 激光雷达三维浏览器】导出数据的步骤如下:

(1)在 ENVI LiDAR 中,选择【处理】→【数据处理】,选中【项目属性】对话框【输出】选项卡中【制作三维查看器数据库】前的复选框 。

(2)单击【Start Processing】(开始处理),创建 ENVI 激光雷达三维浏览器数据。

从 ENVI LiDAR 主菜单中,选择【文件】→【导出】→【Export 3D Viewer】(导出 3D Viewer 数据),ENVI LiDAR 创建一个名为 Export 3D 的输出目录,位于项目目录下。Export 3D 目录的内容可以复制到 CD 或 DVD。

28.4.5　管理 QA 更改列表

ENVI LiDAR 跟踪所做的 QA 更改,并将这些更改写入一个列表,它还支持将多个用户所做的 QA 更改累积到一个项目中。

(1)要将列表写入操作日志,选择【编辑】→【Show list】(显示列表)。

(2)要将列表保存到.csv 文件,选择【编辑】→【Export list】(导出列表)。在出现的【另存为】对话框中,输入文件名,然后单击【保存】。

(3)要将在另一个项目中进行的手动更正列表导入当前项目,选择【编辑】→【Merge list】(合并列表),这将会把几个 QA 人员的工作合并到一个项目中。

(4)要打开一个对话框,其中列出每个类别的更改数量,并使能够删除所有或选择的类别手动更正,打开 QA 模式,然后选择【编辑】→【Clear List】(清空列表)。

28.5　创建和处理项目实例

下面提供了使用 DataSample.las 创建和处理新项目的实例,该数据是关于奥地利兰森基兴村的,软件安装后数据存储于安装目录中,以 ENVI 5.5 为例,一般存储在默认目录:C:\ Program Files\Harris\ENVI55\data\lidar\中。本实例包括创建项目、处理数据、QA 和重新处理数据、输出产品数据到 Google Earth。

28.5.1　创建项目

(1)在 Windows 资源管理器中,创建名为 E:\envi_lidar 的目录(可以任意设置该目录的名称和存储位置),用于保存新项目。

(2)启动 ENVI LiDAR。

(3)选择【文件】→【新建】,出现【另存为】对话框。

(4)导航到之前创建的目录 E:\envi_lidar 并输入"datasample"作为项目文件名,然后单击【保存】,如图 28.19 所示。

图 28.19　创建项目

（5）选择要添加到项目中的激光雷达数据文件。在 ENVI LiDAR 弹出的【Please select LAS or other data files to be imported into project】（请选择 LAS 或其他要导入项目的数据文件）提示对话框中单击【确定】，打开数据选择对话框。

（6）导航到数据目录（默认目录是 C:\Program Files\Harris\ENVI55\data\lidar\），选择 DataSample.las，单击【打开】，将文件添加到项目中，如图 28.20 所示。

图 28.20　选择实例数据

（7）出现提示信息对话框【Do you want to import more raw material data files into the project?】（是否要将更多的原材料数据文件导入到项目中？），对于本实例，只需导入一个 LAS 文件，所以单击【否】；如果需要从其他目录导入更多数据，可以单击【是】并选择其他文件。

（8）出现投影信息提示对话框，在此因为信息读取正确，选择【确定】，如图 28.21 所示。如果读取不正确，选择【否】，将会出现【Convert Format】（转换格式）对话框，如图 28.22 所示。在坐标系字段中，从输入投影系统下拉列表中选择"UTM"，并将 UTM 区域（UTM Zone）更改为"33N"，单击【确定】。为该数据选择正确的投影可确保正确定位 Google Earth KML 格式的导出产品。

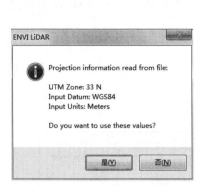

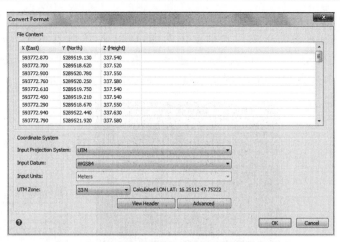

图 28.21　投影信息对话框　　　　　　　图 28.22　在【格式转换】对话框中选择投影信息

（9）投影信息正确设置后单击【确定】，项目创建完成，现在项目已经准备好检查点云，或者可以处理数据。原始点云数据将会打开并显示在【主窗口】中，【导航窗口】中显示整个区域的数字表面模型，【图层管理器】中将会出现矢量图层和点图层，【操作日志】显示 ENVI LiDAR 的操作信息。状态栏显示打开文件的进度。

（10）在【导航窗口】中选择的区域是显示在【主窗口】中用于处理或查看的区域。光标坐标和高度显示在【主窗口】的状态栏中。

28.5.2　处理数据

（1）通过单击工具栏上的【数据处理】按钮 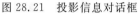 或者选择菜单【处理】→【数据处理】来处理数据。出现【项目属性】对话框，在【输出】选项卡中，通过选中复选框来选择要生成的产品，在此选择输出包括 DEM、DSM、建筑物、树木、电力线等产品。【项目属性】对话框如图 28.23 所示。

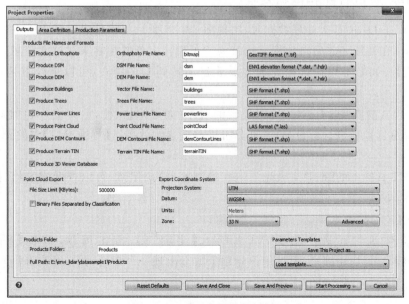

图 28.23　【项目属性】对话框

245

（2）在【项目属性】对话框中，保留默认设置。单击【开始处理】，【导航窗口】按块显示进度（洋红色的 X 窗口表示正在处理，白色 X 窗口表示完成），如图 28.24 所示。【主窗口】的操作日志和状态栏也显示了进度，如图 28.25 所示。数据处理完毕后，ENVI LiDAR 自动将显示改为 QA 模式，提示信息对话框如图 28.26 所示。

图 28.24 【导航窗口】显示处理进度

图 28.25 状态栏显示处理状态

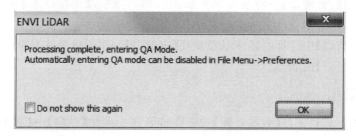

图 28.26 进入 QA 模式的提示

28.5.3 数据质量管理和重新处理

（1）ENVI LiDAR 首次处理数据时，出现图 28.26 所示提示信息对话框。在默认情况下，ENVI LiDAR 在处理完成后自动将显示改为 QA 模式。若要在将来跳过此消息，选中复选框并单击【确定】。如果不想在数据处理完成后自动转到 QA 模式，可以更改首选项中的默认设置。

（2）QA 模式视图显示【主窗口】中呈现的对象（如建筑物、树、电力线），如图 28.27 所示，参照本章"对点云数据进行彩色显示"部分可以改变显示效果。【导航窗口】中的图像被划分为网格。

（3）选择工具栏上的【ENVI 激光雷达三维浏览器】按钮，可以查看建筑物、树和电力线的逼真三维渲染，如图 28.28 所示。

（4）关闭【ENVI 激光雷达三维浏览器】窗口。

（5）编辑建筑物轮廓。在 ENVI LiDAR【主窗口】，双击屋顶，选择【Edit Building Contour】（编辑建筑物轮廓）。所选屋顶轮廓上方会出现一个矩形，并自动打开【横截面】窗口，显示关联的点云和向量，如图 28.29 所示。

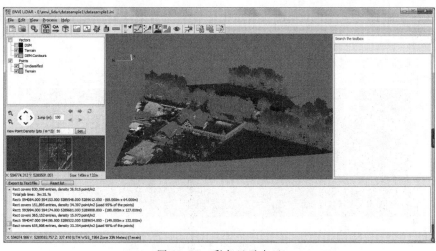

图 28.27　彩色显示点云

图 28.28　数据处理后三维显示效果

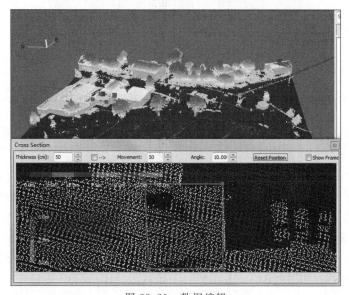

图 28.29　数据编辑

（6）在【横截面】窗口中，单击并拖动矢量中的一个点来更改形状，然后按 S 键，保存更改，如图 28.30 所示。

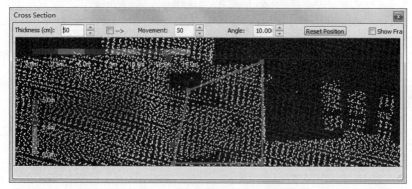

图 28.30　【横截面】窗口中矢量编辑

（7）尝试删除电力线。在 ENVI LiDAR【主窗口】中，双击电力线并选择【Delete Power Line】（删除电力线），电力线被删除，如图 28.31 所示。

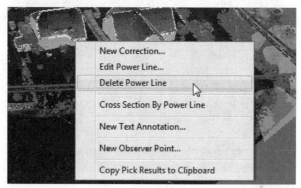

图 28.31　在 ENVI LiDAR【主窗口】进行矢量编辑

（8）单击工具栏上的【QA 模式】切换按钮，退出 QA 模式。

（9）单击工具栏上的【数据处理】按钮，打开【项目属性】对话框，然后单击对话框中的【开始处理】按钮，用编辑操作重新处理数据。

28.5.4　输出产品数据到 Google Earth

如果安装了 Google Earth（谷歌地球）软件，那么可以将处理后的数据导出为一种可以覆盖在 Google Earth Globe 上的格式。

（1）数据处理完成后，单击工具栏上的【QA 模式】切换按钮，退出 QA 模式，选择【文件】→【导出】→【Google Earth KML】（谷歌地球 KML），随后出现【选择格式】对话框，可选择的格式包括谷歌地球 KML（默认设置）和谷歌地球 KMZ，在此保留默认设置，导出完成后出现导出成功的消息，单击【确定】。

（2）在 Windows 资源管理器中，导航到项目目录\…\Products\ExportKML 文件夹下，例如本实例中为 E:\envi_lidar\datasample\products\exportkml，双击 buildings. kml。谷歌地球会将导出的产品数据覆盖到地球的正确位置，如图 28.32 所示。

图 28.32　数据产品叠加到谷歌地球上

第29章 精准农业分析

ENVI Crop Science(精准农业平台)包含了用于精准农业和农学的遥感分析工具,其功能具体包括:

(1)获得农作物的总数,以及它们的位置和大小。

(2)计算每种作物的特定指标的平均值、最小值、最大值和标准差。

(3)创建在图像中标识的作物位置的矢量。

(4)根据图像中的三个指定点创建一个显示作物预期位置的网格。

(5)识别耕地中的行以及构成该行的作物。排除杂草、草和其他不属于行的部分。

(6)确定作物行中的缺口,这些缺口意味着缺失的作物。

(7)创建一个热点图像,显示单个耕地或更大地理范围内植被的相对健康状况。

(8)创建一个开发热点图像,显示两个日期的热点分析变化。

(9)创建一个分类图像,其中的类由管理区域组成。

(10)计算每个管理区域的平均值、最小值、最大值和标准差值。

(11)创建管理区域边界和属性的矢量文件。

以下内容是作物统计和度量的一个工作流程,其中包括计算作物数量,将它们保存到一个矢量文件中,并计算指标来指示它们的个体健康状况。具体来说,将做以下工作:

(1)浏览草莓田的多光谱图像。

(2)掩盖杂草行。

(3)创建一个单波段图像,增强草莓植物。

(4)统计草莓植株,记录它们的位置和大小。

(5)创建已标识的作物位置的 Shapefile 文件。

(6)计算每种植物的平均光谱指数,以显示其总体健康状况。

(7)呈现结果。

29.1 打开图像

(1)打开 ENVI。

(2)打开 strawberry.dat 文件,这张真彩色图片包含了几排绿色的草莓植物。像素值表示反射率(0~100%),范围为 0~1。深灰色的区域是带有空洞的长塑料条,这样草莓植物就可以生长。浅棕色区域是种植行间的土路,如图 29.1(a)所示。

(3)单击工具栏中的【数据管理器】按钮 🔳,可以看到列出的 5 个波段及其各自的中心波长。该数据集包含 1 个红边波段,用于测量红边波长区域的反射率。对于健康植被,这一区域的反射率曲线从红色到近红外急剧增加。

(4)可以尝试使用显示和增强工具来浏览图像,如使用工具栏中的【缩放】工具放大和缩小,以及从工具栏的下拉列表中选择"快速拉伸"选项,如 2%线性拉伸或高斯分布;在【数据管理器】中右键单击 strawberry.dat,选择【Load CIR】(加载彩色红外),显示彩色红外图像。

　　（a）原始图像　　　　　　（b）利用感兴趣区域遮去杂草
　　　　　　　　　　　　　　　　　　道路的图像

图 29.1　原始图像及处理后图像

29.2　遮去道路和杂草

　　实例研究涉及为作物计数准备图像的额外步骤。这些土路里有杂草,它们的亮度和光谱特征与草莓植物相似,这些应该被掩盖起来,因为当以后使用【Count Crops】(作物计数)工具时,它们将和草莓一起被计数。

　　(1)单击 ENVI 菜单中的【打开】按钮。

　　(2)选择文件 WeedMaskROI.xml 并单击【确定】,这是一个感兴趣区域文件,它覆盖了包含杂草的道路,如图 29.1(b)所示。

　　对于本实例,已经创建了一个感兴趣区域文件,所以可以轻松地屏蔽杂草。其中创建感兴趣区域来识别不需要的特性(如杂草)是一个简单过程,仅适用于像这样的小图像。但是在处理大影像时,它的工作量太大。

　　(3)从 ENVI 菜单中,选择【文件】→【另存为】→【另存为 ENVI,NITF,TIFF,DTED 格式】,在【选择文件】对话框中,选择 strawberry.dat,不要单击【确定】。

　　(4)单击【Mask】(掩模)按钮,在【掩模】对话框中,单击【WeedMask】(杂草掩模),进入【Inverse mask】(反向掩模)选项,点击【确定】。

　　(5)单击【选择文件】对话框中的【确定】。

　　(6)在【Save File as Parameters】(将文件另存为参数)对话框中,保留 ENVI 的默认【Output Format】(输出格式)。

　　(7)单击输出文件名旁边的按钮,并为掩模图像选择一个文件夹。将文件命名为"Strawberries_Masked.dat"。

　　(8)单击【确定】。ENVI 从感兴趣区域中自动创建一个掩模,并显示掩模图像。掩模区域中的像素值为 NoData,并且在显示中是透明的,如图 29.2 所示(可能需要在【图层管理器】中取消选中原始真彩图像,才能看到掩模图像)。

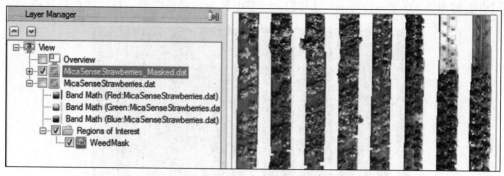

图 29.2　掩模后图像

29.3　作物增强

使用【作物计数】工具来计算草莓植株的数量。该工具工作原理是可以计算灰度图像中明亮的圆形物体的数量。为此，首先需要创建一个单波段图像，其中草莓植物在黑暗的背景下是明亮的。

29.3.1　光谱指数

增强作物的最快方法是创建一个光谱指数图像，突出正在生长的植被，但图像必须包含近红外波段。实例中的图像具有近红外波段，因此按照以下步骤创建光谱指数图像：

(1)在【工具箱】中，展开"Band Algebra"(波段指数)文件夹并双击"Spectral Indices"(光谱指数)，如图 29.3 所示。

(2)在【选择文件】对话框中，选择 Strawberries_Masked.dat 并单击【确定】。【光谱指数】对话框中显示了可从所选图像创建的指数列表。

(3)从列表中选择任意指数，然后启用【Preview】(预览)选项查看该指数的预览。(注意如果放大或缩小图像，预览将关闭。处于首选的缩放级别，再次启用【预览】选项)。

> **注意事项**
>
> 该步骤的目标是找到一个指数，它可以实现使草莓植物变亮；使草莓植物和背景对比明显；清楚地描绘每一株植物，避免一些指标(如归一化植被指数)因健康植被的过度饱和而导致亮像素团簇的模糊现象，这时很难区分不同的植物。

(4)预览不同的指数后，选择绿色差异植被指数(GDVI)。

(5)【Output Raster】(输出栅格影像)输入"Strawberries_GDVI.dat"作为文件名。启用【Display result】(结果显示)选项。

(6)单击【确定】，输出结果，GDVI 图像结果如图 29.4 所示。

草莓的植物是明亮的，它们大多彼此分开，并且与背景形成强烈的对比。这个文件将用于作物计数。增强作物的另一个选项是【Enhance Crops】(增强作物)工具。

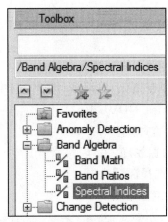

图 29.3　光谱指数工具　　　　　图 29.4　GDVI 图像结果

29.3.2　作物增强工具

【增强作物】工具能够在删除不需要特性的同时,更好地控制作物与背景的隔离。它有一个选项来反转像素值,也可以设置最小和最大像素值阈值。以下是一些常用的做法:

(1)健康的植物强烈吸收蓝色和红色的波长,所以在蓝色或红色波段的图像中会呈现暗色。植被反射绿光,但没有近红外波段那么多。因此,植被也可以在绿波段图像中出现一些暗色。可以使用【增强作物】工具来转换红色、绿色或蓝色波段的数据值,以增强健康的植被。当只能访问没有近红外波段的 RGB 图像时,此选项非常有用。

(2)通过设置最小像素值阈值来删除阴影和其他暗特性。低于此阈值的像素将被设置为 NaN 值(即"not-a-number",没有数值)。

(3)通过设置最大像素阈值,删除比农作物(如建筑物或高度饱和像素)更亮的特性。超过此阈值的像素将被设置为 NaN 值。

29.4　作物计数

【作物计数】工具有许多参数,必须使用这些参数进行试验才能获得最佳结果。首先,需要知道图像中作物尺寸的大致范围。

29.4.1　作物测量

(1)在 GDVI 图像显示的情况下,放大到可以在图像中找到的最小作物。

(2)单击 ENVI 工具栏中的【Mensuration】(测量)按钮,出现【光标值】对话框。

(3)单击作物的一边,然后单击另一边。【光标值】对话框报告测量距离,应该接近 0.2 m。

(4)右键单击显示并选择【Clear】(清除)。

(5)缩小并找到图像中最大的作物之一,重复上面的步骤来测量作物,它应该接近 0.4 m,如图 29.5 所示。

（6）右键单击显示并选择【清除】，关闭【光标值】对话框。

29.4.2 作物统计

（1）首先，清理视图。在【图层管理器】中右键单击 Strawberry. dat 和 Strawberries_ Masked. dat，并选择【Remove】（移除）。

（2）在【工具箱】中，展开"精准农业"文件夹并双击"作物计数"。

（3）在【Count and Rasterize Crops】（作物统计和栅格化）对话框（图 29.6）中，单击【Input Raster】（输入栅格）旁边的按钮▒▒▒，并选择 Strawberries_GDVI. dat。

（4）输入【Minimum Crop Diameter 】（最小作物直径）值"0.2"。

（5）输入【Maximum Crop Diameter 】（最大作物直径）值"0.4"。

（6）为【Fill Raster Crops】（填充栅格影像作物）选择【是】选项。

（7）保持所有其他参数的默认值，将使用这些值作为起点。

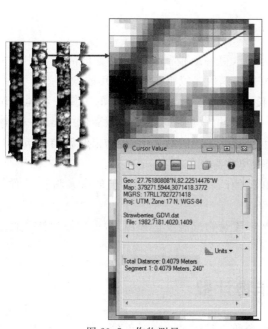

图 29.5　作物测量

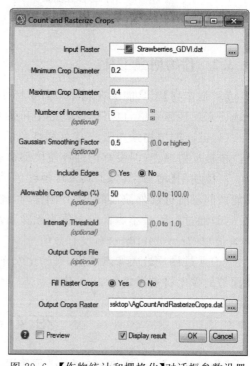

图 29.6　【作物统计和栅格化】对话框参数设置

（8）选中【预览】选项，在 GDVI 图像的顶部可以预览作物数量，绿点表示工具确定的作物的位置。圆的大小是根据工具确定的实际作物大小来确定的。

29.4.3 作物识别调整与统计

使用工具栏中的【Transparency 】（透明）或【View Flicker 】（视图闪烁）按钮在作物计数结果和底层 GDVI 图像之间切换。可以看到，最初的结果并不完全准确。下面是一些例子：

（1）在 GDVI 图像中没有作物的区域，【作物计数】工具正在寻找作物。这可能是因为有些像素的数字值接近 0，【作物计数】工具会检测到它们。

（2）要解决这个问题，可以使用【Intensity Threshold】（密度阈值）进行试验。该参数表示最大作物密度的百分比，低于该百分比，作物检测结果将被删除。较高的值将去除误报，但它可能会去除亮度值较低的作物。

（3）作物识别还有其他问题，如图 29.7 所示，许多小的作物聚集在一起，被认为是一种大的作物，农作物没有计算在内。

下面是一些调整参数以获得最佳效果的技巧：

（1）对【最小作物直径】和【最大作物直径】两个参数值设置时使其相差范围不大，因为当作物的直径变化不大时，计数工具的效果最好。例如，0.2～0.4 m 的范围比 0.1～0.6 m 范围更好。如果需要扩展值的范围，请以小增量的方式进行。

（2）增大【Number of Increments】（增量数）。例如，如果【最小作物直径】和【最大作物直径】分别设置为 0.2 和 0.4，而【增量数】为 3，表示【作物计

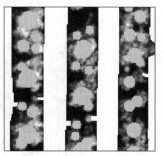

图 29.7　作物识别示意

数】工具将搜索大约 0.2 m、0.3 m 和 0.4 m 的作物直径，增加该值将使【作物计数】工具搜索更精细的作物大小增量。此外，该流程将需要更多的时间来运行。

（3）如果不是在图像范围内创建了掩模，那么将【Include Edges】（包括边缘）参数设置为"是"，以计算接触到图像边缘的部分农作物。

（4）用【Allowable Crop Overlap】（允许作物重叠）进行试验。这是两个相邻作物之间允许重叠的百分比，默认值是 50%。一般来说，如果作物能够彼此明显分开，则输入较小的值。

按照以下步骤继续进行作物统计过程：

（1）输入这些参数值，可能会得到较好的结果：

——【最小作物直径】：0.15；

——【最大作物直径】：0.35；

——【增量数】：30；

——【Gaussian Smoothing Factor】（高斯平滑因子）：0.5；

——【包括边缘】：是；

——【允许作物重叠】：50；

——【强度阈值】：0.25。

（2）在【Output Crops File】（输出农作物文件）处输入文件名"output crop.json"。

（3）将【Fill Raster Crops】（填充作物栅格影像）选项设置为"是"。

（4）为【Output Crops Raster】（输出作物栅格影像）输入"CropCountImage.dat"文件名。

（5）选择【结果显示】选项，在处理完成时显示输出图像。

（6）单击【确定】。当处理完成时，作物计数图像出现在显示窗口和【图层管理器】中。最终的作物数量也将列在【图层管理器】中。

作物计数结果的栅格形式是一个 ENVI 分类文件，包含两个类："Unclassified"（未分类）和"Crops"（作物），如图 29.8 所示。作物计数文件是 json 格式的文本文件。

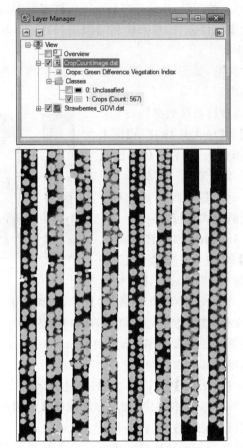

图 29.8　作物识别与统计结果

29.5　转换作物为矢量数据

农作物文件是 json 文本格式。它包含每个被统计作物的 X、Y 像素位置。如果打开 OutputCrops.json 文件（29.4 节输出的结果文件）。在文本编辑器中，将看到如图 29.9（a）所示内容，在该文件中向下滚动，还将看到每个检测到的作物半径，如图 29.9（b）所示。

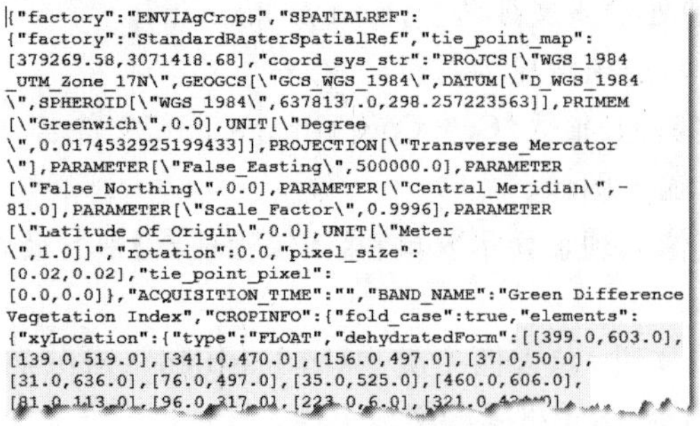

[{"factory":"ENVIAgCrops","SPATIALREF":
{"factory":"StandardRasterSpatialRef","tie_point_map":
[379269.58,3071418.68],"coord_sys_str":"PROJCS[\"WGS_1984
_UTM_Zone_17N\",GEOGCS[\"GCS_WGS_1984\",DATUM[\"D_WGS_1984
\",SPHEROID[\"WGS_1984\",6378137.0,298.257223563]],PRIMEM
[\"Greenwich\",0.0],UNIT[\"Degree
\",0.0174532925199433]],PROJECTION[\"Transverse_Mercator
\"],PARAMETER[\"False_Easting\",500000.0],PARAMETER
[\"False_Northing\",0.0],PARAMETER[\"Central_Meridian\",-
81.0],PARAMETER[\"Scale_Factor\",0.9996],PARAMETER
[\"Latitude_Of_Origin\",0.0],UNIT[\"Meter
\",1.0]]","rotation":0.0,"pixel_size":
[0.02,0.02],"tie_point_pixel":
[0.0,0.0]},"ACQUISITION_TIME":"","BAND_NAME":"Green Difference
Vegetation Index","CROPINFO":{"fold_case":true,"elements":
{"xyLocation":{"type":"FLOAT","dehydratedForm":[[399.0,603.0],
[139.0,519.0],[341.0,470.0],[156.0,497.0],[37.0,50.0],
[31.0,636.0],[76.0,497.0],[35.0,525.0],[460.0,606.0],
[81.0,113.0],[96.0,217.0],[223.0,6.0],[321.0,42.0]]

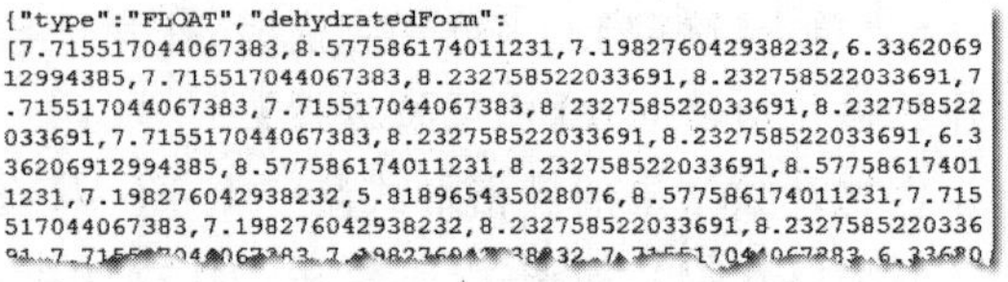

{"type":"FLOAT","dehydratedForm":
[7.715517044067383,8.577586174011231,7.198276042938232,6.3362069
12994385,7.715517044067383,8.232758522033691,8.232758522033691,7
.715517044067383,7.715517044067383,8.232758522033691,8.232758522
033691,7.715517044067383,8.232758522033691,8.232758522033691,6.3
36206912994385,8.577586174011231,8.232758522033691,8.57758617401
1231,7.198276042938232,5.818965435028076,8.577586174011231,7.715
517044067383,7.198276042938232,8.232758522033691,8.2327585220336
91,7.715517044067383,7.198276042938232,7.715517044067383,6.33690

（a）文本编辑器内容　　　　　　　　　　（b）作物半径

图 29.9　文本编辑器中的内容

将 json 文件转换为 Shapefile 文件将使作物计数结果更容易显示并做进一步处理。作物位置和半径将包含在矢量属性表中,另外,还可以根据需要添加更多的自定义属性。

转换步骤如下:

(1)在【工具箱】中,双击【Convert Crops To Shapefile】(转换作物为矢量)。

(2)单击【Input Crop】(输入作物)旁边的按钮▥,并选择 OutputCrops. json。

(3)在【Output Vector】(输出矢量)字段中输入"OutputCrops. shp"的输出文件名。

(4)启用【结果显示】选项。

(5)单击【确定】。处理完成后,将矢量文件添加到显示窗口和【图层管理器】中。

(6)右键单击【图层管理器】中的 OutputCrops. shp,并选择【View/Edit Attributes】(查看或编辑属性)。属性查看器列出了每个作物的中心 X、Y 位置及其半径。

(7)单击显示中的项,在【Attribute Viewer】(属性查看器)中突出显示其对应的记录,如图 29.10 所示。

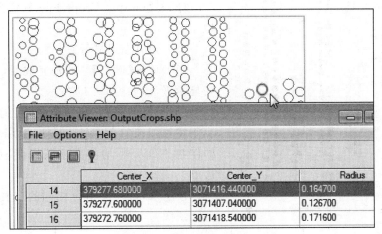

图 29.10 【属性查看器】对话框

(8)关闭【属性查看器】,取消选中【图层管理器】中的 OutputCrops. shp 以隐藏它。

(9)右键单击显示并选择【Clear Selections】(清除选择)。

现在已经知道了作物的位置,可以计算一些指标来确定它们的总体健康状况。

29.6 计算作物指标

本节将学习如何使用【Calculate Crop Metrics with Spectral Index】(光谱指数计算作物指标)工具。这个工具允许创建一个显示作物相对平均值的分类图像,或者显示作物实际平均值的灰度图像。

29.6.1 创建一个归一化植被指数分类图像

(1)在【工具箱】中,双击【Calculate Crop Metrics with Spectral Index】(利用光谱指数计算作物指标)。

(2)在【选择文件】对话框中,选择 Strawberries_Masked. dat,单击【打开】,然后单击【确定】。作物指标将从原始多光谱图像计算,但只计算在作物文件 OutputCrops. json 中记录的选定 X、Y 位置表征的点。

(3)单击【输入作物】旁边的按钮▦,选择 OutputCrops. json。

(4)从【Spectral Index】(光谱指数)下拉列表中,选择"Normalized Difference Vegetation Index"(归一化植被指数)。虽然可以选择任何支持的植被指数,但 NDVI 是与植被健康相关的最常见和可识别的指数。

(5)【Crop Mean for Output Metric】(作物输出指标均值)保持默认选择。

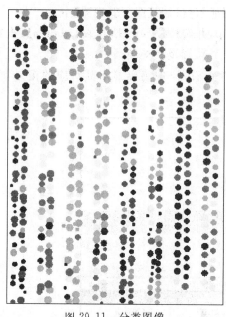

图 29.11　分类图像

(6)对于该实验,将创建一个相对 NDVI 均值的分类栅格,为【Create Classification Raster】(创建分类栅格)选择"是"选项。

(7)输入"StrawberryRelativeNDVI. dat"作为输出文件名。

(8)将【Output Crops File 】(输出作物文件)字段留空。

(9)启用【结果显示】选项。

(10)单击【确定】。处理完成后,分类图像出现在显示屏上,如图 29.11 所示。

【图层管理器】中将会显示类别图例,这些类对应于整幅图像的 NDVI。例如,深绿色多边形对应的作物 NDVI 平均值高于淡绿色、黄色和红色多边形。

接下来,将再次运行相同的工具,创建不同类型的图像。

29.6.2　创建一个灰度图像的归一化植被指数

在这个实验中,将创建一个图像,显示每个草莓植物的实际平均 NDVI 值。

(1)在【工具箱】中,双击【利用光谱指数计算作物指标】。

(2)在【选择文件】对话框中,选择 Strawberries_Masked. dat,单击【确定】。

(3)从【光谱指数】下拉列表中,选择"归一化植被指数"。

(4)单击【输入作物】旁边的按钮▦,选择 OutputCrops. json。

(5)为【Output Metric】(输出指标)保留默认的"Crop Mean "(作物均值)选择。

(6)为【创建分类栅格】选择"否"选项。

(7)输入"StrawberryNDVIMeans. dat"作为输出文件名。

(8)将【输出作物文件】字段留空。

(9)启用【结果显示】选项。

(10)单击【确定】,处理完成后,显示如图 29.12 所示的灰度图像。

(11)单击主工具栏中的光标值按钮。

(12)单击任何一个灰色圆圈,【光标值】对话框报告该草莓植物的平均 NDVI 值(在 StrawberryNDVIMeans. dat 层下),如图 29.13 所示。

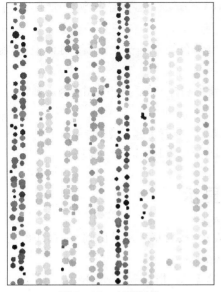

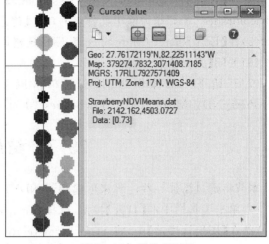

图 29.12　灰度图像 | 图 29.13　平均 NDVI

29.6.3　为 NDVI 创建栅格影像颜色切片

以下内容为 NDVI 创建一个栅格影像颜色切片的方法。已经有了 NDVI 的灰度栅格,可以创建这些值的分类图像。遵循以下步骤:

(1)右键单击【图层管理器】中的 StrawberryNDVIMeans. dat 图层,选择【New Raster Color Slice】(新的栅格影像颜色切片)。

(2)在【选择文件】对话框中,选择【作物均值】→【归一化植被指数】,单击【确定】。ENVI 确定 NDVI 值的范围,并按颜色将它们分为不同的类别,范围从紫色到红色。可以接受这些颜色表,也可以创建自己的切片。图 29.14 显示了自定义颜色表的示例,覆盖了 GDVI 图像。

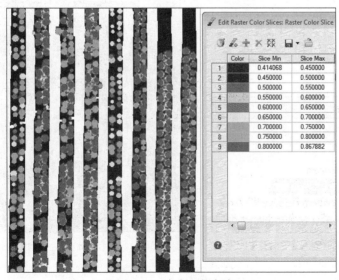

图 29.14　自定义颜色表

(3)单击【编辑栅格影像图层】对话框中的【Export Color Slices】(导出颜色切片)按钮,并选择【Export as Class Image】(导出为分类图像)。

(4)在【Export Color Slices to Class Image】(导出颜色切片为分类图像)对话框中,输入"ndvicolorslice . dat"作为输出文件名并单击【确定】。

(5)在【Edit Raster Color Slices】(编辑栅格影像颜色切片)对话框中单击【确定】。

(6)关闭【光标值】对话框。

(7)开始下一节操作之前,右键单击以下图层并选择【移除】:Raster Color Slice、StrawberryNDVIMeans. dat、Strawberries_Masked. dat、Strawberries_GDVI. dat。

29.7 结果显示

本节将通过添加一些注释来创建相对 NDVI 的表示,然后将表示导出到 GeoTIFF 文件。

(1)单击工具栏中的【打开】按钮,选择 strawberry . dat。

(2)在【图层管理器】中,将 StrawberryRelativeNDVI. dat 拖放到 strawberry. dat 的上面。NDVI 分类图像现在覆盖了多光谱图像。

29.7.1 显示作物轮廓

接下来的几个步骤将创建一个更好的草莓植物可视化影像,并利用【作物计数】工具计数,使用作物矢量来绘制每个作物位置的轮廓。

(1)在【图层管理器】中,拖动 OutputCrops. shp 在其他层之上,如图 29.15 所示。同样,选择它的复选框来显示它。

(2)右键单击 OutputCrops. shp 并选择【Properties】(属性)。

(3)在【Vector Properties】(矢量属性)对话框中,将【Line Color】(线条颜色)设置为黑色,【Line Thickness】(线条粗细)设置为1,单击【确定】。图 29.16 显示了多个不同的数据层。

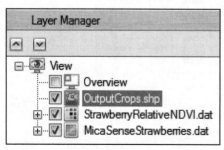

图 29.15 【图层管理器】中的作物数据

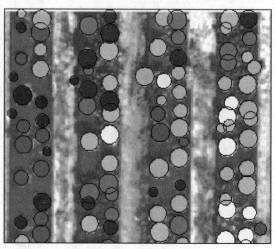

图 29.16 作物显示

29.7.2　添加注记

（1）在【图层管理器】中，选择 strawberry.dat 层，激活使其成为编辑层。

（2）将图像放大到 100%。

（3）从 ENVI 菜单中，选择【文件】→【Preferences】（首选项）。

（4）在【首选项】对话框的左侧，选择【North Arrow】（指北针）。

（5）单击【Font】（字体）字段并使用出现的下拉箭头选择"ESRI North"。

（6）单击【Symbol】（符号）字段，然后单击出现的下拉箭头。选择另一个指北针符号并单击【确定】。

（7）单击【首选项】对话框中的【确定】。

（8）右键单击【图层管理器】中的"View"（视图）图层，并选择【New】→【Annotation Layer】（新建→注记层）。

（9）在【Create New Annotation Layer】（新建注记层）对话框中，将【Layer Name】（图层名称）更改为"Strawberry Annotations"（草莓注记）。

（10）在【Source Data】（源数据）列表中选择 StrawberryRelativeNDVI.dat，然后单击【确定】。

（11）在【图层管理器】中选择了草莓注记后，单击菜单中的【Annotations】（注记）下拉列表并选择"Legend"（图例）。

（12）单击显示窗口中图像底部附近。

（13）在【选择文件】对话框中，选择 StrawberryRelativeNDVI.dat 并单击【确定】，显示分类图例。

（14）双击【图层管理器】中的"图例"图层，显示【属性】对话框。

（15）根据需要更改这些属性：图例、字体名称、字体样式和字体大小。如果需要，还可以编辑类名。

（16）要移动图例注记，在【图层管理器】中选择图例。将光标移到图例上，直到出现一个带有四个箭头的图标。然后根据需要移动图例，如图 29.17 所示。

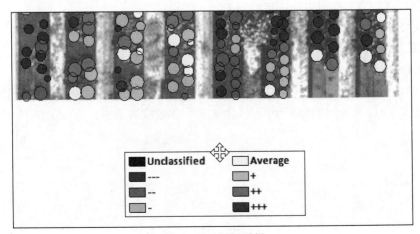

图 29.17　添加图例

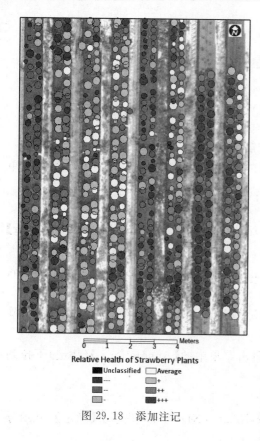

Relative Health of Strawberry Plants

图 29.18 添加注记

(17)使用【注记】下拉列表添加以下注记类型：文本、缩放条和矩形（用于围绕图像或分类图例创建边框）。然后根据需要修改它们的属性。

(18)右键单击【图层管理器】中的草莓注记层，并选择【另存为】，接受 Strawberry_Annotations 的默认文件名，然后单击【保存】。

图 29.18 是一个简单的设计图结果的例子。

29.7.3 设计图结果保存

可以保存设计图以便于以后修改它，设计内容包括【图层管理器】中列出的图像和注记。从 ENVI 菜单，选择【File】→【Views & Layers】→【Save】（文件→视图和图层→保存）。输入"StrawberryHealthMap. json"，然后单击【保存】。还可以将设计结果存到 GeoTIFF 文件中。如果选择将地图设计视图保存为 GeoTIFF 文件，将可以保存图像和注记。如果选择利用【Export View to Geospatial PDF】（导出视图到 PDF），它只保存图像而不保存注记。保存的步骤如下：

(1)从 ENVI 菜单中，选择【File】→【Export View】→【Image File】（文件→导出视图→图像文件），出现【Export View to Image File】（导出视图到图像文件）对话框。

(2)【Output Extent】（输出范围）选择"Full"（全部）选项。

(3)将【Map Scale】（地图比例尺）、【Pixel Size】（像素大小）和【Zoom Factor】（缩放因子）保留为默认值。

(4)从【输出格式】下拉列表中选择"TIFF"。

(5)输入"StrawberryHealthMap. tif"作为输出文件名（可以任意命名）。

(6)启用【结果显示】选项。

(7)单击【确定】。

要更改设计图的比例，可以在【导出视图到图像文件】对话框中进一步尝试设置注记属性（特别是字体大小）以及不同的地图比例尺、像素大小和缩放因子值。

第 30 章　无人机图像处理

30.1　ENVI OneButton 简介

ENVI OneButton 是 ENVI 新增的无人机图像处理工具,目前是一个独立模块。该软件操作简单,但是功能齐全。可以支持绝大部分相机,自动识别相机型号、焦距长度和外方位元素等信息;支持超过 3 个波段的多光谱图像;提供全自动方式处理无人机拍摄的图像,利用先进的摄影测量和计算机视觉算法,采用空三加密和区域网平差技术快速得到高精度、具备标准地理参考、无缝镶嵌的正射影像,还可以得到地形和真彩色三维点云产品。

ENVI OneButton 的学习门槛极低,不需要具备任何摄影测量知识即可快速掌握。在选择输入图像和输出产品类型等工程初始设置之后,无须人工干预和人机交互即可执行整个处理过程。最终生成的 ArcGIS 镶嵌数据集,可使用 ArcGIS 发布为影像服务,支持真实视角浏览镶嵌图及影像发布服务,还可利用图形处理单元(graphic processing unit,GPU)和多线程加速处理效率。

30.2　图像处理示例

用 ENVI OneButton 打开图像,要求图像格式为 TIFF 或者 JPG,图像要包括内外方位元素的全球定位系统(global positioning system,GPS)或者元数据信息。必要参数包括纬度、经度、高度,或者平面坐标系 X、Y、Z(高度或者 Z 必须是海平面之上),以及相机焦距和像素大小。可选参数包括翻滚、俯仰、偏航或者俯仰角、航向角、翻滚角,以及相机标定参数和相机高度。

查看图像的格式与信息:右击选择【属性】→【详细信息】,如图 30.1 所示。

ENVI OneButton 一般处理流程为新建工程、选择输出产品类型、检查图像覆盖情况、等待处理与浏览结果。

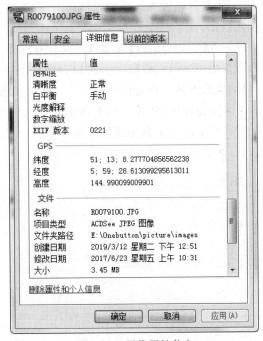

图 30.1　图像属性信息

30.2.1　新建工程

(1)启动 ENVI OneButton,其界面中自动加载出一个在线的全球底图,如图 30.2 所示。

图 30.2　主窗口界面

（2）在工具栏中，单击【New】（新建）按钮，弹出【Create New Project】（创建新工程）对话框，在此对话框中进行如下参数设置。

——在【Project file】（项目文件）选择新建工程路径和名称。

——在【Date source】（数据源）中有两个选项分别是"Image metadata"（元数据）和"GPS file"（GPS 文件），需要选择定位信息来源，本数据的定位信息在元数据信息中，所以保持默认选择元数据。

——在【Image folder】（影像文件夹）中选择影像存放路径，此时会自动读取影像（图 30.3（a）），读取影像后 ENVI OneButton 可以自动从图像或者外部文件获取相机参数、外方位元素等信息，自动提取连接点并进行空三计算，可加入地面控制点增加精度，采用光束法进行区域网平差。在镶嵌处理中，加入色彩平衡和羽化处理得到无缝镶嵌结果。本教程读取影像后可以看到 ENVI OneButton 自动获取了输出投影信息、影像大小信息、传感器像素尺寸信息、透镜焦距信息、相机信息等，如图 30.3（b）所示。

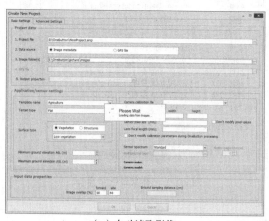

（a）自动读取影像

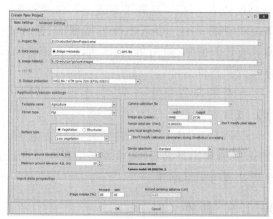

（b）自动读取信息

图 30.3　读取影像信息

——ENVI OneButton 可读取 TIFF 或者 jpg 格式的无人机图像，图像至少包括 X、Y、Z，相机焦距和像素大小，这些信息可以是在图像或者外部文件中。图像的波段可以是 RGB 三波段，或者多光谱和热红外数据。在【Sensor spectrum】(传感器光谱)中有标准、热红外、多光谱三个选项，因为本实验数据为 RGB 三波段的真彩色数据，所以选择标准。

——在【Template name】(模板名称)选项卡中有农业、林业、矿业、城市地图等选项，本实验数据更接近城市地图故选城市地图。

——在【Terrain type】(地形特点)选项卡中包括平坦、丘陵、山地，此处选择平坦。

——在【Surface type】(表面特征)选项卡中包括植被和建筑物，此处选择建筑物；下面的选项分别为农村、郊区、高层，此处选择郊区。

——在【Advanced Settings】(高级设置)中的【Advanced sensor parameters】(高级传感器参数)中，如果传感器和镜片做过标定，可以在该处填入标定参数。如果不能确定哪些值是合适的，则不要填写这些参数，因为它可能会影响结果的准确性和质量；在【Advanced project parameters】(高级工程参数)下的【Camera Position Accuracy】(相机位置精度)处保留默认设置"Good(5 meter)"(良好 5 m)。

需要注意的是 ENVI OneButton 暂时不支持中文路径，包括图像文件、工程文件等，设置完成后的【创建新工程】对话框，如图 30.4 所示。

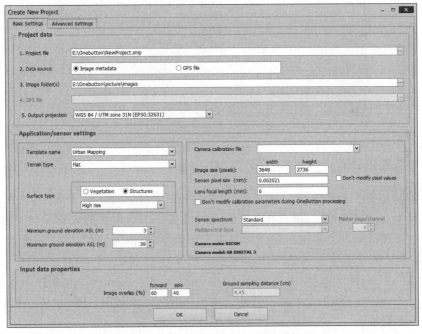

图 30.4　参数设置完成后的对话框

(3)ENVI OneButton 采用工程化管理，设置好工程初始参数后即可执行工程，无须人工干预和人机交互。单击【确定】，弹出【Image altitude check】(图像高程检查)窗口，如图 30.5 所示，单击【Yes】(是)。如果单击【No】(否)会弹出【Elevation Update】(高程更新)窗口，如图 30.6 所示，可以修改参考面和高度值，可以选择【Update invalid values only】(只更新无效值)或者【Update all values】(更新所有值)。

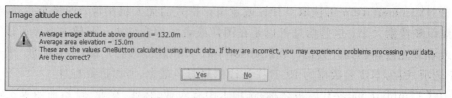

图 30.5　图像高程检查窗口

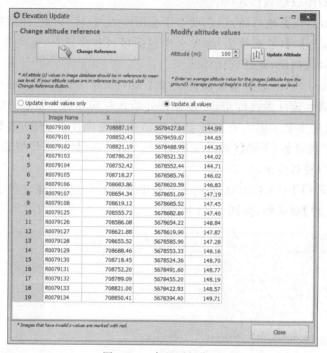

图 30.6　高程更新窗口

30.2.2　选择输出产品类型

（1）完成 30.2.1 小节操作后，读取出来的每一幅图像排列显示在了底图上（图 30.7），默认在浏览窗口上，在此窗口上可以看到无人机飞行轨迹和图像所在的大致位置。如果计算机连接了网络，在视窗的右上角可以选择加载底图的类型，底图分别包括：世界地图、世界街道图、开放街道图。

（2）单击【Options】（选项）按钮 ，弹出【OneButton Processing Output】（一键处理输出）窗口，ENVI OneButton 可选择 6 种产品格式输出，如图 30.8 所示。图 30.9 为本章示例数据所得的部分产品数据。

——GeoTIFF 格式的高精度、具备标准地理参考、无缝镶嵌的正射图像，即【Geo Tiff Image Map】（正射影像图），还可以在底下选择"Traditional"（传统正射）和"Ture Ortho"（真正射）。

——GeoTIFF 格式的快拼镶嵌图像，即【Rapid Image Map】（快拼影像图）。

——GeoTIFF 格式的精细数字地表模型产品，即【Dense Geo Tiff Terrain】（精密地形图）。

——LAS 和 XYZ 文件格式的稀疏三维点云产品，点云平均密度为每米 0.1 点，即【3D Sparse Point Cloud】（三维稀疏点云）。

——LAS 和 XYZ 文件格式的密集三维点云产品【3D Dense Point Cloud】（三维密集点云）。

——产品输出到【Esri Mosaic Dataset】(Esri 镶嵌数据集)中,并可以在 ArcGIS for Server 中发布。

图 30.7　图像显示在底图上

图 30.8　输出界面

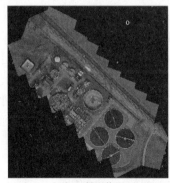
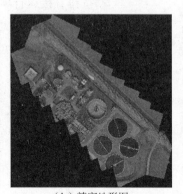
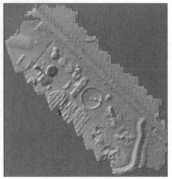

（a）正射影像图　　　　　　（b）精密地形图　　　　　（c）三维密集点云

图 30.9　部分产品数据示意

（3）选择好要输出的产品类型后单击【一键处理输出】窗口右下角的【Close】（关闭）按钮，进行检查图像覆盖情况，在此选择【三维密集点云】产品。

30.2.3　检查图像覆盖情况

（1）单击【Image】（图像）可以查看每幅图像的信息，如图 30.10 所示。

Images	Overview	Coverage	Process Log	Status								
	Active	Image Name	X	Y	Z	Omega	Phi	Kappa	Orientation	Latitude	Longitude	Camera Index
1	☑	R0079100	708887.142	5678427.601	144.99	0.00	0.00	137.26	2	51.218966029	5.991281416	0
2	☑	R0079101	708852.434	5678459.674	144.65	0.00	0.00	137.05	2	51.219266744	5.990803796	0
3	☑	R0079102	708821.190	5678488.990	144.35	0.00	0.00	136.96	2	51.219541426	5.990374111	0
4	☑	R0079103	708786.204	5678521.516	144.02	0.00	0.00	137.31	2	51.219846297	5.989892763	0
5	☑	R0079104	708752.416	5678552.436	144.71	0.00	0.00	136.60	2	51.220136303	5.989427620	0
6	☑	R0079105	708718.272	5678585.762	146.02	0.00	0.00	135.17	2	51.220448054	5.988958773	0
7	☑	R0079106	708683.855	5678620.592	146.83	0.00	0.00	134.38	2	51.220773399	5.988486894	0
8	☑	R0079107	708654.341	5678651.090	147.19	0.00	0.00	134.91	2	51.221058060	5.988082594	0
9	☑	R0079108	708619.125	5678685.520	147.45	0.00	0.00	135.65	2	51.221380109	5.987599037	0
10	☑	R0079125	708555.720	5678682.802	147.40	0.00	0.00	316.73	2	51.221378858	5.986690777	0
11	☑	R0079126	708586.079	5678654.221	148.84	0.00	0.00	316.45	2	51.221111111	5.987108282	0
12	☑	R0079127	708621.879	5678619.904	147.87	0.00	0.00	315.46	2	51.220789868	5.987600249	0
13	☑	R0079128	708655.521	5678585.896	147.28	0.00	0.00	315.00	2	51.220472189	5.988061529	0
14	☑	R0079129	708688.459	5678553.332	148.16	0.00	0.00	315.64	2	51.220167734	5.988513580	0
15	☑	R0079130	708718.451	5678524.357	148.70	0.00	0.00	315.92	2	51.219896577	5.988925587	0
16	☑	R0079131	708752.203	5678491.604	148.77	0.00	0.00	315.61	2	51.219590117	5.989389161	0
17	☑	R0079132	708789.093	5678455.198	148.19	0.00	0.00	315.05	2	51.219249709	5.989895471	0
18	☑	R0079133	708821.000	5678422.925	148.57	0.00	0.00	315.24	2	51.218948237	5.990332921	0
19	☑	R0079134	708850.407	5678394.400	149.71	0.00	0.00	315.87	2	51.218681328	5.990736798	0

图 30.10　显示图像信息

（2）单击【Coverage】（覆盖）选项卡可以查看图像的重叠情况，覆盖度越大，最后生成的图像精度越高。不同颜色标示了覆盖图像的数量，没有出现以下情况：工程的中间位置出现白色，工程的中间位置是红色或者黄色，说明该组图像飞行覆盖情况良好，可以执行处理，如图 30.11 所示。

图 30.11　检查图像覆盖情况

30.2.4　等待处理与结果浏览

（1）检查完图像的覆盖情况后可以返回【一键处理输出】窗口单击【Run Project】（运行项目），进入处理输出图像窗口，也可以单击工具栏上的 🔘 按钮直接运行项目，运行项目时可以通过进度条查看处理进度，想停止生成单击 🛑 按钮。

（2）ENVI OneButton 处理完之后会生成一个工程报表，如图 30.12 所示，包括工程属性、处理结果、图像对信息、匹配点信息、相机标定信息。

（3）从工程文件夹里找到输出的点云文件（……NewProject\OUT_DPC\Output\NewProject_1_1.las），在 ENVI LiDAR 打开，如图 30.13 所示。

（4）选择其他产品如【快拼影像图】，生成结果后在 ENVI 中打开，如图 30.14 所示。

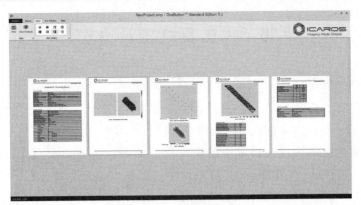

图 30.12 工程报表

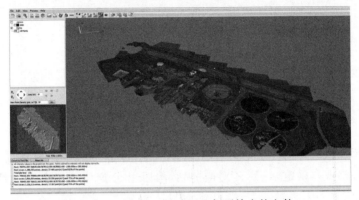

图 30.13 在 ENVI LiDAR 打开输出的文件

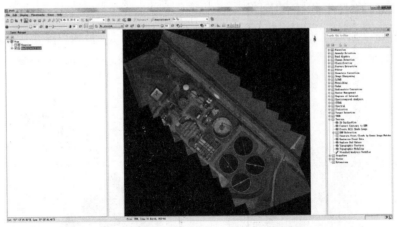

图 30.14 快拼影像图在 ENVI 中打开

注意事项

在工具栏中,单击【Open Project】按钮 可以打开数据结果目录查看输出结果,打开工程文件夹下的"OUTPUTS_PROJECT"文件夹,然后把右下角的格式改为 All files(*.*)就可以显示生成的文件,打开"Report"(报告)文件夹可以看到工程报表文件。

30.3   工具栏工具介绍

30.3.1   添加控制点

(1)在主界面的工具栏中,单击【Sample Ground Control Point】(地面控制点样本)按钮🗺️,弹出【Control Point Sampling】(控制点取样)窗口。

(2)添加控制点可以通过在窗口中的工具栏上单击按钮🗺️,弹出【Add Ground Control Point】(添加地面控制点)对话框,在此对话框输入控制点信息后单击【Add】(添加)完成,如图 30.15 所示,然后用⊕定位控制点的位置,用【Footprints】(足迹)工具🗺️浏览所有点的分布。

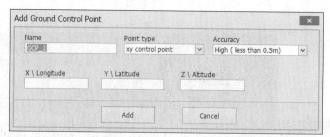

图 30.15   【添加地面控制点】对话框

(3)另一种添加控制点的方法是单击【Load GCP File】(加载地面控制点文件),选择控制点文件(文本文件格式),确定 X、Y、Z 对应的列,然后用⊕定位控制点的位置,用【足迹】工具🗺️浏览所有点的分布。

30.3.2   浏览、修改工程中的图像

如果需要修改拍摄区域内的图像,如删除或增加若干图像,按照以下步骤操作:

(1)在主界面中的工具栏中,单击【图像】工具🗺️,弹出【Image View\Edit】(图像浏览编辑)窗口,如图 30.16 所示,它分为三个窗口。

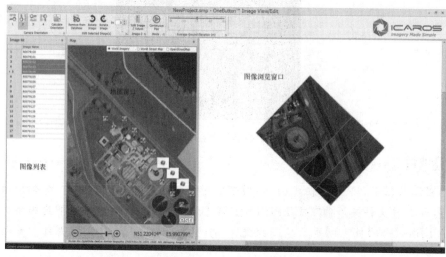

图 30.16   图像浏览编辑窗口

（2）在【Image list】（图像列表）或【Map】（地图）窗口中选择图像，可按住 Shift 键或者 Ctrl 键多选，选择的图像显示在右边图像浏览窗口中，如图 30.17 所示。

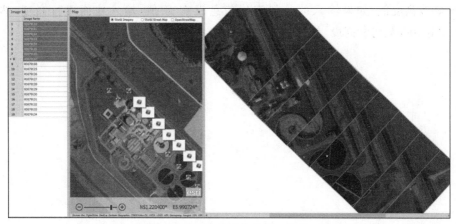

图 30.17　选择图像在窗口显示

（3）在工具栏中，单击【Remove from Database】（从数据库删除）按钮![icon]，可将选择的图像从工程文件中移除，此命令只能从工程中移除不参与处理，不会从文件夹目录中删除。

（4）在【图像浏览编辑】窗口中，单击【Edit Image Z Values】（编辑图像 Z 值）工具![icon]，弹出【高程更新】对话框，可以修改参考面和高度值，如图 30.18 所示。

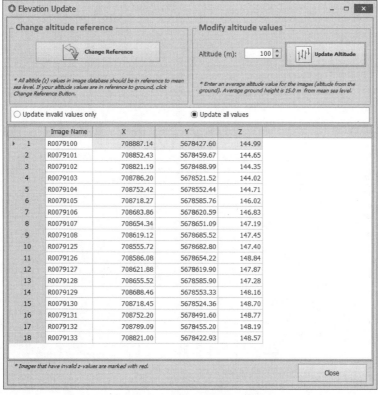

图 30.18　【高程更新】对话框

——修改参考面：如果输入的 Z 值是以地面为基准，需要使用【Change Reference】（修改参考面）按钮 ，转为海拔高度。

——修改高度值：如果输入的几何定位信息没有 Z 值，输入地面飞行高度，然后单击【Update Altitude】（更新高度）按钮 。

图 5.4　【3D 曲面浏览】对话框

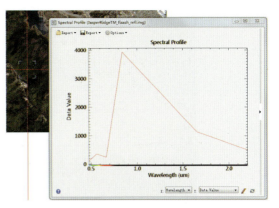

图 7.5　植被像素点波谱曲线

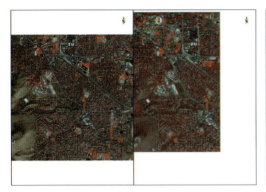

图 10.1　两幅图像的全景

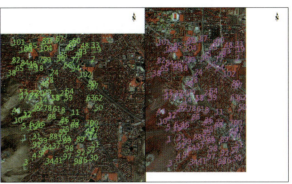

图 10.3　显示的所有匹配点

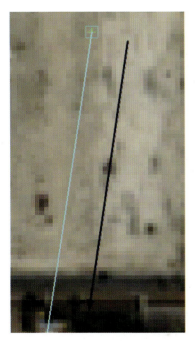

图 12.5　GCP 14 点误差矢量图

图 12.6　影像正射校正预览图

（a）SPOT全色数据

（b）SPOT-XS数据

图 14.3   SPOT-XS 图像与 SPOT 全色影像链接对比

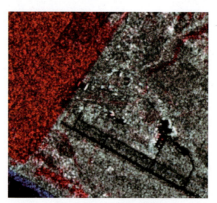

图 14.6   图像融合结果

（a）海啸发生前

（b）海啸发生后

图 15.1   海啸发生前后

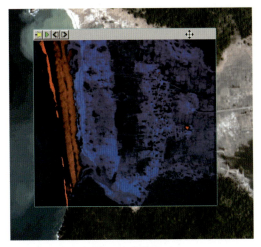

图 15.2　预览窗口

图 15.3　特征指数差异

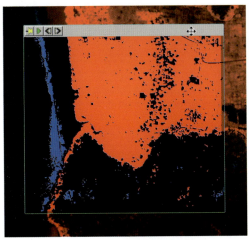

图 15.4　Otsu's 法预览窗口

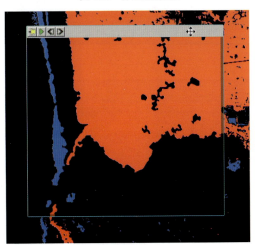

图 15.5　预览清理结果

图 15.7　预览窗口中显示的变化

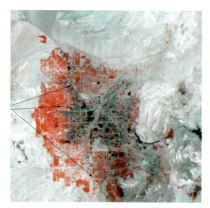

图 17.1　拉斯维加斯变化检测结果

图 17.8　在两个视窗中分别打开影像

图 18.1　标准假彩色图像

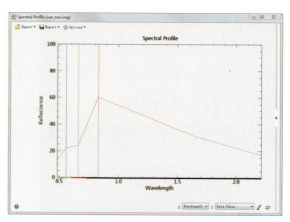

图 18.3　【光谱曲线】对话框

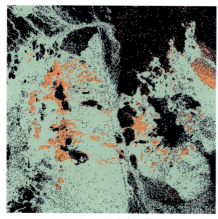

（a）SAM分类影像

（b）SAM规则影像

图 19.4　显示分类影像

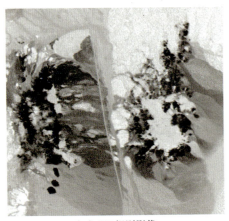

（a）SID规则影像   （b）SID分类影像

图 19.7   显示分类影像

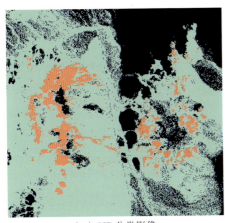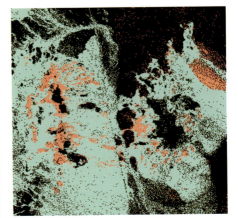

（a）SID分类影像   （b）SAM分类影像

图 19.8   对比 SAM 和 SID 的分类结果

图 19.9   十字准丝（304，543）在影像中　　　图 19.13   十字准丝 (519,395) 在影像中　　　图 19.17   十字准丝（570，420）在影像中
　　　　　显示样本和线条　　　　　　　　　　　　　显示样本和线条　　　　　　　　　　　　　显示样本和线条

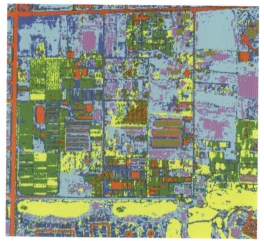

图 21.1　非监督分类结果

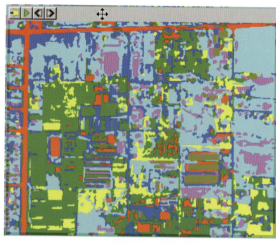

图 21.2　非监督分类平滑处理效果

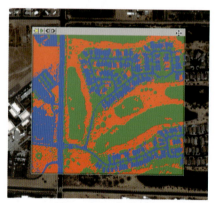

图 21.6　分类结果预览

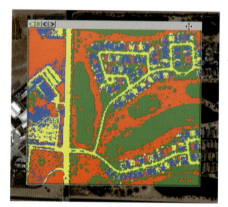

图 21.7　道路重新分类

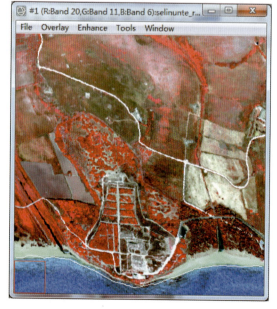

图 22.3　新生成的海岸线

图 26.3　以红色突出显示近红外

图 26.12　火灾燃烧严重程度实例一

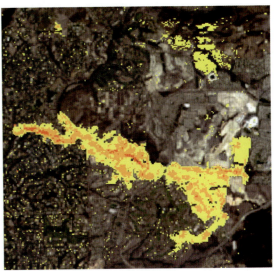

图 26.13　火灾燃烧严重程度实例二

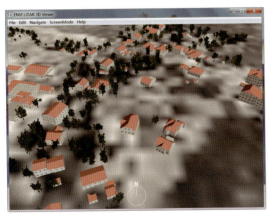

图 28.5　【ENVI 激光雷达三维浏览器】窗口

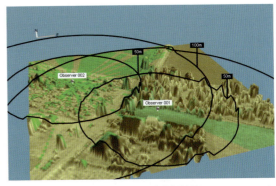

图 28.10　可视域分析结果

（a）透视视图

（b）等距视图

图 28.17　透视视图和等距视图

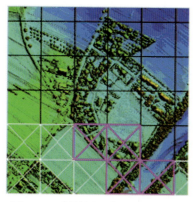

图 28.24 　【导航窗口】显示处理进度

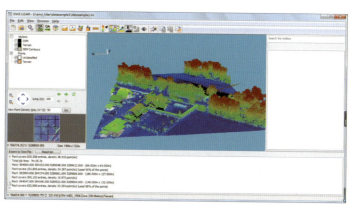

图 28.27 　彩色显示点云

（a）原始图像

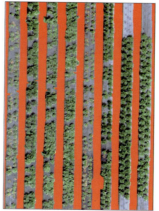

（b）利用感兴趣区域遮去杂草
道路的图像

图 29.1 　原始图像及处理后图像

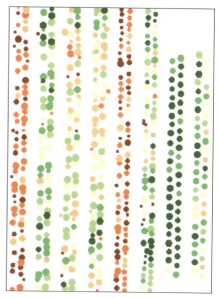

图 29.11 　分类图像

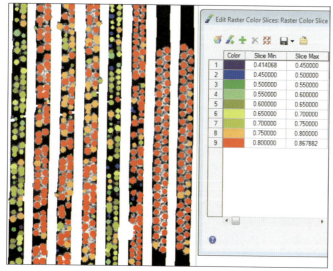

图 29.14 　自定义颜色表

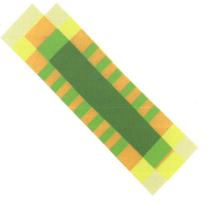

图 30.11 　检查图像覆盖情况